浙江省高等教育重点建设教材

职业教育数控技术应用专业规划教材————————

数控原理与系统

吴晓苏　　姚建飞　　潘建峰　编著
吴功才　　张米雅　　姜晓强

范超毅　主审

机械工业出版社

本书为浙江省高等教育重点建设教材之一。全书共 8 章，有数控系统概述、数控加工程序的输入与预处理、数控插补算法原理、开环进给驱动系统、闭环进给伺服驱动系统、主轴驱动系统、可编程序机床控制器、典型数控系统等内容。

本书的编写，融合了编著者的教学、科研和生产实践经验。其内容丰富，深入浅出，结构严谨、清晰，突出教与学的可操作性。从单片机的工作原理方法着手深入数控原理与系统的研究，回避制造类专业学生较难掌握计算机控制技术的软肋，从而使学生掌握数控机床的原理与内部系统。

本书可作为高职高专院校数控技术、机电一体化技术及相关专业的教学用书，也可作为从事数控技术、机电一体化技术专业的工程技术人员的参考用书。

图书在版编目（CIP）数据

数控原理与系统/吴晓苏等编著. -北京：机械工业出版社，2008.8
（2015.8 重印）
浙江省高等教育重点建设教材. 职业教育数控技术应用专业规划教材
ISBN 978-7-111-24504-9

Ⅰ. 数… Ⅱ. 吴… Ⅲ. 数控系统-高等学校：技术学校-教材
Ⅳ. TP273

中国版本图书馆CIP数据核字（2008）第 096002 号

机械工业出版社（北京市百万庄大街 22 号 邮政编码 100037）
责任编辑：崔占军 版式设计：霍永明 责任校对：陈立辉
封面设计：鞠 杨 责任印制：李 洋
北京振兴源印务有限公司印刷
2015 年 8 月第 1 版第 3 次印刷
184mm×260mm · 15.5 印张 · 368 千字
7001—8000 册
标准书号：ISBN 978-7-111-24504-9
定价：34.00 元

凡购本书，如有缺页、倒页、脱页，由本社发行部调换
电话服务　　　　　　　　　网络服务
社服务中心：(010) 88361066　　门户网：http://www.cmpbook.com
销 售 一 部：(010) 68326294　　教材网：http://www.cmpedu.com
销 售 二 部：(010) 88379649
读者购书热线：(010) 88379203　**封面无防伪标均为盗版**

前　言

　　数控技术是用数字信息对机械运动和工作过程进行控制的技术。数控装备是以数控技术为代表的新技术对传统制造产业和新兴制造业的渗透形成的机电一体化产品，其技术范围覆盖机械制造技术、信息处理技术、自动控制技术、伺服驱动技术、传感器技术、软件技术等。数控技术的应用给传统制造业带来了革命性的变化。

　　高等职业教育必须走"首岗适应、多岗迁移、可持续发展"的道路。对于制造类专业的学生，首先必须有多岗的职业技能，同时更需有可持续发展的能力。本书的编写，注重教与学的可操作性，从单片机的工作原理方法着手去深入数控原理与系统的研究，回避制造大类专业学生较难掌握计算机控制技术的软肋，从而使学生掌握数控机床的原理与内部系统。这样的教学思路，经实践证明是行之有效的。本思路的提出得到浙江省教育厅的高度重视与支持，本书为浙江省 2006 年高等教育重点建设教材（浙教计［2006］151 号文件）。

　　本书的编著者有杭州职业技术学院吴晓苏（第 3、4、7 章）；浙江交通职业技术学院姚建飞、张米雅（第 5、6 章）；杭州职业技术学院潘建峰、吴功才、浙江机电职业技术学院姜晓强（第 1、2、8 章）。全书由吴晓苏、潘建峰统稿。江汉大学范超毅教授任主审。本书在编写过程中得到许多同行的支持与帮助，特别是友嘉实业集团合作开发课程在此深表感谢。

　　由于编写时间仓促，缺点和错误在所难免，敬请读者批评指正。

编著者

目　录

第1章

数控系统概述

本章重点介绍数控系统的基本概念，数控系统的组成及工作过程，数控系统的分类，数控系统的硬、软件结构，数控系统的发展趋势。通过学习，掌握数控系统的基本概念，对数控系统的组成及各部分的作用有一个较完整的认识；掌握点位、直线和轮廓控制系统以及开环、半闭环和闭环控制系统的组成与特点；了解数控系统的硬软件结构；对数控系统的发展趋势有一个较全面的了解。

1.1 数控系统的基本概念

数字控制（NC，Numerical Control）简称数控，是指利用数字化的代码构成的程序对控制对象的工作过程实现自动控制的一种方法。数控系统（NCS，Numerical Control System）是指利用数字控制技术实现的自动控制系统。数控系统中的控制信息是数字量（0，1），它与模拟控制相比具有许多优点，如可用不同的字长表示不同精度的信息，可对数字化信息进行逻辑运算、数学运算等复杂的信息处理工作，特别是可用软件来改变信息处理的方式或过程，具有很强的"柔性"。

数控设备则是采用数控系统实现控制的机械设备，其操作命令是用数字或数字代码的形式来描述，工作过程是按照指定的程序自动地进行。装备了数控系统的机床称之为数控机床。数控机床是数控设备的典型代表，是具有高附加值的技术密集型产品，实现了高度的机电一体化。它集机械制造、计算机、微电子、现代控制及精密测量等多种技术于一体。其本质就在于用数控系统实现了加工过程的自动化操作。其他数控设备包括数控雕刻机、数控火焰切割机、数控测量机、数控绘图机、数控插件机、电脑绣花机、工业机器人等。

数控系统的硬件基础是数字逻辑电路。最初的数控系统是由数字逻辑电路构成的，因而被称之为硬件数控系统。随着微型计算机的发展，硬件数控系统已逐渐被淘汰，取而代之的是当前广泛使用的计算机数控系统（CNC，Computer Numerical Control）。CNC系统是由计算机承担数控中的命令发生器和控制器的数控系统，它采用存储程序的方式实现部分或全部基本数控功能，从而具有真正的"柔性"，并可以处理硬件逻辑电路难以处理的复杂信息，使数控系统的性能大大提高。

CNC 系统具有如下优点：

1）柔性强。对于 CNC 系统，若需改变其控制功能，只要改变其相应的控制程序即可。因此，CNC 系统具有很强的灵活性（柔性）。

2）可靠性高。在 CNC 系统中，加工程序通常是一次性输入存储器，许多功能均由软件实现，硬件采用模块结构，平均无故障率很高，如 FANUC 公司的数控系统平均无故障时间已达到 23000h。

3）易于实现多功能复杂程序控制。计算机具有丰富的指令系统，能进行复杂的运算处理，实现多功能、复杂程序控制。

4）具有较强的网络通信功能。随着数控技术的发展，实现不同或相同类型数控设备的集中控制，CNC 系统必须具有较强的网络通信功能，便于实现 DNC、FMS、CIMS 等。

5）具有自诊断功能。较先进的 CNC 系统自身具备故障诊断程序，具有自诊断功能，能及时发现故障，便于设备功能修复，大大提高了生产效率。

1.2 数控系统的组成及工作过程

1. 数控系统的组成

数控系统一般由输入/输出设备、数控装置、可编程序控制器、伺服驱动单元四部分组成。图 1-1 所示为数控系统的组成框图。

（1）输入/输出设备 输入装置是将控制介质（信息载体）上的数控代码传递并存入数控系统内。根据控制介质的不同，输入装置可以是磁带机、键盘或软盘驱动器等。数控加工程序、数控系统参数、PMC 程序不仅可以通过键盘用手工方式直接输入

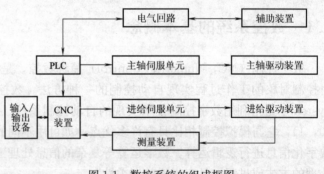

图 1-1 数控系统的组成框图

数控系统，还可以由远端计算机通过串口通信或网络通信方式传送到数控系统中。

零件加工程序输入过程有两种不同的方式：一种是边读入边加工；另一种是一次性将零件加工程序全部读入数控装置内部的存储器，加工时再从存储器中逐行调出进行加工。

各种类型的数控机床中最直观的输出装置是显示器。根据系统所处的状态和操作命令的不同，显示的信息是正在编辑的程序或是机床的加工信息。较简单的显示器只有若干个数码管，显示的信息也很有限；较高级的系统一般配有 CRT 显示器或点阵式液晶显示器，显示的信息较丰富；低档的显示器只能显示字符，中高档的显示系统能显示图形。

（2）数控装置 数控装置就是通常所说的计算机数控系统。它由专用或通用计算机硬件加上系统软件和应用软件组成，完成数控加工程序译码、插补运算和速度预处理，产生位置和速度指令以及辅助控制功能信息等。数控装置是数控装备功能实现和性能保证的核

心组成部分，是整个数控体系的中枢。

数控装置从内部存储器中取出或接受输入装置送来的一段或几段数控加工程序，经过数控装置的逻辑电路或系统软件进行编译、运算和逻辑处理后，输出各种控制信息和指令，控制机床各部分的工作，使其进行规定的有序运动和动作。这些信号中最基本的信号是经插补运算决定的各坐标轴（即做进给运动的各执行部件）的进给速度、进给方向和位移量指令（送到伺服驱动系统以驱动执行部件做进给运动）。其他信号还包括主轴的变速、换向和起停信号，选择和交换刀具的刀具指令信号，控制切削液、润滑油起停、工件和机床部件松开和夹紧、分度工作台转位的辅助指令信号等。

数控装置主要由中央处理单元（CPU）和总线、存储器（ROM、RAM）、内置PLC、输入/输出（I/O）接口电路、CNC系统与其他组成部分联系的接口等组成。

（3）可编程序控制器　通过CNC和PLC的协调配合来共同完成数控机床的控制，其中CNC主要完成与数字运算和管理等有关的功能，如程序的编辑、插补运算、译码、位置伺服控制等。PLC主要完成与逻辑运算有关的一些动作，而不涉及轨迹上的要求。PLC处理CNC送来的辅助功能代码（M代码）、主轴转速指令（S代码）、刀具指令（T代码）等顺序动作信息，对顺序动作信息进行译码，转换成对应的控制信号，控制辅助装置完成机床相应的开关动作，如工件的装夹、刀具的更换、切削液的开关等一些辅助动作。PLC还可以与机床侧的输入/输出信号进行交互，接收机床控制面板的指令，一方面直接控制机床的动作，另一方面将一部分指令送往数控装置，用于加工过程的控制。

用于数控机床的PLC一般分为两类：一类是内装式，将CNC和PLC综合起来设计，也就是说，PLC是CNC装置的一部分；另一类是独立型PLC。

（4）伺服驱动单元　伺服驱动装置包括主轴伺服驱动装置和进给伺服驱动装置两部分。伺服驱动装置由驱动电路和伺服电动机组成，并与机床上的机械传动部件组成数控机床的主传动系统和进给传动系统。主轴伺服驱动装置接收来自PLC的转向和转速指令，经过功率放大后驱动主轴电动机转动。进给伺服驱动装置在每个插补周期内接受数控装置的位移指令，经过功率放大后驱动进给电动机转动，同时完成速度控制和反馈控制功能。因此，它的伺服精度和动态响应性能是影响数控机床加工精度、零件表面质量和生产率的重要因素之一。

伺服系统包括驱动放大器和执行机构两个主要部分，其任务实质是实现一系列数模或模数之间的信号转化，表现形式就是位置控制和速度控制。执行机构包括步进电动机、直流伺服电动机、交流伺服电动机。相应的驱动系统分别为步进驱动、直流伺服驱动、交流伺服驱动。

检测装置是伺服系统的一个重要组成部分。检测装置将数控机床各坐标轴的实际位移量检测出来，经反馈系统输入到数控装置中。数控装置将反馈回来的实际位移量值与设定值进行比较，控制运动部件按指令设定值运动。

2. 数控系统的主要工作过程

数控系统的主要任务是进行刀具和工件之间相对运动的控制，图1-2初步描绘了数控系统的主要工作过程。

接通电源后，数控装置和可编程序控制器都将对数控系统各组成部分的工作状态进行检查和诊断，并设置初态。

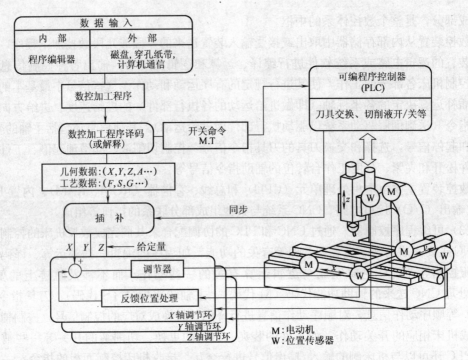

图 1-2 数控系统的主要工作过程

对第一次使用的数控装置，还需要进行机床参数设置。例如，指定系统控制的坐标轴；指定坐标计量单位和分辨率；指定系统中配置可编程序控制器的状态（有/无配置，是独立型还是内装型）；指定系统中检测器件的配置（有/无检测器件，检测器件的类型和有关参数）；工作台各轴行程的正负向极限的设置等。机床参数的设置，使数控装置适应具体数控机床的硬件构成环境。

当数控系统具备了正常工作的条件时，开始进行加工控制信息的输入。

工件在数控机床上的加工过程由数控加工程序来描述。按管理形式不同，编程工作可以在专门的编程场所进行，也可在机床前进行。对前一种情况，数控加工程序在加工准备阶段利用专门的编程系统产生，保存到控制介质上，再输入数控装置，或者采用通信方式直接传输到数控装置，操作员可按需要，通过数控面板对读入的数控加工程序进行修改；对后一种情况，操作员直接利用数控装置本身的编辑器进行数控加工程序的编写和修改。

输入给数控装置的加工程序必须适应实际的工件和刀具位置，因此在加工前还要输入实际使用刀具的刀具参数，及实际工件原点相对机床原点的坐标位置。

输入加工控制信息后，可选择一种加工方式（手动方式或自动方式的单段方式和连续方式）。此时，数控装置在系统控制程序的作用下，对输入的加工控制信息进行预处理，即进行译码和预计算（刀补计算、坐标变换等）。

系统进行数控加工程序译码时，将其区分成几何的、工艺的数据和开关功能。几何数据是刀具相对工件的运动路径数据，如有关 G 功能和坐标指定等，利用这些数据可加工出要求的工件几何形状；工艺数据是主轴转速和进给速度等功能，即 F、S 功能和部分 G 功能；开关功能是对机床电器的开关命令，例如主轴起/停、刀具选择和交换、切削液的起/停等辅助 M 功能指令等。

由于在编写数控加工程序时，一般不考虑刀具的实际几何数据，所以数控装置根据工件几何数据和在加工前输入的实际刀具参数，要进行相应的刀具补偿计算，简称刀补计算，即刀架相关点相对实际刀具的切削点进行平移，具体的刀补计算有刀具长度补偿和刀具半径补偿等。在数控系统中存在着多种坐标系，根据输入的实际工件原点，加工程序所采用的各种坐标系等几何信息，数控装置还要进行相应的坐标变换。

数控装置对加工控制信息预处理完毕后，开始逐段运行数控加工程序。

要产生的运动轨迹在几何数据中由各曲线段起、终点及其连接方式（如直线和圆弧等）等主要几何数据给出，数控装置中的插补器能根据已知的几何数据进行插补处理。所谓插补（Interpolation）一般是指已知曲线上的某些数据，按照某种算法计算已知点之间的中间点的方法，又称数据密化计算的方法。在数控系统中，插补具体指根据曲线段已知的几何数据，以及相应工艺数据中的速度信息，计算出曲线段起点和终点之间的一系列中间点，分别向各个坐标轴发出方向、大小和速度都确定的协调的运动序列命令，通过各个轴运动的合成，产生数控加工程序要求的工件轮廓的刀具运动轨迹。按插补算法不同，有多种不同复杂程度的插补处理。一般按照插补结果，插补算法被分为脉冲增量插补法和数字采样插补法两大类。前者的插补结果是分配给各个轴的进给脉冲序列；后者的插补结果是分配给各个轴的插补数据序列。

由插补器向各个轴发出的运动序列命令为各个轴位置调节器的命令值，位置调节器将其与机床上位置检测元件测得的实际位置相比较，经过调节，输出相应的位置和速度控制信号，控制各轴伺服系统驱动机床各个轴运动，使刀具相对工件正确运动，加工出要求的工件轮廓。

由数控装置发出的开关命令在系统程序的控制下，在各加工程序段插补处理开始前或完成后，适时输出给机床控制器。在机床控制器中，开关命令和由机床反馈的回答信号一起被处理和转换为对机床开关设备的控制命令。在现代的数控系统中，多数机床控制器都由可编程序控制器（PLC）取而代之，使大多数机床控制电路都用 PLC 中可靠的开关实现，从而避免相互矛盾的、对机床和操作者有危险的现象（如在主轴还没有旋转之前的"进给允许"）的出现。

在机床的运行过程中，数控系统要随时监视数控机床的工作状态，通过显示部件及时向操作者提供系统工作状态和故障情况。此外，数控系统还要对机床操作面板进行监控，因为机床操作面板的开关状态可以影响加工的状态，需及时处理有关信号。

1.3 数控系统的分类

数控系统的分类方法有很多种，下面对常见的分类方法作一介绍。

1. 按被控机床运动轨迹分类

（1）点位控制数控系统 这类数控系统控制机床运动部件从一点准确地移动到另一点，在移动过程中不进行加工，因此对两点间的移动速度和运动轨迹没有严格要求，可以先沿一个坐标轴移动完毕，再沿另一个坐标轴移动，也可以多个坐标轴同时移动。但是为了提高加工效率，保证定位精度，常常要求运动部件的移动速度是"先快后慢"，即先以快速移动接近目标点，再以低速趋近并准确定位。这类数控机床主要有数控钻床、数控坐标镗床和数控冲床等。

（2）直线控制数控系统　这类数控系统不仅要控制机床运动部件从一点准确地移动到另一点，还要控制两相关点之间的移动速度和轨迹，其轨迹一般为与某一坐标轴相平行的直线，也可以为与坐标轴成 45°夹角的斜线（但不能为任意斜率的直线），且可一边移动一边切削加工。因此，其辅助功能要求也比点位控制数控系统多，如它可能被要求具有主轴转速控制、进给速度控制和刀具自动交换等功能。这类数控机床主要有简易数控车床、数控镗铣床等。

（3）轮廓控制数控系统　这类数控系统能够同时对两个或两个以上运动坐标的位移及速度进行连续相关的控制，使其合成的平面或空间的运动轨迹符合被加工工件形状的要求。这类数控系统的辅助功能亦比前两类都多。相应的数控机床主要有数控车床、数控铣床、数控磨床和电加工机床等。

2. 按伺服系统分类

按照伺服系统的控制方式，可以把数控系统分为以下几类：

（1）开环控制数控系统　这种控制方式不带位置测量元件。数控装置根据信息载体上的指令信号，经控制运算发出指令脉冲，使伺服驱动元件转过一定的角度，并通过传动齿轮、滚珠丝杠螺母副，使执行机构（如工作台）移动或转动。图 1-3 为开环控制系统框图。这种控制方式没有来自位置测量元件的反馈信号，对执行机构的动作情况不进行检查，指令流向为单向，因此被称为开环控制系统。

步进电动机伺服系统是最典型的开环控制系统。这种控制系统的特点

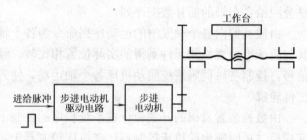

图 1-3　开环控制系统框图

是系统简单，调试维修方便，工作稳定，成本较低。由于开环系统的精度主要取决于伺服元件和机床传动元件的精度、刚度和动态特性，因此控制精度较低。目前这种控制系统在国内多用于经济型数控机床以及对旧机床的改造。

（2）闭环控制数控系统　闭环控制数控系统是一种自动控制系统，其中包含功率放大和反馈，使输出变量的值响应输入变量的值。数控装置发出指令脉冲后，当指令值送到位置比较电路时，若工作台没有移动，则没有位置反馈信号，指令值使伺服电动机转动，经过齿轮、滚珠丝杠螺母副等传动元件带动机床工作台移动。装在机床工作台上的位置测量元件，测出工作台的实际位移量后，反馈到数控装置的比较器中与指令信号进行比较，并用比较后的差值进行控制。若两者存在差值，经放大器放大后，再控制伺服电动机转动，直至差值为零时，工作台才停止移动。这种系统称为闭环伺服系统。图 1-4 为闭环控制系统框图。闭环伺服系统

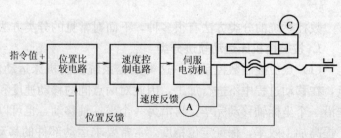

图 1-4　闭环控制系统框图

的优点是精度高、速度快，主要用在精度要求较高的数控镗铣床、数控超精车床、数控超精镗床等机床上。

（3）半闭环伺服系统 这种控制系统不是直接测量工作台的位移量，而是通过旋转变压器、光电编码盘或分解器等角位移测量元件，测量伺服机构中电动机或丝杠的转角，来间接测量工作台的位移。这种系统中滚珠丝杠螺母副和工作台均在反馈环路之外，其传动误差等仍会影响工作台的位置精度，故称为半闭环控制系统。图 1-5 为半闭环控制系统框图。

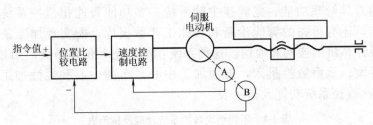

图 1-5 半闭环控制系统框图

半闭环伺服系统介于开环和闭环之间，由于角位移测量元件比直线位移测量元件结构简单，因此装有精密滚珠丝杠螺母副和精密齿轮的半闭环系统被广泛应用。目前已经把角位移测量元件与伺服电动机设计成一个部件，使用起来十分方便。半闭环伺服系统的加工精度虽然没有闭环系统高，但是由于采用了高分辨率的测量元件，这种控制方式仍可获得比较满意的精度和速度。系统调试比闭环系统方便，稳定性好，成本也比闭环系统低。目前，大多数数控机床采用半闭环伺服系统。

3. 按功能水平分类

按照数控系统的功能水平，数控系统可以分为经济型（低档型）、普及型（中档型）和高档型三种。这种分类方法没有明确的定义和确切的分类界线，且不同时期、不同国家的类似分类含义也不同。下面的叙述可作为按数控系统功能水平分类的参考条件。

（1）经济型又称简易数控系统 这一档次的数控机床通常仅能满足一般精度要求的加工。它能加工形状较简单的直线、斜线、圆弧及带螺纹类的零件，采用的微机系统为单片机系统，具有数码显示，CRT 字符显示功能，机床进给由步进电动机实现开环驱动，控制的轴数和联动轴数在 3 轴或 3 轴以下，进给分辨率为 $10\mu m$，快速进给速度可达 10m/min。这类机床结构一般都比较简单，精度中等，价格也比较低廉，一般不具有通信功能，如经济型数控线切割机床，数控钻床，数控车床，数控铣床及数控磨床等。

（2）普及型通常称之为全功能数控系统 这类数控系统功能较多，但不追求过多，以实用为准，除了具有一般数控系统的功能以外，还具有一定的图形显示功能及面向用户的宏程序功能等，采用的微机系统为 16 位或 32 位微处理机，具有 RS-232C 通信接口，机床的进给多用交流或直流伺服驱动，一般系统能实现 4 轴或 4 轴以下联动控制，进给分辨率为 $1\mu m$，快速进给速度为 $10\sim20m/min$，其输入输出的控制一般可由可编程序控制器来完成，从而大大增强了系统的可靠性和控制的灵活性。这类数控机床的品种极多，几乎覆盖了各种机床类别,且其价格适中,目前它总的趋势是趋向于简单、实用、不追求过多的功能,从而使机床的价格适当降低。

(3)高档型数控系统 指加工复杂形状工件的多轴控制数控机床。其工序集中、自动化程度高、功能强、具有高度柔性。采用的微机系统为32位以上微处理机系统,机床的进给大多采用交流伺服驱动。除了具有一般数控系统的功能以外,应该至少能实现5轴或5轴以上的联动控制,最小进给分辨率为$0.1\mu m$,最大快速移动速度能达到100m/min或更高,具有三维动画图形功能和宜人的图形用户界面,同时还具有丰富的刀具管理功能、宽调速主轴系统、多功能智能化监控系统和面向用户的宏程序功能,还有很强的智能诊断和智能工艺数据库,能实现加工条件的自动设定,且能实现计算机的连网和通信。这类系统功能齐全,价格昂贵,如具有5轴以上的数控铣床,大、重型数控机床,五面加工中心,车削中心和柔性加工单元等。表1-1为不同档次数控系统功能及指示表。

表1-1 不同档次数控系统功能及指示表

项 目	低 档	中 档	高 档
分辨率和进给速度	$10\mu m$、8~15m/min	$1\mu m$、15~24m/min	$0.1\mu m$、24~100m/min
伺服进给类型	开环及步进电动机系统	半闭环及直、交流伺服系统	闭环及直、交流伺服系统
联动轴数	2~3轴	2~4轴	5轴或5轴以上
主轴功能	不能自动变速	自动无级变速	自动无级变速、C轴功能
通信能力	无	RS-232C 或 DNC	RS-232C、DNC、MAP
显示功能	数码管显示、CRT 字符	CRT:图形、人机对话	CRT:三维图形、自诊断
内装 PLC	无	有	强功能内装 PLC
主 CPU	8bitCPU	16 或 32bitCPU	32 或 64bitCPU

1.4 数控装置的硬件结构

1.4.1 单微处理机与多微处理机结构

1. 单微处理机结构

这种结构只有1个微处理机,采用集中控制、分时处理的方法执行数控的各个任务。有的CNC装置虽有2个以上的微处理机,但其中只有1个微处理机能够控制系统总线,占有总线资源,而其他微处理机成为专用的智能部件,不能控制系统总线,不能访问主存储器,它们组成主从结构(如FANUC-6系统)。这类结构也属于单微机结构。

在这种单微机结构中,所有的数控功能和管理功能都由1个微机来完成,因此CNC装置的功能将受到微处理器的字长、数据宽度、寻址能力和运算速度等因素的影响和限制。

2. 多微处理机结构

有些多微处理机结构中,有2个或2个以上的微处理机构成处理部件,处理部件之间采用紧耦合，有集中的操作系统，并共享资源。有些多微处理结构则有 2 个或 2 个以上的微处理机构成的功能模块，功能模块之间采用松耦合，有多重操作系统，能有效地实现并行处理。这种结构中的各处理机分别承担一定的任务，通过公共存储器或公用总线进行协调，实现各微机间的互连和通信。

(1) 多微处理机的结构特点

1) 性能价格比高。多微机结构中的每个微机完成系统中指定的一部分功能，独立执行程序。它比单微机提高了计算的处理速度，适于多轴控制、高进给速度、高精度、高效率的数控要求。由于系统采用共享资源，而单个微处理机的价格又比较便宜，使 CNC 装置的性能价格比大为提高。

2) 采用模块化结构，有良好的适应性和扩展性。多微机的 CNC 装置大都采用模块化结构，可将微处理器、存储器、I/O 控制组成独立微机级的硬件模块，相应的软件也采用模块结构，固化在硬件模块中。软硬件模块形成特定的功能单元，称为功能模块。功能模块间有明确定义的接口，接口是固定的，符合工厂标准或工业标准，彼此可以进行信息交换。这样可以积木式地组成 CNC 装置，使 CNC 装置设计简单、适应性和扩展性好、试制周期短、调整维护方便、结构紧凑、效率高。

3) 硬件易于组织规模生产。由于硬件是通用的，容易配置，只要开发新的软件就可构成不同的 CNC 装置，因此多微处理机结构便于组织规模生产，且保证质量。

4) 有很高的可靠性。多微处理机 CNC 装置的每个微机分管各自的任务，形成若干模块。如果某个模块出了故障，其他模块仍照常工作，而不像单微机那样，一旦出故障就造成整个系统瘫痪。而且插件模块更换方便，可使故障对系统的影响减到最小。另外，由于多微机的 CNC 装置可进行资源共享，省去了一些重复机构，不但降低了造价，也提高了系统的可靠性。

(2) 多微处理机 CNC 装置的结构分类

1) 共享存储器结构。如美国麦克唐纳·道格拉斯公司（MDC）生产的 ActrionⅢ 系统（图 1-6）包括 4 个微处理机，分别承担 I/O、插补、伺服功能、零件程序编辑和 CRT 显示功能，适于 2 坐标车床，3、4、5 坐标加工中心。该系统主要包括 4 个子系统和 1 个公共数据存储器，每个子系统按照各自存储器所存储的程序执行相应的控制功能（如插补、轴控制、I/O 等），各微机的型号相同，字长为 16bit。这种分布式处理机系统的子系统之间不能直接进行相互通信，

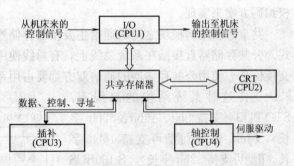

图 1-6 多微处理机共享存储器
结构（ActrionⅢ系统框图）

而都要同公共数据存储器通信。在公共数据存储器板上有优先级编码器，规定伺服功能微机级别最高，其次是插补微机，再次是 I/O 微机等。当 2 个以上的微机同时请求时，优先级编码器决定优先接受的请求，对该请求发出承认信号。相应的微机接到承认信号后，便把数据存到公共数据存储器的规定地址（即共享存储器）中，其他子系统则从该地址取出数据。

上述共享存储器的多微处理机结构，采用多端口存储器来实现各微处理机之间的连接和通信。图 1-7 为双端口存储器结构图。通过多端口控制逻辑电路解决访问冲突问题，由内部硬件裁决其中 1 个端口进行优先访问。由于同一时刻只能有 1 个微处理机对多端口存储器进行读或写，因此当功能复杂而要求微机数增多时，会因争用共享造成信息传输阻塞，从而降低系统的效率，所以这种多微处理机结构扩展功能很困难。

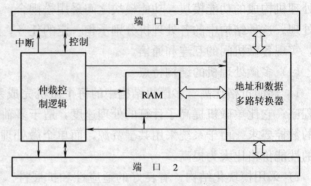

图 1-7　双端口存储器的结构

2）共享总线结构。以系统总线为中心的多微处理机 CNC 装置中的各功能模块，分为带有 CPU 的主模块和不带 CPU 的各种 RAM/ROM 或 I/O 从模块两大类。所有主、从模块都插在配有总线插座的机柜内，共享标准系统总线。系统总线的作用是把各个模块有效地连接在一起，按要求交换数据和控制信息，构成一个完整的系统，实现各种预定的功能。只有主模块有权控制使用系统总线。由于某一时刻只能由 1 个主模块占有主线，因此必须有仲裁电路来裁决多个主模块同时请求使用系统总线的竞争。仲裁的目的是判别出各模块优先权的高低，而每个主模块的优先级别已按其担负任务的重要性被预先安排好。支持多微机系统的总线都有总线仲裁机构，通常有两种裁决方式，即串行方式和并行方式。

串行总线裁决方式中，优先权的排列是按链接位置决定的，某个主模块只有在前面优先权更高的主模块不占用总线时，才可使用总线，同时通知它后面优先权较低的主模块不得使用总线。

并行总线裁决方式中，要配置专用逻辑电路来解决主模块的判优问题，通常采用优先权编码方案来实现。

共享总线结构模块之间的通信主要依靠存储器来实现，大部分系统采用公共存储器方式。公共存储器直接插在系统总线上，有总线使用权的主模块都能访问，可供任意两模块交换信息。使用公共存储器的通信双方都要占用系统总线。

支持这种系统结构的总线有：STD BUS（支持 8bit、16bit、32bit 字长），Multi BUS（Ⅰ型可支持 16bit 字长，Ⅱ型可支持 32bit 字长），S-100BUS（可支持 16bit 字长），VERSA BUS（可支持 32bit 字长）以及 VME BUS（可支持 32bit 字长）等。制造厂为这类总线提供各种型号规格的 OEM（初始设备制造）产品（包括主模块和从模块），由用户任意选配。

图 1-8 是多微处理机共享总线结

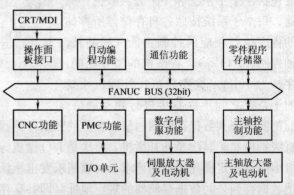

图 1-8　多微机共享总线结构（FS15 系列框图）

构。这种结构中的多微机共享总线时会引起"竞争"，使信息传输率降低，且总线一旦出现故障会影响全局。但其结构简单，系统配置灵活而容易实现，无源总线，造价低，因此常被采用。

图1-8为FS15系列的框图，是按功能进行模块化的共享总线（FANUC BUS）CNC装置。在控制单元母板上插入各种印制电路功能模块（控制用、对话用、图形用及PMC、RAM模块等），它们共享32bit高速主总线。主CPU为68020（32bit），另外还采用1个子CPU，以实现并行处理指令程序和分配脉冲，大大提高了处理速度。例如，最小设定值为0.001mm时，进给速度高达240m/min；而最小设定为0.0001mm时，进给速度可达24m/min。

1.4.2 大板式结构与功能模块式结构

1. 大板式结构

大板式结构CNC系统的CNC装置由主电路板、位置控制板、PLC板、图形控制板和电源单元等组成。主电路板是大印制电路板，其他电路是小印制电路板，它们插在大印制电路板上的插槽内，共同构成CNC装置。图1-9为大板式结构示意图。

FANUC CNC 6MB就采用了这种大板式结构，其框图如图1-10所示。图中主电路板（大印制电路板）上有控制核心电路、位置控制电路、纸带阅读机接口、3个轴的位置反馈量输入接口和速度控制量

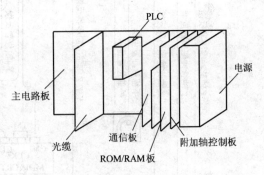

图1-9　大板式结构示意图

输出接口、手摇脉冲发生器接口、I/O扩展板接口和6个小印制电路板的插槽。控制核心电路为微机基本系统，由CPU、存储器、定时和中断控制电路组成。存储器包括ROM和RAM，ROM（常用EPROM）用于固化数控系统软件，RAM用于存放可变数据，如堆栈数据和控制软件暂存数据等。数控加工程序和系统参数等可变数据的存储区域应具有掉电保护功能（如磁泡存储器和带电池的RAM），这样当主电源不供电时，能保持其信息不丢失。6个插槽内可分别插入用于保存数控加工程序的磁泡存储器板、附加轴控制板、CRT显示控制和I/O接口、扩展存储器（ROM）板、可编程序控制板、PMC板及传感器控制板（当位置反馈传感元件采用旋转变压器或感应同步器时）等。

2. 功能模块式结构

在采用功能模块式结构的CNC装置中，整个CNC装置按功能划分为模块，硬件和软件的设计都采用模块化设计方法，即每个功能模块被做成尺寸相同的印制电路板（称功能模块），而相应功能模块的控制软件也模块化。这样形成一个"交钥匙"CNC系统产品系列，用户只要按需要选用各种控制单元母板及所需功能模板，再将各功能模板插入控制单元母板的槽内，就搭成了自己需要的CNC系统控制装置。常见的功能模块有CNC控制板、位置控制板、PLC板、图形板、通信板及主存储器模

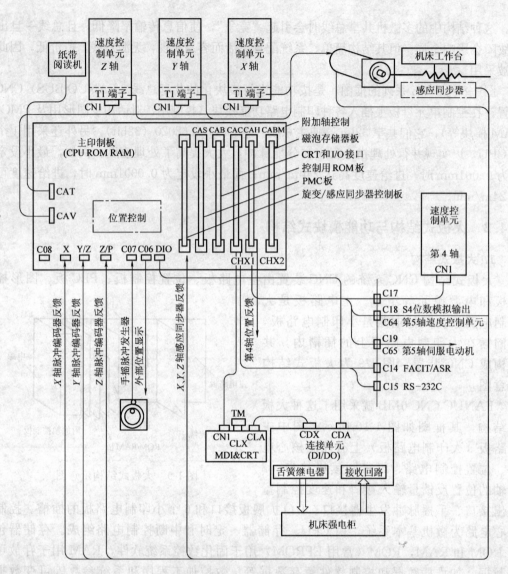

图 1-10　FANUC CNC 6MB 框图

板 6 种。另外，机床操作面板的按钮箱（台）也是标准化的，上面有由用户定义的按键。用户只要按产品的型号、功能把各功能模块、外设、相应的电缆（带插头）及按钮箱（机床操作面板及 MDI、CRT）购买回来，经组装连接便可，从而大大方便了用户。

　　图 1-11 为西门子公司的 SINUMERIK 840C 外设配置系统图，中央控制器由各种模块化的单元组成，包括主电源模块、中央服务板（CSB）、测量模块、NC 模块、PLC 模块、扩展 EU 模块（接口）、人机控制器（MMC）及其接口模块等。这些模块装在统一的框架上，拆装很方便。用电缆将这些模块与外设（CRT/MDI、机床操作、传动装置、编码器、数据的输入和输出等）相连，构成整个大系统。

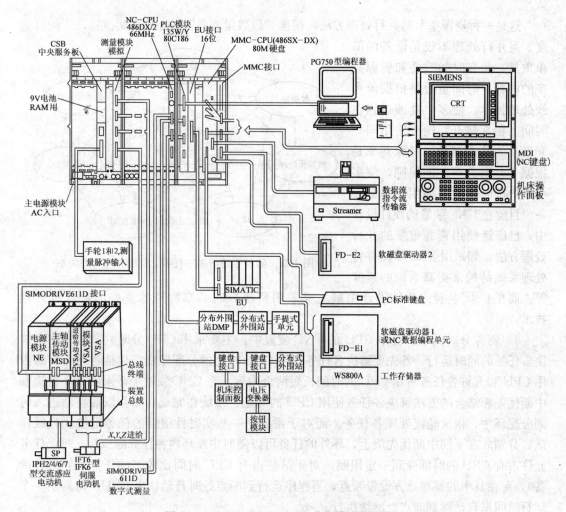

图 1-11　SINUMERIK 840C 功能模块式系统图

1.5　数控系统的软件结构

1. CNC 系统软件的特点

（1）多任务并行处理　CNC 系统是一个专用的实时多任务计算机系统，在它的控制软件中融合了当今计算机软件技术中的许多先进技术，其中最突出的是多任务并行处理技术。

1）多任务。指系统软件必须同时进行管理和控制工作。例如，CNC 工作在加工控制状态时，为了使操作人员能及时地了解 CNC 的工作状态，管理软件中的显示模块必须与控制软件同时运行。又如，为保证加工连续性，译码、刀补和速度处理模块必须与插补模块同时运行，而插补又必须与位置控制同时进行。

2）并行处理。指计算机在同一时刻或同一时间间隔内完成两种或两种以上性质相同或不同的工作。这大大提高了运算速度。图 1-12 所示为数控系统的基本任务及相互间的并行处理关系。

这是一种资源重复的并行处理方法，根据"以数量取胜"的原则大幅度提高了运算速度。但并行处理不仅是设备的简单重复，还有时间重叠和资源共享的内容。时间重叠是根据流水线处理技术，使多个处理过程在时间上相互错开，轮流使用同一套设备的几个部分。资源共享是根据"分时共享"的原则，使多个用户按时间顺序使用同一套设备。目前在 CNC 装置的硬件设计中，已广泛使用资源重复的并行处理方法，如采用多 CPU 的并行处理系统结构来提高系统的速度

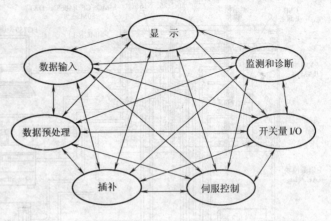

图 1-12 数控系统各基本任务之间的并行处理关系

等。而在 CNC 装置的软件设计中则主要采用资源分时共享和资源重叠的流水线处理技术。

3）资源分时共享。在单 CPU 的 CNC 装置中，主要采用 CPU 分时共享的原则来解决多任务的同时运行。首先要解决各任务占用 CPU 时间的分配原则，包括各任务何时占用 CPU 和允许各任务占用 CPU 的时间长短两个内容。在 CNC 装置中，采用循环轮流和中断优先相结合的方法解决各任务使用 CPU 的问题。系统在完成初始化以后自动进入时间分配环中，依次轮流处理各任务。而对于系统中一些实时性很强的任务则按优先级排队，分别放在不同中断优先级上，环外的任务可以随时中断环内各任务的执行。每个任务允许占有 CPU 的时间受到一定限制，对于某些占有 CPU 时间比较多的任务（如插补准备），可在其中的某些地方设置断点，当程序运行到断点处时自动让出 CPU，待到下一个运行时间里自动跳到断点处继续执行。

4）资源重叠流水处理。当 CNC 装置处在 NC 工作方式时，其数据的转换过程将由零件程序输入、插补准备（包括译码、刀补和速度处理）、插补、位置控制 4 个子过程组成。如果每个子过程的处理时间分别为 Δt_1，Δt_2，Δt_3，Δt_4，那么一个零件程序段的数据转换时间将是 $t = \Delta t_1 + \Delta t_2 + \Delta t_3 + \Delta t_4$。如果以顺序方式处理每个零件程序段，即第一个零件程序段处理完以后再处理第二个程序段，则这种顺序处理时的时间空间关系如图 1-13a 所示。从图上可以看出，如果等到第一个程序段处理完之后才开始对第二程序段进行处理，那么两个程序段的输出之间将有一个时间长度为 Δt 的间隔。同样在第二个程序段与第三个程序段的输出之间也会有时间间隔。依此类推。这种时间间隔反映在电动机上就是电动机的时转时停，反映在刀具上就是刀具的时走时停。不管这种时间间隔多小，这种时走时停在加工工艺上都是不允许的。

消除这种间隔的方法是流水处理技术。采用流水处理后的时间空间关系如图 1-13b 所示。流水处理的关键是时间重叠，即在一段时间间隔内不是处理一个子过程，而是处理两个或更多的子过程。从图 1-13b 可以看出，经过流水处理后，从时间 t_4 开始，每个程序段的输出之间不再有 t 时间间隔，从而保证了电动机转动和刀具移动的连续性。从图 1-13b 中还可以看出，流水处理要求每个处理子过程的运算时间相等，而实际上在 CNC 装置中

每个子过程所需的处理时间都是不同的。解决这一问题的办法是取最长的子过程处理时间为流水处理时间间隔，这样在处理时间较短的子过程之后可进入等待状态。

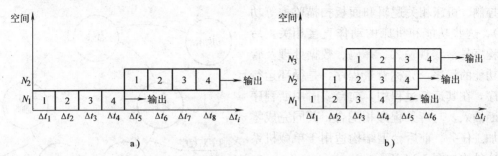

图 1-13　资源重叠流水处理
a）顺序处理　b）流水处理

在单 CPU 的 CNC 装置中，流水处理的时间重叠只有宏观的意义，即在一段时间内 CPU 处理多个子过程，但从微观上看，各子过程是分时占用 CPU 时间的。

（2）多重实时中断处理　所谓中断是指中止现行程序转而去执行另一程序，待另一程序处理完毕后，再转回来继续执行原程序。所谓多重中断，就是将中断按级别优先权排队，高级中断源能中断低级的中断处理，等高级中断处理完毕后，再返回来接着处理低级中断尚未完成的工作。所谓实时，是指在确定的有限时间里对外部产生的随机事件作出响应，并在确定的时间里完成这种响应或处理。数控系统是一个实时控制系统，被控对象是一个并发活动的有机整体，对被控对象进行控制和监视的任务也是并发执行的，它们之间存在着各种复杂的逻辑关系。有时这些任务是顺序执行的，表现为一个任务结束后，激发另一个任务执行，如数控加工程序段的预处理、插补计算、位置控制和输入输出控制；有时这些任务是周期性地以连续反复的方式执行，如每隔一个插补周期进行一次插补计算，每隔一个采样周期进行一次位置控制等；有时一个任务执行到某处时，必须延时到某个时刻后才又继续执行，如必须等待换刀等有关辅助功能完成后，进一步的切削控制才能开始；有时是几个协同任务并发执行，如在加工控制中，人机交互处理及各种突发事件的处理等。

对于有实时要求，且各种任务互相交错并发的多任务控制系统，可采用多重中断的并行处理技术。各种实时任务被安排成不同优先级别的中断服务程序，或在同一个中断程序中按其优先级高低而顺序运行，任务主要以优先级进行调度，在任何时候 CPU 运行的都是当前优先级较高的任务。

无论采用哪种并行处理技术，各种协同任务都存在着各种逻辑联系，它们之间必须进行各种通信，以便共同完成对某个对象（如数控机床）的控制和监视。各任务之间可以采用设置标志、共同使用某一公共存储区及多处理器串行通信等方法进行联系。

目前，针对数控系统多任务性和实时性两大特点，一方面在硬件上越来越多地采用多微处理器系统，另一方面在软件上综合了前述设备重复的并行处理技术、分时的并行处理技术和多重中断的并行处理技术。常见的 CNC 系统软件结构有对应于单微处理器系统的前后台型和多重中断型，以及对应于多微处理器系统的功能模块软件结构。

2. CNC 系统软件结构的分类

数控系统的基本功能是由各种功能子程序实现的。不同的软件结构对这些子程序的安排方式不同，管理的方法亦不同。

（1）前后台型结构　前台程序是中断服务程序，几乎承担了全部实时功能（插补、位置控制、机床相关逻辑和面板扫描监控等功能），这些功能和机床的动作直接相关。后台程序是指实现输入、译码、数据处理及管理功能的程序，亦称背景程序，是循环运行程序，在其运行过程中，前台实时中断程序不断插入，与背景程序相配合，共同完成零件加工任务。前后台型结构适用于单微机系统，结构如图 1-14 所示。

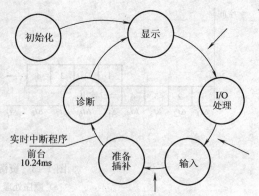

图 1-14　前后台型结构

美国 A-B 公司的 7360 系统就采用了这种结构，运用在两坐标车床控制中。它采用工业处理机（中速小型机 AIP-7300），字长为 16bit，主频为 5 MHz，兼有普通小型机及 PLC 功能，可实现包括机床逻辑在内的全部数控功能。实时中断程序每 10.24ms 定时发生一次，执行一次中断服务程序，此时背景程序停止运行，进入等待循环，定时中断程序执行完毕后又返回背景程序。以后每 10.24ms 定时中断又发生，背景程序又等待。如此循环往复，共同完成数控系统的全部功能。A-B7360 系统使用了扩展 DDA 软件插补法，其直线和圆弧插补只要求加、减法及有限次数的乘法运算，没有函数计算，计算简便，速度较高，精度可达 1μm。A-B7360 系统在位置控制方面实行数据采样的方法，其伺服驱动装置和位置检测组件通过计算机形成位置控制回路。系统的采样周期为 10.24ms，在每一中断周期服务结束前，进行粗插补，算出下一周期坐标轴的位置增量命令值。每一中断周期开始时，位置控制程序对坐标轴的实际位置增量进行采样，将采样值与增量命令值比较，算出跟随误差，经 D/A 转换后变为进给速度指令电压，以驱动相应轴的电动机，从而实现按偏差的位置控制，即精插补。A-B7360 系统是一种典型的数据采样实时过程控制系统。各控制功能都被当作任务，编制成各相对独立的程序模块，通过系统程序将各种功能联系成为一个整体。系统程序的功能是处理中断、调度和监督各种任务的实施，简化后的系统软件框图如图 1-15 所示。

由图 1-15 可知，A-B7360 的系统程序可分为背景程序（后台程序）和中断服务程序（前台程序）两部分。

1）背景程序。是 CNC 系统的主程序，主要功能是根据控制面板上的开关命令所确定的系统工作方式进行任务的调度。它由 3 个主要程序环组成（图 1-15 左半部分），以便为自动/单段、手动、键盘等工作方式服务。

当系统程序纸带的内容被装入内存或掉电后电源恢复并启动时，立即执行系统初始化程序，包括设置中断入口、设置机床参数、清除位置检测组件的缓冲器等功能。初始化完成后，系统自动进入紧停状态，坐标轴的位置控制系统被断开，并允许 10.24ms 的实时中断，定时地扫描控制面板。当操作人员按下"紧停复位"按钮以后，系统实行 MCU（机床控制装置）总清除。接着进入背景程序，在循环中按照操作人员所确定的工作方式进入相应的服务程序。无论系统处于何种工作方式，10.24ms 的定时中断总是定时发生。

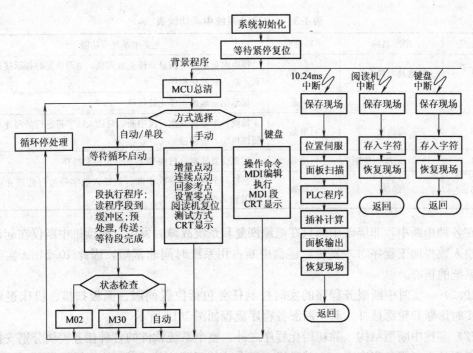

图 1-15 A-B7360 数控系统软件框图

一个程序段的执行过程，主要包括对下一程序段的译码、数据处理和对本程序段的插补运算。译码和数据处理是在背景程序的控制下进行的，而插补则在 10.24ms 的定时中断程序控制下进行。两者在 10.24ms 时间片中分享处理机，即在程序段执行过程中，10.24ms 的实时中断程序不断地插入，而在每 10.24ms 中，用于插补运算的时间约为 2.5ms，留给背景程序（包括译码和数据处理）的时间在 2ms 以上。进行译码和数据处理的时间比执行一个程序段的时间要短得多。一个数控加工程序段的加工需要经过多次 10.24ms 实时中断处理才能完成。实际上，CPU 执行 10.24ms 实时中断服务程序所需的时间少于 10.24ms，因此，在每个 10.24ms 的时间间隔中，背景程序可利用 CPU 的部分时间进行实时监控，即进行 CRT 显示等人机交互处理，并对下一数控加工程序段进行数据预处理。这样，当一个数控加工程序段加工完毕前，背景程序有足够的时间将下一数控加工程序段的数据预处理工作进行完毕。A-B7360 数控系统在 10.24ms 实时中断周期中的时间分配见表 1-2。

表 1-2   10.24ms 实时中断周期中时间的分配   （单位：ms）

插 补	机床逻辑	阅读机中断	背景程序的实时监控
最大 2.5	2.5～4.5	1	2

2）中断程序。A-B7360 系统的实时过程控制是通过中断方式实现的。它共设置五级中断，由计算机硬件控制。由图 1-15 所示的 7360 系统的软件结构可见，系统中可屏蔽的中断有 3 个，此外，系统还有 2 个不可屏蔽的中断，五级中断的优先级和主要中断处理功能如表 1-3 所示。第一级为最高优先级，第五级为最低级。若前一次中断还没完成，又发生了新的同类中断，则说明发生了任务重叠，系统进入紧停状态。

表 1-3　A-B7360 系统中断功能表

优先级	中断名称	中断性质	主要中断处理功能
1	掉电及电源恢复	非屏蔽	掉电时显示掉电信息，停止处理机，电源恢复时显示接通信息，进入初始化程序
2	存储器奇偶错	非屏蔽	显示出错地址，停止处理机
3	阅读机	可屏蔽	每读一个字符发生一次中断，对读入的字符进行处理并存入阅读机输入缓冲器
4	10.24ms 实时中断	可屏蔽	实现位置控制、扫描 PLC 实时监控和插补
5	键盘	可屏蔽	每按一个键发生一次中断，对输入的字符进行处理并存入 MDI 输入缓冲器

在各种中断中，非屏蔽中断只在电源恢复和系统故障时发生，阅读机中断仅在起动阅读机输入数控加工程序时才发生，键盘中断占用系统时间非常短，因此 10.24ms 实时中断是系统的核心。

10.24ms 实时中断服务程序的实时控制任务包括位置伺服、面板扫描、机床逻辑处理、实时诊断和轮廓插补，其中断服务程序流程如图 1-16 所示。

(2) 多重中断型结构　除初始化程序之外，整个系统软件的各种任务模块分别安排在不同级别的中断服务程序中。也就是说，所有功能子程序均安排成级别不同的中断程序，整个软件就是一个大的中断系统，管理功能主要通过各级中断程序之间的相互通信来解决。日本 FANUC-7、FANUC-6 系统皆采用此中断型软件结构。

1) 中断优先级安排。中断优先级结构如图 1-17 所示，其中的功能见表 1-4。

表 1-4　中断功能一览表

优先级	主　要　功　能	中　断　源
1	CRT 显示，ROM 奇偶校验	由初始化程序转入
2	工作方式选择及预处理	16ms 软件定时
3	PLC 控制，M、S、T 处理	16ms 软件定时
4	参数、变量、数据存储器控制	硬件 DMA
5	插补运算，位置控制，补偿	8ms 软件定时（8253 定时器）
6	监控和急停信号，定时 2、3、5 级	2ms 硬件时钟
7	ASR 键盘输入及 RS-232C 输入	硬件随机
8	纸带阅读机阅读纸带处理	中导孔输入
9	报警	串行传送报警
10	RAM 校验，电源断开	硬件，非屏蔽中断

其中断有两种来源：一种是由时钟或其他外部设备产生的中断请求信号，称为硬件中断（如第 1、4、6、7、8、9、10 级）；另一种由程序产生的中断信号，称为软件中断，这是由 2ms 的实时时钟在软件中分频得出的（如第 2、3、5 级）。硬件中断请求又称作外中断，要接受中断控制器 Intel8259A 的统一管理，由中断控制器进行优先排队和嵌套处理；而软件中断是由软件中断指令产生的中断，每出现 4 次 2ms 时钟中断时，产生第 5 级 8ms 软件中断，每出现 8 次 2ms 时钟中断时，分别产生第 3 级和第 2 级 16ms 软件中断，各软

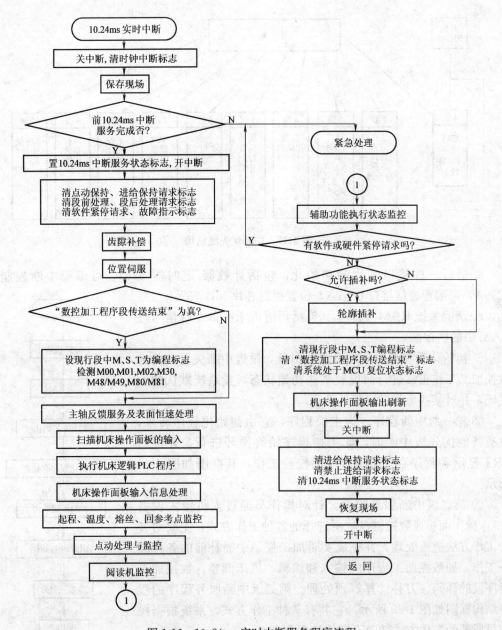

图 1-16   10.24ms 实时中断服务程序流程

件中断的优先顺序由程序决定。因为软件中断有既不使用中断控制器,也不能被屏蔽的特点,因此为了将软件中断的优先级嵌入硬件中断的优先级中,在软件中断服务程序的开始,要通过改变 Intel8259A 屏蔽优先级比其低的中断,软件中断返回前,再恢复 Intel8259A 的初始屏蔽状态。

2) 中断程序的功能

① 初始化程序。初始化程序的主要作用是为整个系统的正常工作做准备,如图 1-18 所示。电源接通后,系统首先进入此程序,此时没有其他优先级中断。在初始化程序中,系统主要完成下述工作。

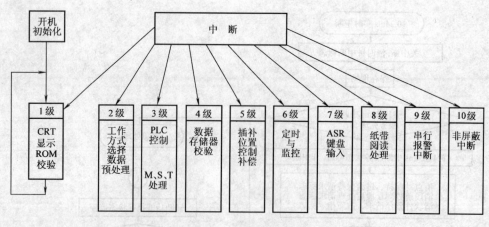

图 1-17 中断优先级结构

　　a. 进行一些接口芯片的初始化，包括计数器/定时器 8253，可编程中断控制器 8259A，可编程通信接口 8251A，位置控制芯片 MB8739。

　　b. 清除系统 RAM 工作区（包括预清机床逻辑 I/O 信号在 RAM 中的映像区）。

　　c. 初始化系统参数，如设置栈指针，设置中断矢量，并为数控加工工作正常进行而设置某些初始状态，置系统默认的 G 代码，并对某些参数进行预处理等。

　　② 第一级中断程序。为主控程序，它由初始化程序转来，没有其他优先级中断时，此主控程序始终循环进行，并进行 CRT 显示和程序存储器 ROM 的校验工作，其框图如图 1-19 所示。

　　③ 第二级中断服务程序。针对操作员通过人机输入设备（机床操作面板或数控键盘）所选择的各种工作方式，主要对各种工作方法进行处理，并完成实时加工控制中插补前的各种准备工作，如数控加工程序的输入和编辑，机床调整，数控加工程序段的译码、刀补计算等预处理。第二级中断服务程序的程序结构框图如图 1-20 所示，它共有 7 种工作方式，系统根据操作员所选的工作方式转向不同的处理分支。

　　④ 第三级中断服务程序。每 16ms 进行一次，主要功能是对机床操作面板的输入信号进行监视，启动 PLC 控制程序，按机床状态、自动加工的要求以及操作员通过机床操作面板输入的控制要求，实现机床逻辑控制，并将机床状态通过 CRT 和机床操作面板及时输出。第三级中段服务程序框图如图 1-21 所示。

　　⑤ 第四级中断服务程序。第四级中断服务程序用于数据存储器（存储参数、变量、数据等）进行读/写奇偶校验，读/写时，有错则报警，若无错则结束。

　　⑥ 第五级中断服务程序。每 8ms 产生一次，主要完成插补计算、位置伺服控制、加减速控制及各种补偿。

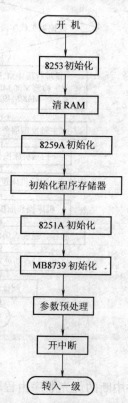

图 1-18　初始化程序框图

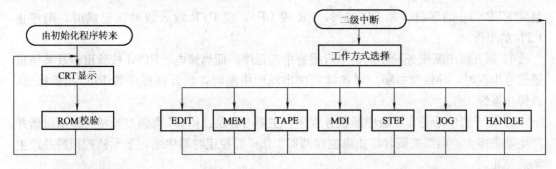

图 1-19　第一级中断　　　　　图 1-20　第二级中断服务程序的程序结构框图
　　　　程序框图

轮廓加工采用数据采样的插补计算法，利用时间分割的思想，即将程序段的增量以 8ms 为单位，划分为许多小段，每次插补计算出一段增量。当进行不需要插补的运动时，如手动连续进给、步进和自动定位等，代替插补计算的是按要求的进给速度计算其 8ms 内的位移增量。插补的结果作为位置伺服系统的指令位置增量。位置伺服系统的采样周期和插补周期相同，由位置伺服控制程序按指令位置增量计算出指令位置，并将其与采样的实际位置相减，差值换算成速度指令值，送往硬件伺服部分，控制电动机的运转。

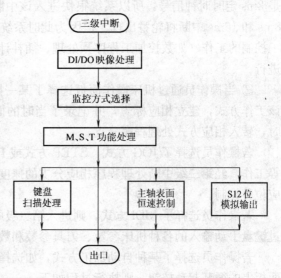

图 1-21　第三级中断服务程序框图

为使位置伺服系统硬件部分能准确跟踪速度指令，系统对速度指令进行了加减速处理，可选择采用直线或指数加减速控制的算法。

为保证机床运动执行机构实现准确的指令位置，系统采用了各种补偿措施，包括螺距补偿、间隙补偿、伺服漂移补偿等。

⑦ 第六级中断服务程序。它是 2ms 定时服务程序，定时时间由 8253 可编程计数器/定时器在初始化时确定。该程序主要完成下列工作：

a. 进行软件分频，为第五级中断提供 8ms 定时，为第二级和第三级提供 16ms 定时，并使三级定时时刻有一定的时间间隔（如 4ms）。

b. 检查跳步切削信号，并置标志。

c. 检查栈是否溢出，有溢出则报警。

⑧ 第七级中断服务程序。它主要进行 ASR 键盘输入处理。由该装置的接收和发送器发出发送或接收中断请求，第七级中断服务程序从 RS-232C 接口读入其键盘数据，并存入相应的缓冲区。

⑨ 第八级中断服务程序。纸带阅读机（PTR）每输入一个字符（对应一行孔信号）就产生一次中断，第八级中段服务程序将该字符读入，将其存入相应的缓冲区。若该字符

是使 PTR 停止的字符（如 ER 或%，CR 或 LF），或 PTR 输入缓冲区已满时，则停止 PTR 的工作。

⑩ 第九级中断服务程序。是串行报警中断程序，即当掉电、ROM 校验出错及其他报警信号出现时，导致此中断。当连续两次出现此中断时，该处理程序置 PLC 报警标志，并停止系统工作。

⑪ 第十级中断是非屏蔽中断服务程序。主要内容是：RAM 奇偶校验错时显示出错并产生动态停止；电源关断时终止磁泡存储器工作；监控定时器中断，显示监控报警并产生动态停止。

3）工作过程。下面简要介绍多重中断结构数控系统软件的工作过程。

① 用户开机后，系统首先进入初始化程序，进行系统硬、软件初始状态的设置。随后启动中断，转入第一级中断处理程序，进行 CRT 显示和 ROM 检查。由于第六级中断是 2ms 定时时钟信号，所以系统很快进入该中断处理程序，进行时钟分频等工作，于是 8ms 和 16ms 中断将轮番出现。但因为此时系统还未开始加工，所以各级软中断中有关加工控制的工作（如数控加工程序预处理、插补计算、位置控制及辅助功能控制等工作）不进行。

② 当操作员通过机床操作面板选择了某一操作方式后，第三级中断处理程序识别出该工作方式，建立相应标志，并记录了当时的面板和键盘状态。当再次进入第二级中断时，转入相应方式处理程序分支。

若操作员选择了 JOG 方式，STEP 方式或 HANDLE 方式进行工作原点的确定和对刀等工作，经第二级中断处理程序相应分支的速度预处理后，由第五级中断处理程序实现相应位移控制。

若操作员选择了 MDI 方式，则进入第二级中断的 MDI 处理程序分支，可对操作员通过键盘手动输入的各种机床参数、刀具参数和数控加工程序段进行处理。

若操作员选择了某种自动加工方式，如选择了存储器方式（MEM），并按下机床操作面板上的循环起动按钮，则执行过程如下：

a. 进入第二级中断处理程序的 MEM 处理分支后，在已存入面板输入状态寄存器中的循环起动按钮状态的作用下，将一个数控加工程序段从内存读入数控加工程序缓冲器（BS），并设"已有数控加工程序段读入 BS"标志。

b. 第五级中断处理程序在"已有数控加工程序读入 BS"标志作用下，当其他条件也满足时（一般对第一个数控加工程序段总是满足的），置"允许将 BS 内容送 AS（系统工作缓冲器）"标志。

c. 再次进入第二级中断处理程序的 MEM 分支后，在"允许将 BS 内容送 AS"标志作用下，将 BS 中的数控加工程序段送 AS，并在 BS 中再补充一个数控加工程序段，对 AS 中的数控加工程序段进行译码、刀补计算和速度计算等预处理，结果保存到 CS 内，随后设置"开放插补"标志，作为第五级中断处理时进行插补计算的根据。

d. 再次进入第五级中断处理程序后，在"开放插补"标志的作用下，将 AS 内的预处理结果取出，分别将插补信息送插补缓冲器，将辅助信息送系统标志单元。随后，若本数控加工程序段有插补前辅助功能要求，以及上一数控加工程序段有插补后辅助功能要求时，系统要等待第三级中断处理程序完成了这些辅助功能，并设置了"M（及 T、S）功能完成"标志后，系统才开始进行插补计算、自动升/降速处理、位置伺服控制及各种补偿等实时加工处理。

e. 在正常加工情况下，上述第二级中断的预处理工作、数控加工程序缓冲器的补充工作、第三级和第五级中断处理工作以及第一级中断处理程序中的 CRT 显示工作等将不断循环，机床在 PLC 程序控制下完成各种辅助功能，在插补计算和位置伺服控制等处理状态下不断进给，显示器不断显示新的位置坐标，直到数控加工程序结束或加工停止信号出现为止。

4）各级中断程序间的通信方式。由上述工作过程可知，为了进行系统管理，多重中断系统软件结构采取的中断程序间通信的方式有以下两种：

① 设置软件中断。系统中第二、三、五级中断都被设置成软中断，将第六级中断设置成硬件时钟中断，该中断定时发生，每 2ms 一次，经分频后依次产生第五（8ms）、二（16ms）、三（16ms）级定时中断，这样便将第二、三、五、六级中断联系起来。

② 设置标志。标志是各程序之间相互通信的得力工具，如在存储器工作方式下，自动加工过程控制中的"允许将 BS 内容送 AS"标志、"开放插补"标志等。前者控制数控加工程序段预处理工作的开始，后者控制辅助功能、插补计算和位置伺服控制等的开始。

（3）功能模块软件结构　当前，为实现数控系统中的实时性和并行性的任务，越来越多地采用多微处理器结构，从而使数控装置的功能进一步增强，处理速度更快，结构更加紧凑，更适合于多轴控制、高进给速度、高精度和高效率的数控系统的要求。

多微处理器 CNC 装置多采用模块化结构，每个微处理器分管各自的任务，形成特定的功能模块。相应的软件也模块化，形成功能模块软件结构，固化在对应的硬件功能模块中。各功能模块之间有明确的硬、软件接口。

许多数控生产厂家都采用了这种功能模块结构，SIEMENS 公司的 SINUMER IK 840C 系统就是这种结构的一个实例。如图 1-22 所示，SINUMER IK840C 系统的 CNC 单元主要由三大模块组成，即人机通信（MMC）模块，数控通道（NCK）模块和可编程序控制器（PLC）模块。每个模块都是一个微处理器系统，三者可以相互通信。

MMC 模块完成与操作面板、软盘驱动器及磁带机之间的连接，实现操作、显示、编程、诊断、调机、加工模拟及维修等功能。面板上设有连接显示器的 RGB 插座、连接操作面板的串行口 1 插座、连接软盘驱动器的串行口 2（RS-232C/V24）

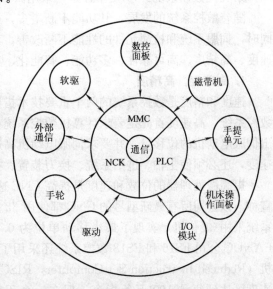

图 1-22　SINUMER IK 840C 系统结构图

插座、连接磁带机的并行口、VGA 监视器接口和 PC 机标准键盘接口等。

NCK 模块完成程序段准备、插补、位控等功能，可与驱动装置、电子手轮连接，还可和外部 PC 机进行通信，实现各种数据变换，如 2D/3D 坐标变换、车床上的车/铣方式变换、CAD 结果的转换及用于构建柔性制造系统时信息的传递、转换和处理等。SIE-MENS 公司的许多数控装置都采用了超大规模集成电路（VLSI）多 CPU 系统，其插补功能可以由软件或专用大规模集成电路芯片实现。

PLC 模块完成机床的逻辑控制，通过选用 SINECL2 或 SINECL2-DP 接口实现连网通信。可连接机床控制面板、手提操作单元（为便携式移动操作单元，上面带有各种按键、急停按钮和功能转换开关）和 I/O 模块。它带有 2 个 RS-485 接口，可连接分布的机床辅助设备（DMP）端子板（每一个端子板有多达 128 点的输入或 128 点的输出）。它还具有 8 个中断输入作为 PLC 的报警处理。

在多微处理器系统中，根据需要还可采用其他并行处理技术。

1.6　数控系统的发展趋势

20 世纪 40 年代末，美国帕森斯公司（Parsons）和麻省理工学院（MIT）共同合作，于 1952 年研制出第一台三坐标直线插补连续控制的立式数控铣床。从第一台数控铣床问世至今 50 多年中，随着微电子技术的不断发展，特别是计算机技术的发展，数控系统的发展已经历了五代，即：

第一代数控系统：1952～1959 年，采用电子管、继电器元件。

第二代数控系统：1959 年开始，采用晶体管元件。

第三代数控系统：1965 年开始，采用集成电路。

第四代数控系统：1970 年开始，采用大规模集成电路及小型计算机。

第五代数控系统：1974 年开始，采用微型计算机。

随着数控系统的发展，其功能不断增多，柔性不断增强，性能价格比不断提高，与此同时，伺服系统和检测元件的性能不断改善，其精度也不断提高。当前数控系统正朝着高速度、高精度、高可靠性、多功能、智能化、集成化、网络化及开放性等方向发展。

1. 高速度、高精度

速度和精度是数控系统的两个重要技术指标，直接关系到加工效率和产品质量。对于数控系统，高速度首先是要求计算机数控系统在读入加工指令数据后，能高速处理并计算出伺服电动机的位移量，并要求伺服电动机高速地做出反应。此外，要实现生产系统的高速度，还必须使主轴、进给系统、换刀装置、托盘交换装置等各种关键部件实现高速度。

提高微处理器的位数和速度是提高 CNC 速度的最有效的手段。日本 FANUC 公司曾宣称，该公司所有最新型号的 CNC 都使用 32 位微处理器技术。FANUC 公司 FS15 数控系统采用 32 位机，实现了最小移动单位为 $0.1\mu m$ 情况下达到最大进给速度 100m/min。FANUC 公司 FS16 和 FS18 数控系统还采用了简化与减少控制基本指令的精简指令计算机（Reduced Instruction Set Computer, RISC），它能进行高速的数据处理，其执行指令速度可达到每秒 100 万条指令。现在一个程序段的处理时间可缩短到 0.5ms，在连续 1mm 的移动指令下能实现的最大进给速度可达 120m/min。在数控机床的高速度化中，提高主轴旋转速度占重要地位。有研究报告指出，由于主轴高速化使得切削时间比过去缩短了 80%。主轴高速化的手段是采用高速内装式主轴电动机，使主轴的驱动不必通过变速齿轮箱，而是直接把电动机和主轴连接成一体装入主轴部件之中，从而可将主轴转速提高到 40000~50000r/min。

提高数控机床的加工精度，一般可以通过减少数控系统的误差和采用补偿技术达到。在减小 CNC 系统控制误差方面，一般采取提高数控系统的分辨率、以微小程序段实现连续进给、使 CNC 控制单元精细化、提高位置检测精度，以及位置伺服系统采用前馈控制与非线性控制等方法；在采用补偿技术方面，除采用间隙补偿、丝杠螺距补偿和刀具补偿等技术外，研究人员开始注意热变形补偿。电动机、回转主轴和传动丝杠副的发热变形会产生加工误差，为减少变形，一方面可以采取减少热量的措施，如采用流动油液对内装主轴电动机和主轴轴承进行冷却，另一方面则可以采取热补偿技术。

2. 智能化

数控系统的智能化主要体现在以下几个方面：

(1) 应用自适应控制技术　通常数控系统是按照事先编好的程序工作的。由于加工过程中的不确定因素，如毛坯余量和硬度的不均匀、刀具磨损等难以预测，编程中一般采用比较保守的切削用量，从而降低了加工效率。自适应控制系统（AC，Adaptive Control）可以在加工过程中随时对主轴转矩、切削力、切削温度、刀具磨损参数进行自动检测，并根据测量结果，及时调整切削参数，使加工过程始终处于最佳状态。

(2) 自动编程技术　为了提高编程效率和质量，降低对操作人员技术水平的要求，现代数控系统附加人机会话编程自动编程软件，实现自动编程。

(3) 具有故障诊断功能　数控系统出现了故障，控制系统应能够自动诊断，并自动采取排除故障的措施，以适应长时间无人操作的要求。

(4) 应用模式识别技术　应用图像识别声控技术，使机器能够根据零件的图像信息，按图样自动加工，或按照自然语言指令进行加工。

3. 高可靠性

CNC 系统可靠性是用户最为关注的问题，提高可靠性可通过下列措施实现：

(1) 提高线路的集成度　采用大规模或超大规模集成电路、专用芯片及混合式集成电路，以减少元器件的数量，精简外部连线和降低功耗。

(2) 建立由设计、试制到生产的完整质量保证体系　为了保证高可靠性必须采取光电隔离，防电源干扰；使数控系统模块化、通用化及标准化，便于组织批量生产及维修；在安装制造时注意严格筛选元器件；对系统可靠性进行全面检查考核等。

(3) 增强故障自诊断功能和保护功能　由于元器件失效、编程及人为操作失误等原因，数控系统可能会出现故障。数控系统一般具有故障诊断和故障排除功能。此外，应注意增强监控与保护功能，如有的系统设有行程范围保护、刀具破损检测和断电保护等功能，可以有效避免损坏机床或工件报废的现象发生。由于采取了各种有效的措施，现代数控系统的平均无故障时间可达到 10000~36000h。

4. 多功能化

一机多能的数控系统可以最大限度地提高设备的利用率，数控加工中心（Machining Center，MC）便是一种能实现多工序加工的数控机床。这类数控系统控制的机床，一般配有机械手和刀具库（可存放 16~100 把刀具）。工件一经装夹，数控系统就能控制机床自动地更换刀具，连续对工件的各个加工面自动地完成铣削、镗削、铰孔、扩孔及攻螺纹等多工序加工，把许多工序甚至许多不同的工艺过程都集中到一台设备上来完成，从而避免多次装夹所造成的定位误差，减少设备台数、工夹具和操作人员，节省占地面积和辅助时间。为了提高效率，新型数控机床在控制系统和机床结构上也有所改革。例如，采取多系统混合控制方式，用不同的切削方式（车、钻、铣、攻螺纹等）同时加工零件的不同部位等。现代数控系统控制轴数有的多达15轴，同时联动的轴数有的已达到6轴。

5. 集成化

数控系统集成化发展趋势有下面两方面：

1）从点的控制（数控单机控制，加工中心控制系统和数控复合加工机床控制）、线的控制（FMC、FMS、FTL、FML 等的控制），向面的控制（工段车间独立孤岛的控制、FA 的控制）、体的控制（CIMS、分布式网络集成制造系统）的方向发展。为了适应这种发展趋势，一般的数控系统都具有 RS-232C 和 RS-422 高速串行接口，可以按照用户级的格式要求同上一级计算机进行多种数据交换。高档的数控系统具有 DNC 接口，可以实现几台数控机床之间的数据通信，也可以直接对几台数控机床进行控制。为了满足工厂自动化规模越来越大的要求，满足不同厂家、不同类型数控机床联网的需要，各生产厂家纷纷采用 MAP 工业控制网络（现在已实现了 MAP3.0 版本）为现代数控机床进 FMS 及 CIMS 创造了条件。它使各机种便于联网，有可能将不同制造厂的智能设备用标准化通信网络设施连接起来，从工厂自动化（Factory Automation，FA）上层（设计信息、生产计划信息）到下层（控制信息、生产管理信息）通过信息交流促进集成化与综合化，实现分散处理体系，以及建立能够有效地利用系统全部信息资源的计算机网络。

2）CAD/CAPP/CAM/CNC 的集成发展方向。为了改变 CNC 中的 G 代码给 CAD/CAM 集成所带来的困难，1997 年欧共体开发了一种遵从 STEP 标准、面向对象的数据模型，提出了 STEP-NC 的概念，将产品模型数据转换标准 STEP（Standard for the Exchange of Produce Model Data）扩展至 CNC 领域，重新规定了 CAD/CAM 与 CNC 之间的接口，该项目已取得了实质性进展。STEP-NC 标准的使用无疑将使 CNC 系统在制造领域发挥更大的作用，将实现 CAD/CAPP/CAM/CNC 的整体集成。据美国 STEP-TOOLS 公司的预测，STEP-NC 控制器将在 2010 年以前问世，届时人们会目睹自动化制造的全新景象。

6. 具有开放性

传统的数控系统是一种专用封闭式系统，各个厂家的产品之间以及与通用计算机之间不兼容，维修、升级困难，越来越难以满足市场对数控技术的要求。针对这种情况，提出了开放式数控系统的概念。国内外正在大力研究开发开放式数控系统，有些已进入实用阶段。目前，数控系统正由专用封闭式控制模式向通用开放式控制模式转换（详见第 8 章的开放式数控系统）。

7. 网络化数控系统

20 世纪 90 年代中期，由于 Internet/Intranet 与 Web 技术在制造业中广泛应用以及基于 PC 的开放数控技术取得了实质性进展，CNC 机床不仅可以作为独立运行的加工设备，而且可以实现在计算机、网络和通信技术支持下形成网络化数控制造系统。

网络化数控系统可定义为：CNC 系统在 Internet/Intranet 技术支持下直接联网构成基于 Web 网络环境的站点，通过共享分布式网络数据库技术成为工艺信息、NC 程序、生产管理、制造控制和工况信息等制造信息中心，并能和工厂其他应用实现融合集成的一种网络化分布式数字制造系统。

网络化数控系统通过信息技术和制造技术、生产管理和制造控制融合集成，支持企业实现网络化制造（e-M）及企业集成，能较好地解决企业内部的信息集成问题，从根本上弥补了制造车间与设计部门间的沟通不畅的缺陷，提高了企业整体制造技术水平、生产率、创新能力和快速响应能力，从而提升了企业综合竞争力，以适应全球竞争的新经济环境。

8. 并联机床及数控系统

从1994年开始，一种前所未有的新型机床——"六条腿"机床出现了。这种机床从运动理论到具体结构上都与传统机床截然不同。它没有滑台结构，没有沿 x、y、z 三个方向的滑台式结构的导轨，而只用几根丝杠带动主轴箱、带着刀具（或工件）在空间运动，按预定轨迹和目标通过复杂的数学计算经计算机控制完成加工任务，这就是并联（杆系）机床。并联机床通常由以下四部分组成：

（1）上平台　这是一个刚性的箱体机架，上面装有固定工件的工作台。

（2）下平台　它用来安装主轴头。主轴头内有主驱动电动机，能同时进行6轴（X、Y、Z、A、B、C）运动，有的并联机床还能进行8轴控制。

（3）轴向可调的六根伸缩杆（"六条腿"）　每根伸缩杆由各自的伺服电动机和滚珠丝杠驱动，一端固定在下平台机架上，另一端与上平台相连。通过这"六条腿"的伸缩协调实现主轴的位置和姿态控制，以满足刀具运动轨迹的要求。这种结构理论上可加工任意复杂的曲面零件（如叶轮、模具、雕刻品等）。

（4）控制系统及其软件控制系统　特别是软件的开发是该类机床的关键和难点。并联机床的控制系统不仅要实现向"六条腿"定时发送实现预定刀具运动轨迹的控制信号，而且还要实时处理"六条腿"长度的测量反馈信号，以及动态补偿刀具与工件的相对位置误差。

并联机床与串联机构的区别在于：传递力的运动链是"六条腿"构成的六个"并联"运动链，主轴平台所受外力由六根杆分别承担，故每杆受的力要比总负荷小得多，且这些杆件只承受拉压载荷不承受弯矩和转矩，因此具有刚度高、传力大、重量轻、末端执行件速度快，结构简单、精度高等优点。

并联机床与传统机床在运动传递原理上的本质区别，决定了并联机床数控系统的特殊性。从伺服控制的角度来看，开发并联机床所需的控制知识与开发传统3坐标或5坐标加工中心近似，他们之间最大区别体现在数控装置中。并联机床存在特殊的作业空间、奇异位形、灵活度和刚度等方面问题，对这些问题的处理都体现在机床的 CNC 中，因此在并联机床的 CNC 中必然要包括传统 CNC 所不具备作业空间检验、奇异检验、刚度和灵活度验算等功能。

目前，并联机床的数控系统无一例外地继承了传统数控系统的标准和协议。几乎所有并联机床都使用了与传统数控机床一致的操作界面风格、数控代码格式、坐标定义和相关术语，并且具备同标准 CAD 接口的能力。数控系统均采用了开放式的体系结构，其中以基于工业 PC 为最多，这是因为数控系统的结构及诸多算法尚处于试验和探索阶段，采用开放式结构可以增添系统的模块化和可重构性，降低再次开发的难度。插补计算是数控系统的一项关键技术，由于保密性和正处于探索阶段的原因，关于这方面的研究论文比较少，总的说来主要有三种方法，即虚轴空间插补、实轴空间插补和虚实空间两级插补策略。

9. 其他发展

1）为适应制造自动化的发展，向 FMC、FMS 和 CIMS 提供基础设备，要求数控制造系统不仅能完成通常的加工功能，而且还要具备自动测量、自动上下料、自动换刀、自动更换主轴头、自动误差补偿、自动诊断、进线和联网等功能，广泛地应用机器人、物料自动存储检索系统等，这些给控制系统提出了更高的要求。

2）围绕数控技术、制造过程技术，在快速成型、并联机构机床、机器人化机床、多功能机床等整机方面和高速电主轴、直线电动机、软件补偿精度等单元技术方面先后有所突破。并联杆结构的新型数控机床实用化，这种虚拟数控机床用软件的复杂性代替传统机床机构的复杂性，开拓了数控机床发展的新领域。

3）向神经网络控制技术、模糊控制技术、数字化网络技术、虚拟制造技术以及 FMC、FMS、Web-based 制造和无图样制造技术的方向发展。

4）数字控制技术在其他领域的广泛应用。高精度、高可靠性自动化仪表和现场总线智能仪表及其控制系统的开发；总线式自动测试系统软件及模件开发；自调零、自校正、自诊断的数字化科学仪器（分析仪器、大地测量仪器、试验机）的开发；数字照相机、数字打印机、数字 IC 卡等文化办公设备的开发；医用 X 射线诊断装置、医用超声诊断设备、计算机层析扫描装置（CT）、核磁共振成像装置等医疗设备，各类医用电生理诊断设备以及临床检验分析设备的开发等。

思考与练习题

1.1 机床数控系统由哪几部分组成，各有什么作用？

1.2 数控系统的主要工作过程？

1.3 常用的数控系统分类方法？

1.4 试述点位控制数控系统与轮廓控制数控系统的根本区别和各自的应用的场合。

1.5 试述开环、半闭环、闭环控制系统的区别及各自的优缺点。

1.6 数控系统从出现至今，共经历了几个阶段几代的发展？

1.7 简述 CNC 系统软件前后台型结构的工作原理？

1.8 数控（NC）和计算机数控（CNC）有什么区别？

1.9 现代数控系统将向着哪几个方面发展？

第2章

数控加工程序的输入与预处理

本章主要介绍有关数控加工程序的输入及插补前的预处理过程，包括数控加工程序的代码转换、存储和诊断，刀具补偿原理以及其他预处理过程。

2.1 数控加工程序的输入

数控系统控制和处理的信息可以分成两种类型：数字量和开关量。数字量用于对各坐标轴的运动进行数字控制，如对数控车床 X 轴和 Z 轴，对数控铣床 X 轴、Y 轴和 Z 轴的移动距离以及各轴的运行进行插补、刀具补偿等控制。开关量用于实现辅助功能，如主轴的起停、换向，刀具的选择、更换，控制工件和机床部件的夹紧、松开，数控机床的冷却、润滑泵的起停，控制分度工作台的转位等。

数控加工是由数控系统根据零件加工程序，经过一系列的信息处理后，控制数控机床自动完成的。每一个加工程序段的处理过程按输入→译码→进给速度处理→插补→位置控制的顺序来完成。数控系统的信息流程如图 2-1 所示。

1. 输入

数控系统的输入主要是指零件程序、控制参数和补偿数据的输入。输入的方式有键盘输入、网络通信方式输入。

2. 存储

零件存储器中的零件程序是连

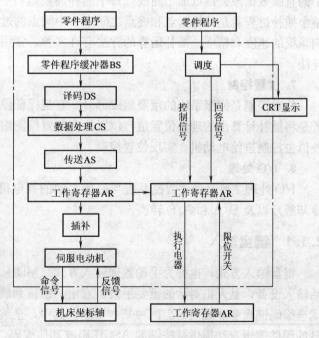

图 2-1　数控系统的信息流程图

续性存储的，各程序段之间不存在空隙。加工程序按段存储，除加工程序外，每段中还包含该段的字数、字符或其他有关信息。在零件存储器中开辟了目录区，该区中按照固定格式存放着相应零件的有关存储信息，即目录表。控制程序是通过目录表对零件加工程序进行存取操作的。

3. 译码

译码就是将标准的数控代码翻译成本系统能够识别的代码形式，即将存储在零件程序存储区的内部码转化成控制机床运动的专门信息后存放到译码结果缓冲存储单元中。译码可以由硬件完成，但目前绝大多数的数控系统采用软件译码。译码的主要工作为代码识别和功能代码译码。

4. 刀具补偿

译码后的数据不能直接用来作为实际加工的控制信息。数控系统需要把编程时的工件轮廓数据自动转换成相应的刀具中心轨迹数据，进行刀具补偿。根据机床结构和加工形式，刀具补偿分为刀具半径补偿和刀具长度补偿。刀具半径补偿过程较复杂，分为 B 功能刀具半径补偿和 C 功能刀具半径补偿。刀具长度补偿通常为轴向的长度补偿，适于钻削类加工。

5. 进给速度处理

编程过程中给出的刀具移动速度，是各坐标轴合成运动方向上的速度。进给速度处理是根据合成速度计算各运动坐标轴上的分速度，并对数控机床的最低速度和最高速度进行相应地限制。

6. 插补

所谓插补，就是密化加工曲线起点和终点之间刀具轨迹的过程。通常的作法是利用微小的直线数据段去逼近加工曲线，每个插补周期运行一次插补程序，加工这一小段直线。整个插补过程就是计算起点和终点之间多个中间点的过程，因此插补运算的快慢将直接影响系统的速度和精度。插补运算的方法有许多种，常用的有脉冲增量插补法和数据采样插补法。

7. 位置控制

位置控制是伺服系统的重要组成部分。它是保证位置控制精度的重要环节。其主要任务是将插补计算出的理论位置值与位置检测装置检测出的实际值进行比较，利用计算出的差值去控制进给电动机，实现位置控制。

8. I/O 处理

I/O 处理主要是处理数控系统与机床之间的强电信号的输入、输出和控制（如换刀、冷却等）以及 D/A 和 A/D 转换。

2.1.1 键盘输入

键盘输入方式，也称为手动数据输入方式（MDI）。键盘是 CNC 系统中常用的人机对话输入设备，是人机对话的重要手段。它由一组排列成矩阵形式的按键开关组成，并且分成全编码键盘和非编码键盘两种基本类型。其中，全编码键盘每按下一键，键的识别由键盘的硬件逻辑自动提供被按键的 ASCII 码或其他编码，并能产生一个选通脉冲向 CPU 申请中断，CPU 响应后将该键的代码输入内存，通过译码执行该键的功能。非编码键盘一般只提供行、列矩阵，而识别键盘矩阵中的被按键、产生与被按键相对应的编码、去除抖动、防止串键错误等都由软件或专用芯片来实现。因此非编码键盘费用较低，灵活性大，应用比较广泛。有关各种键盘的接口电路在很多文献中都进行了详细介绍，这里主要介绍CNC系统中键盘的输入处理过程。

键盘输入通过中断方式实现，即每按一次键盘就向CNC装置中的CPU发一次中断请求，然后由中断服务程序将操作员从键盘上输入的字符换成内码后送入MDI缓冲器中。同时为了便于操作员检查与修改，要求同步地在LED或CRT等显示设备上进行显示。可见，键盘中断服务程序只负责将键盘上输入的字符送入MDI缓冲器中，对应框图如图2-2所示。

从键盘上输入字符仅是键盘输入的一种功能，此外还包括刀补表输入、刀补表清除、目录显示、程序编辑等。但这些操作命令的判别和处理都不是由键盘中断服务程序来实现，而是由键盘命令处理程序来完成的。

键盘命令处理程序的功能主要是根据输入命令的不同而转入不同的处理程序，并且输入命令格式对于具体的数控系统来讲都是预先规定好的。每一个键盘命令一般均含有一个命令结束符，当检测到读入MDI缓冲器的字

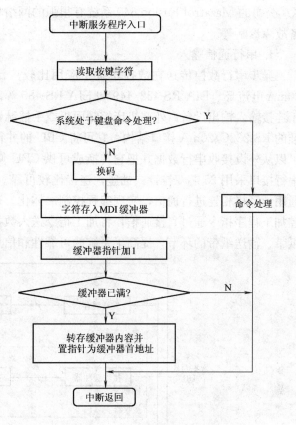

图 2-2 键盘中断服务程序

符为结束字符时，即表示一条完整的键盘命令已经装入缓冲器，然后就开始转入对输入命令的处理程序。在这些键盘处理命令中，有一个相当重要的功能是数控加工程序的键盘编辑处理功能，它主要包括数控加工程序的插入、删除、替换和修改等操作，一般是在CRT的配合下通过键盘完成。在执行编辑程序后，输入需检索的程序段号，编辑程序在光标移动的配合下，搜索到该段程序并予以显示，然后等待编辑命令的输入并进行相应处理。

2.1.2 网络通信方式输入

现代CNC装置都带有标准串行通信接口（RS-232C等），能够方便地与编程机及微型计算机相连，进行点对点通信，实现零件程序、参数的传送。随着工厂自动化（FA）和现代集成制造系统（CIMS）的发展，CNC装置作为分布式数控系统（DNC）及柔性制造系统（FMS）的基础组成部分，具有与DNC计算机或上级主计算机直接通信功能或网络通信功能。同时，随着网络技术的发展，基于标准PC的开放式数控系统可利用以太网技术实现强大的网络功能，实现控制网络与数据网络的融合，实现网络化生产信息和管理信

息的集成以及加工过程监控、远程制造、系统的远程诊断和升级。例如，FANUC15 系列的 CNC 装置配有专用通信处理机和 RS-422 接口，并具有远距离缓冲功能。A-B 公司的 8600CNC 装置配置有小型 DNC 接口、远距离输入/输出接口和相当于工业局部网络通信接口的数据高速通道（Data High Way）接口。数控系统网络功能方面，日本的 MAZA-KA 公司的 Mazatrol Fusion 640 系统有很强的网络功能，可实现远程数据传输、管理和设备故障诊断等。

1. 串行通信输入

异步串行数控传送在数控系统中应用比较广泛，主要的接口标准为 EIA RS-232C/20mA 电流环、EIA RS-422/449 和 EIA RS-485 等。在数控系统中，RS-232C 接口主要用于连接输入输出设备，外部机床控制面板或手摇脉冲发生器。图 2-3 所示为数控系统中标准的 RS-232C/20mA 接口结构，它可将 CPU 的并行数据转换成串行数据发送给外设，也可以从外设接收串行数据并把它转换成可供 CPU 使用的并行数据。RS-232C/20mA 标准串行接口采用 25 芯双排针式插座，连接比较可靠。在数控机床上，串行通信主要用于与通用计算机相连进行通信，实现编程控制一体化。通过计算机中的自动编程软件得出的数控加工程序指令通过直接通信，将加工指令送入数控系统进行加工，从而省掉了准备穿孔纸带、输送纸带的环节，提高了系统的可靠性和信息的输送效率。

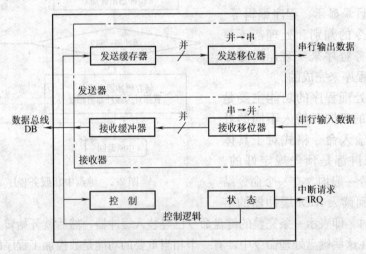

图 2-3　数控系统中标准的 RS-232C/20mA 接口示意图

在串行通信中，串行数据传送是在两个通信端之间进行的。根据数据传送方向的不同有三种方式：①单工方式，只允许数据按照一个固定的方向传送，在这种方式中一方只能发送，而另一方只能作为接收站。②半双工方式，数据能从 A 站传送到 B 站，也能从 B 站传送到 A 站，但是不能同时在两个方向上传送，每次只能有一个站发送，一个站接收。③全双工方式，通信线路的两端都能同时传送和接收数据，数据可以同时在两个方向上传送。全双工方式相当于把两个方向相反的单工方式组合在一起，而且它需要两路传输线。

在使用 RS-232C 接口时应注意以下几个问题：

1) RS-232C 协议规定了数据终端设备（DTE）与数据通信设备（DCE）间连接的信号关系。在连接设备时要区分是数据终端设备还是数据通信设备，在接线时注意不要接错。

2）RS-232C 协议规定：一对器件间的电缆总长不得超过 30m，传输速率不得超过 9600bit/s。在 CNC 系统中，RS-232C 接口用以连接输入输出设备（PTR，PP 或 TTY）、外部机床控制面板或手摇脉冲发生器，传输速率不超过 9600bit/s。西门子的 CNC 中规定连接距离不超过 50m。

3）RS-232C 协议规定的电平与 TTL 和 MOS 电路不同。RS-232C 协议规定：逻辑"0"要高于 3V，逻辑"1"要低于－3V，电源采用±12V 或±15V。

数控系统中的 20mA 电流环通常与 RS-232C 一起配置。20mA 电流环用于控制电流，逻辑"1"为 20mA 电流，逻辑"0"为零电流，在环路中只有一个电流源。电流环对共模干扰有抵制作用，可采用隔离技术消除接地回路引起的干扰，其传输距离可达 1000m。

2. DNC 方式输入

DNC 是用一台或多台计算机，对多台数控机床实施综合控制的一种方法，是以数控机床为基础的机械制造系统的一个重要发展。

从 20 世纪 60 年代后期出现 DNC 系统到 70 年代初，DNC 系统处于发展的初期。当时的 DNC 是指直接数字控制（Direct Numerical Control），也有人称它为"群控"。美国电子工业协会（EIA）对 DNC 系统定义为："DNC 系统是一个按要求向各台数控机床分配数据，并将一组数控机床与存储零件程序或机床程序的公用存储器连接起来的系统"。这就是说，在 DNC 系统中，数控系统中最不可靠的纸带阅读机环节不再存在，数控机床通过数据通信线与 DNC 系统主机相连接。数控加工程序存储在 DNC 系统主机的存储器中，并在需要时通过数据通信线送至数控机床。DNC 系统也包含了收集和处理从机床反馈给计算机的数据。

20 世纪 70 年代，随着 CNC 数控系统的普及，计算机价格大幅度下降和软件技术的发展、完善，机械制造系统中开始产生了分级的 DNC 系统。在分级 DNC 中，CNC 数控系统直接控制数控机床并与 DNC 系统主机进行信息交互。DNC 系统配置的这种发展，使 DNC 的含义由直接数控变为分布式数控（Distributed Numerical Control）。分布式数控系统与早期的直接数控系统相比，最大优点是更具柔性，它能为管理部门提供专门的信息，满足管理部门的特殊需求。

分布式数控系统能逐步建立，使得 DNC 计算机可以直接给 CNC 机床的计算机存储器传送程序。它与专用机床控制单元（Machine Control Unit）的区别在于：CNC 控制器具有足够的存储能力接受零件的加工程序，零件程序能一次性输入，而不必像 MCU 那样一段一段地输入，从而减少了计算机与每台数控机床间的通信量。在这方面，分布式数控进一步发展是将后置处理器装在 CNC 控制器的软件中，这将使零件程序由 DNC 计算机以刀位数据文件形式输给 CNC 计算机，而不必先进行后置处理。

分布式数控系统另一个特点是有冗余。如果 DNC 中央计算机出现了故障，不必使系统中的每台机床都停下来，每台 CNC 机床能够单独工作。这种单独工作的能力主要源于 CNC 机床具有存储数控加工程序的能力。除此之外，每台 CNC 机床可配备相应接口以便读入程序，使单台机床继续工作。分布式数控系统还改善了中央计算机与车间现场之间的通信，从而有可能进一步向工厂生产管理信息系统和 CIMS 扩展。20 世纪 80 年代后，随着计算机技术、软件技术和 CNC 的发展，DNC 系统与 FMS 的界限越来越模糊了。DNC

系统不仅用计算机来管理、调度和控制多台 CNC 机床，而且还与 CAD/CAPP/CAM、物料输送和存储、生产计划与控制相结合，形成了柔性分布式数字控制（Flexible Distributed Numerical Control，FDNC）系统，成为现代集成制造系统中的重要组成部分。

图 2-4 所示为 DNC 系统的典型结构，由以下几部分组成：

1）DNC 主机（或称 DNC 控制计算机），包括大容量的外存储器和 I/O 接口。

2）数据通信线。

3）DNC 接口。

4）NC 或 CNC 装置。

5）软件系统。包括实时多任务操作系统、DNC 通信软件、DNC 管理和监控软件、数控加工程序编辑软件等。有时需要数据库管理系统、图形输入与编辑软件、刀具轨迹模拟和 DNC 接口管理软件等。

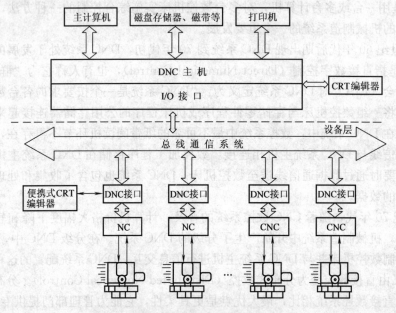

图 2-4　DNC 系统典型结构

NC 和 CNC 装置作为 DNC、FMS 和 CIMS 的一个基础层次，除了要与数据输入输出设备等外部设备相连接外，还要与 DNC 控制计算机直接通信或通过工厂局域网络相连，具有网络通信功能。NC 和 CNC 装置与 DNC 主计算机间交换的数据要比单机运行时多得多。例如，机床起停信号、操作指令、机床状态信息、零件加工程序的传送以及 CNC 数据的传送等，为此传送的速率也要高些。目前多数 NC 和 CNC 装置配置的 RS-232C/20mA 等接口的传送速率一般不超过 9600bit/s，而且只能进行加工程序的双向传送，不能进行机床的远程控制操作，更不能直接与网络相连接。这类 CNC 装置必须通过专门开发的 DNC 接口才能连入到 DNC 系统中，实现 DNC 控制。

DNC 系统与单机数控机床相比，避免了程序传输繁琐缺陷，增加了控制功能，提高了设备的利用率，改善了管理。它在信息与控制功能的集成方面与 FMS 接近，所需的资金和技术投入也较小，更容易为中、小企业接受，能产生较大的效益。而且，根据企业需求，DNC 系统能够很容易成为 FMS 或 CIMS 的一个基本组成部分。由于这些特点，DNC 在国内外得到了较普通的应用和发展。

3. 网络方式输入

数控系统的网络技术是指数控系统通过 Internet 与系统外的其他控制系统或外部上位计算机以网络连接。通过网络对设备进行远程控制和无人化操作远程加工程序传输、远程诊断和远程维修服务、技术服务，并实现资源共享。图 2-5 就是网络技术在数控系统的具体应用示意图。

目前，通常是将操作平台体系结构中融入 Browser/Server 体系结构（B/S 体系结构），这也是和传统数控系统的重要区别。为了实现在异构环境下的可移植性，即监控计算机和网关采用不同的操作系统时，网络数控系统应该不需要修改软件系统，网关提供给监控计算机的访问接口以 Web 的方式实现：从现场获得的数据经网关通过 Web 服务器以 HTML 页面的形式提供给监控计算机；监控计算机以浏览器作为访问的客户端工具实现交互过程，加工指令或程序以 HTTP 消息的形式通过 Web 服务器经网关传送至现场节点，实现对数控机床的控制，或者通过 CAM 自动生成 NC 代码和走刀轨迹，实现 NC 代码自动生成及异地传输，用于产品的加工。

高效的 CNC 网络通信功能远远不止快速传递数据及信息，它可以实现 CNC 机的远程诊断等功能。一个技术人员通过连接调制解调器与通信软件，即使在机床生产厂家的办公室也可以通过远程诊断对遥远的 CNC 机床进行实时问题诊断，及时做出决定，并直接发出指令进行调整。这一切操作的完成无需该技术人员亲临工作现场。

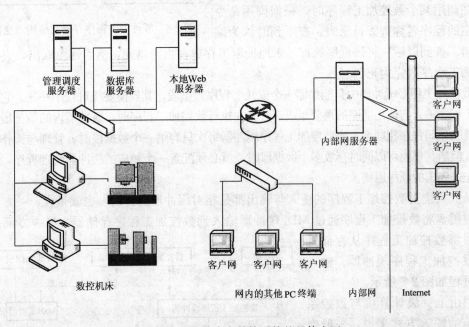

图 2-5　网络技术在数控系统的具体应用

2.1.3　数控加工程序的输入过程

数控加工程序的输入是指把"写"在信息载体上的数控加工程序，通过一定输入方式送至数控系统的数控加工程序存储器中的过程。在数控系统中,输入的零件程序用标准代码写成,并存入数控系统的存储器。零件加工程序输入过程有两种不同的方式:一种是边读入边加工,主要是指早期 NC 系统;另一种是一次将零件加工程序全部读入数控装置内部的存储器,加工时再从存储器中逐段调出进行加工。

从数控系统内部来看,存储数控程序的程序存储器分两部分:一部分是数控加工程序缓冲器;另一部分是数控加工程序存储器。数控加工程序缓冲器和数控加工程序存储器本质上都是 CNC 装置内部存储器的一部分,只是由于两者的作用与规模不同而已,为了分析问题方便起见就分别使用了两个名称来进行命名。

数控加工程序存储器用于存放整个数控加工程序,一般规模较大,有时专门设计一个存储器板供系统配置时选择使用。存储在存储器中的零件加工程序是连续存储的,各程序段之间和各程序之间不存在空隙。当存储器中同时顺序存放有多个完整的数控加工程序时,为便于数控加工程序的调用或编辑操作,一般在存储器区中开辟了一个目录区,在目录区中按约定格式存储着对应数控加工程序的有关信息,主要包括对应程序名称和它在数控加工程序存储区中的首地址和末地址,如图 2-6 所示。

目录区		零件加工程序区
程序号	零件加工程序1	零件加工程序 1
程序首址		零件加工程序 2
程序终址		零件加工程序 3
程序号	零件加工程序2	...
程序首址		零件加工程序
程序终址		
...	...	零件加工程序 n
空白目录项区		空白区

图 2-6　零件加工程序存储器结构示意图

在调用某个数控加工程序时,根据调用命令中指定的程序名称查阅目录表。查不到时认为编程出错。查到以后,将该程序的首、末地址取出存放在指定单元,然后逐段取出,直到该数控加工程序取完为止。

数控加工程序缓冲器中只能存储一个或几个程序数据段,其规模要相对较小一些。它是数控加工程序输入与输出通路的重要组成部分。在执行数控加工程序时,缓冲器内的数据段直接和后续的译码程序相联系。当数控加工程序缓冲器每次只容纳一个数据段时,管理与操作都很简单;但当其规模可以同时存放多个数据段时,就必须配置一个相应的缓冲器管理程序,并且遵循先进先出的顺序原则。

从广义上讲数控加工程序的输入与输出都是相对缓冲器而言的,也就是说,一方面是指通过键盘将数控加工程序通过 MDI 缓冲器输入到数控加工程序存储器,另一方面是指执行时将数控加工程序从存储器送到数控加工程序缓冲器。输入输出过程如图 2-7 所示。

对由上一级计算机与数控系统通信的输入方式来说,一般由上级计算机一次把一个完整的程序送到数控加工程序存储器存储,加工时再一段一段读入缓冲器。当然由于数控加工程序存储器容

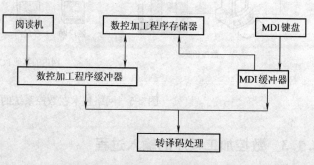

图 2-7　数控加工程序的输入过程

量的限制，有时一个完整的程序无法一次存入，解决的办法是人工把程序在上一级计算机中分成几个完整的子程序，加工完一个子程序后，再输入第二个子程序，直至加工完备。若数控系统有与上级计算机动态数据传输功能，则整个大程序可边传输边加工，无需分成子程序。

2.1.4 数控加工程序的存储

由于 ISO 代码和 EIA 代码的排列规律不明显，输入时需将其转换成具有一定规律的数控内部代码（简称内码），以便于后续的译码处理。ISO 代码或 EIA 代码与内码之间的一一对应关系见表 2-1。使用内码后，数字码 0～9 就可以很容易地直接进行二～十进制转换，并且文字码和符号码也有明显的区别，从而加快了译码速度。

表 2-1 常用数控加工代码及对应内码

字符	EIA 码	ISO 码	内码	字符	EIA 码	ISO 码	内码
0	20H	30H	00H	X	37H	D8H	12H
1	01H	B1H	01H	Y	38H	59H	13H
2	02H	B2H	02H	Z	29H	5AH	14H
3	13H	33H	03H	I	79H	C9H	15H
4	04H	B4H	04H	J	51H	CAH	16H
5	15H	35H	05H	K	52H	4BH	17H
6	16H	36H	06H	F	76H	C6H	18H
7	07H	B7H	07H	M	54H	4DH	19H
8	08H	B8H	08H	LF/CR	80H	0AH	20H
9	19H	39H	09H	-	40H	2DH	21H
N	45H	4EH	10H	DEL	7FH	FFH	FFH
G	67H	47H	11H	EOR*	0BH	A5H	22H

注：在 EIA 码中 EOR 的字符是 ER；在 ISO 码中 EOR 的字符是％。

现假设采用 ISO 代码编写了一个数控加工程序段如下：N05 G90 G01 X106 Y-60 F46 M05 LF。根据表 2-1 的 ISO 代码与内码之间的对应关系，可查得表 2-1 中数控加工程序存储区中存储的内码信息（设存储区首地址为 2000H）。这种换码过程一般在键盘中断服务程序中完成，并且还可以看出不管编写数控加工程序时采用 ISO 代码，还是 EIA 代码，只要根据表 2-1 中不同的对应关系转换，最后的内码都是相同的，从而将两种编程格式统一了起来。数控加工程序存储区内部信息见表 2-2。

表 2-2 数控加工程序存储区内部信息

地址	内容	地址	内容	地址	内容
2000H	10H	2008H	01H	2010H	00H
2001H	00H	2009H	12H	2011H	18H
2002H	05H	200AH	01H	2012H	04H
2003H	11H	200BH	00H	2013H	06H
2004H	09H	200CH	06H	2014H	19H
2005H	00H	200DH	13H	2015H	00H
2006H	11H	200EH	21H	2016H	05H
2007H	00H	200FH	06H	2017H	20H

2.2　数控加工程序的译码与诊断

　　用户输入的零件加工程序、插补程序是不能直接应用的，必须先由加工程序预处理模块对加工程序进行预处理，得出插补程序（包括进给驱动程序）所需要的数据信息和控制信息。加工程序预处理程序又称插补准备程序，主要包括译码、刀具补偿计算、辅助信息处理和进给速度计算等。译码程序的功能主要是将用户程序翻译成便于数控系统处理的格式，其中包括数据信息和控制信息。进给速度计算主要解决刀具运动的速度问题。刀具补偿是由工件轮廓和刀具参数计算出刀具中心轨迹。

2.2.1　数控加工程序的译码

　　所谓"译码"就是将输入的数控加工程序段按一定规则翻译成 CNC 装置中计算机能识别的数据形式，并按约定的格式存放在指定的译码结果缓冲器中。具体来讲，译码就是从数控加工程序缓冲器或 MDI 缓冲器中逐个读入字符，先识别出其中的文字码和数字码，然后根据文字码所代表的功能，将后续数字码送到相应译码结果缓冲器单元中。可见，译码工作主要包括代码识别和功能代码的译码两大部分。

1. 代码的识别

　　代码识别就是通过软件将取出的字符与各个内码数字相比较，若相等则说明输入了该字符，并设置相应标志或转相应处理。由于这种查寻方式是一个一个地串行进行，显然速度较慢，但所幸的是，译码的实时性要求不高，可以安排在数控系统软件的后台程序中完成，也就是利用它的空余时间来进行译码，一般来讲仍是能满足要求的。

　　当然，在保证上述代码识别功能的前提下，也可采取一些有效措施来提高识别速度。例如，可以先根据平时的经验将表 2-1 中字符出现频率大致排个序，在比较时可按出现频率高低的顺序进行。另外，还可将文字码与数字码分开处理，由于只有数字码对应内码的二进制高四位为 0000，并且数字码内码在数值上就等于该数字的二/十进制（BCD 码）大小。从这里也可以看出在数控加工程序输入过程中进行内码转换的用意。

　　有关数控加工程序译码处理过程中代码识别部分的流程图如图 2-8 所示。显然，对应软件实现是很简单的。

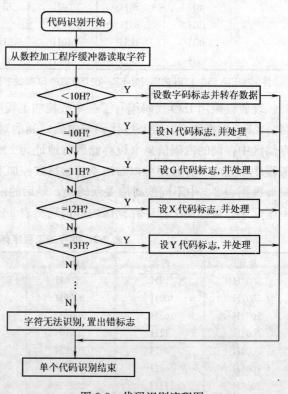

图 2-8　代码识别流程图

例如，使用 C 语言编写只要通过 Switch 语句就能极容易地完成识别过程。再如，使用汇编语言实现只要通过"比较判断与转移"等语句即可完成。

2. 功能码的译码

经过上述代码识别建立了各功能代码的标志后，下面就要分别对各功能码进行处理了。这里首先要建立一个与数控加工程序缓冲器相对应的译码结果缓冲器。对于一个具体的 CNC 系统来讲，译码结果缓冲器的格式和规模是固定不变的。显然，最简单的方法是在 CNC 装置的存储器中划出一块内存区域，并为数控加工程序中可能出现的各个功能代码均对应一个内存单元，存放对应的数值或特征字，后续处理软件根据需要就到相对应的内存单元中取出数控加工程序信息，并予以执行。但由于 ISO 标准或 EIA 标准中规定的字符和代码都是很丰富的，那么相应地也要求设置一个很庞大的表格，这样不但会浪费内存，而且还会影响译码的速度，显然是不太理想的。为此必须对译码结果存储区的格式加以规范，尽量减小规模。

由于在设计 CNC 系统时，对各自的编程格式都有规定，并不是每个数控系统都具有 ISO 标准或 EIA 标准给出的所有命令，一般情况下只具有其中的一个子集，这样就可根据各个 CNC 系统来设置译码结果缓冲区，从而可大大减小其内存规模。另外，由于某些 G 代码不可能同时出现在一个数控加工程序段中，也就是说没有必要在译码结果缓冲器中同时为那些互相排斥的 G 代码设置单独的内存单元，可将它们进行合并，然后依不同的特征字来以区分。通过这样分组整理后，可以进一步缩小缓冲器的容量。现将常用 G 代码的分组情况列于表 2-3 中，并定义成六组分别为GA、GB、GC、GD、GE、GF，然后在译码结果缓区中只要为每一组定义一个内存单元即可。类似地对常用 M 代码也可以实行分组处理，见表 2-4。在这里要说明的是，上述划分是针对具体 CNC 系统而言的，对于不具备的功能就没必要再给它分配内存单元了。

表 2-3　常用 G 代码的分组

组　　别	G 代码	功　　能
GA	G00	点定位（快速进给）
	G01	直线插补（切削进给）
	G02	顺时针圆弧插补
	G03	逆时针圆弧插补
	G06	抛物线插补
	G33	等螺距的螺纹切削
	G34	增螺距的螺纹切削
	G35	减螺距的螺纹切削
GB	G04	暂停
GC	G17	XY 平面选择
	G18	ZX 平面选择
	G19	YZ 平面选择

（续）

组　　别	G 代码	功　　能
GD	G40	取消刀具补偿
	G41	左刀具半径补偿（刀具在工件左侧）
	G42	右刀具半径补偿（刀具在工件右侧）
GE	G80	取消固定循环
	G81~G89	固定循环
GF	G90	绝对尺寸编程
	G91	增量尺寸编程

表 2-4　常用 M 代码的分组

组　　别	M 代码	功　　能
MA	M00	程序停止（主轴、切削液停）
	M01	计划停止（需按钮操作确认才执行）
	M02	程序结束（主轴、切削液停，机床复位）
MB	M03	主轴顺时针方向旋转
	M04	主轴逆时针方向旋转
	M05	主轴停止
MC	M06	换刀
MD	M10	夹紧
	M11	松开

　　经过上述处理，并指定译码结果的内存单元之后，就要对各个单元的容量大小进行设置，而这些单元的字节数又与系统的精度、加工行程等有关。现假设某 CNC 装置中 CPU 为 8 位字长，对于以二进制存放的坐标值数据分配两个单元。另外，除 G 代码和 M 代码需要分组外，其余的功能代码均只有一种格式，它的地址在内存中是可以指定的。据此可以给出一种典型的译码结果缓冲器格式见表 2-5。事实上，一般数控系统中都规定，在同一个数控加工程序段中最多允许同时出现三个 M 代码指令，所以在这里为 M 代码也设置三个内存单元 MX、MY 和 MZ。

　　表 2-5 中的地址码实际上是表示相应单元的名称，而其中存放的值应是数控加工程序中对应功能代码后的数字或有关该功能码的特征信息。对于数据的处理，也需要根据对应功能码的标志区别对待，不同的功能码要求后面的数字位数或存放形式也有区别。例如，对于 N 代码和 T 代码对应单元中存放的数据为二位 BCD 码（一个字节），则其对应范围为 00~99。对于 X 代码对应两个字节单元，如果存放二进制带符号数，则对应范围为 −32768~+32767。对于 G 代码和 M 代码的处理要简单些，只要在对应的译码结果缓冲单元中以特征字形式表示。例如，设在某个数控加工程序段中有一个 G90 代码，那么首先要确定 G90 属于 GF 组，然后为了区别出是 GF 组内的哪一个代码时，可在 GF 对应的地址单元中送入一个 "90H" 作为特征字，代表已编入了 G90 代码。当然这个特征字并非固定的，只要保证不会相互混淆，且能表明某个代码有无即可。由于 M 代码和 G 代码

的后面数字范围均为00～99，为了方便起见，可直接将后面的数字作为特征码放入对应内存单元中。但对于G00和M00的特殊情况，可以自行约定一个标志来表示，以防与初始化清零结果相混淆。

表 2-5 译码结果缓冲器格式

地址码	字节数	数据形式
N	1	BCD 码
X	2	二进制
Y	2	二进制
Z	2	二进制
I	2	二进制
J	2	二进制
K	2	二进制
F	2	二进制
S	2	二进制
T	1	BCD 码
MX	1	特征字
MY	1	特征字
MZ	1	特征字
GA	1	特征字
GB	1	特征字
GC	1	特征字
GD	1	特征字
GE	1	特征字
GF	1	特征字

下面以 N05 G90 G01 X106 Y-60 F46 M05 LF 数控加工程序段为例说明译码程序的工作过程。首先从数控加工程序缓冲器中读入一个字符，判断是否是该程序段的第一个字符 N，若是，则设定标志，接着去取其后紧跟的数字，应该是二位的 BCD 码，并将它们合并，在检查没有错误的情况下将其转化成 BCD 码并存入译码缓冲器中 N 代码对应的内存单元。再取下一个字符是 G 代码，同样先设立相应标志，接着分两次取出 G 代码后面的二位数码（90），判别出是属于 GF 组，则在译码结果缓冲器中 GF 对应的内存单元置入 "90H" 即可。继续再读入下一个字符仍是 G 代码，并根据其后的数字（01）判断出属于 GA 组，这样只要在 GA 对应的内存单元中置入 "01H" 即可。接着读入的代码是 X 代码和 Y 代码及其后紧跟的坐标值，这时需将这些坐标值内码进行拼接，并转换成二进制数，同时检查无误后即将其存入 X 或 Y 对应的内存单元中。如此重复进行，一直读到结束字符 LF 后，才进行有关的结束处理，并返回主程序。这样经过上述译码程序处理后，一个完整数控加工程序段中的所有功能代码连同它们后面的数字码都被依次对应地存入到相应的译码结果缓冲器中，从而得到图 2-9 所示的译码结果。这里假设其内存首地址为 4000H。

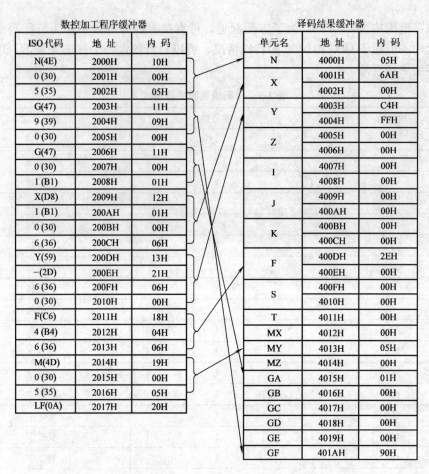

数控加工程序缓冲器 译码结果缓冲器

ISO 代码	地 址	内 码		单元名	地 址	内 码
N(4E)	2000H	10H		N	4000H	05H
0 (30)	2001H	00H		X	4001H	6AH
5 (35)	2002H	05H			4002H	00H
G(47)	2003H	11H		Y	4003H	C4H
9 (39)	2004H	09H			4004H	FFH
0 (30)	2005H	00H		Z	4005H	00H
G(47)	2006H	11H			4006H	00H
0 (30)	2007H	00H		I	4007H	00H
1 (B1)	2008H	01H			4008H	00H
X(D8)	2009H	12H		J	4009H	00H
1 (B1)	200AH	01H			400AH	00H
0 (30)	200BH	00H		K	400BH	00H
6 (36)	200CH	06H			400CH	00H
Y(59)	200DH	13H		F	400DH	2EH
−(2D)	200EH	21H			400EH	00H
6 (36)	200FH	06H		S	400FH	00H
0 (30)	2010H	00H			4010H	00H
F(C6)	2011H	18H		T	4011H	00H
4 (B4)	2012H	04H		MX	4012H	00H
6 (36)	2013H	06H		MY	4013H	05H
M(4D)	2014H	19H		MZ	4014H	00H
0 (30)	2015H	00H		GA	4015H	01H
5 (35)	2016H	05H		GB	4016H	00H
LF(0A)	2017H	20H		GC	4017H	00H
				GD	4018H	00H
				GE	4019H	00H
				GF	401AH	90H

图 2-9　数控加工程序译码过程示意图

2.2.2　数控加工程序的诊断

在译码过程中就要对数控加工程序的语法错误和逻辑错误等进行集中检查，只允许合法的程序段进入后续处理过程。其中，语法错误主要指某个功能代码的错误，而逻辑错误主要指一个数控加工程序段或者整个数控加工程序内功能代码之间互相排斥、互相矛盾的错误。对于一个具体的 CNC 系统，数控加工程序的诊断规则很多，并且还与系统的一些约定有关，这里不便一一列出，下面仅将其中的一些主要常见错误列举出来。

1. 语法错误

1）第一个代码不是 N 代码。

2）N 代码后数值超过 CNC 系统所规定的范围。

3）N 代码后数值为负数。

4）碰到了不认识的功能代码。

5）坐标值代码后的数据超越了机床行程范围。

6）S 代码设定的主轴转速越界。

7）F 代码设定的进给速度越界。

8) T 代码后的刀具号不合法。

9) 遇到了 CNC 系统中没有的 G 代码，一般数控系统只能实现 ISO 标准或 EIA 标准中 G 代码的一个子集。

10) 遇到了 CNC 系统中没有的 M 代码，一般数控系统只能实现 ISO 标准或 EIA 标准中 M 代码的一个子集。

2. 逻辑错误

1) 在同一个数控加工程序段中先后出现了两个或两个以上同组的 G 代码。例如，同时编入了 G41 和 G42 是不允许的。

2) 在同一个数控加工程序段中先后出现了两个或两个以上同组的 M 代码。例如，同时编入了 M03 和 M04 也是不允许的。

3) 在同一个数控加工程序段中先后编入了互相矛盾的零件尺寸代码。

4) 违反了 CNC 系统的设计约定。例如设计时约定一个数控加工程序段中一次最多只能编入三个 M 代码，但在实际编程时编入了 4 个甚至更多个 M 代码是不允许的。

以上仅是数控加工程序诊断过程中可能会碰到的部分错误。事实上，在实现过程中还会遇到许许多多的错误，这时要结合具体情况加以诊断和防范。另外，上述诊断过程的实现大多是贯穿在译码软件中进行，有时也会专门设计一个诊断软件模块来完成，具体方法不能一概而论。

2.2.3 软件实现

根据前面介绍的译码方法和诊断原则设计出软件流程图，如图 2-10 所示。其中，由于译码结果缓冲器对于某个数控系统来讲是固定的，因此可通过变址方式完成各个内存单元的寻址。另外，为了寻址方便，一般在 ROM 区中还对应设置了一个格式字表，表中规定了译码结果缓冲器中各个地址码对应的地址偏移量、字节数和数据位数等。

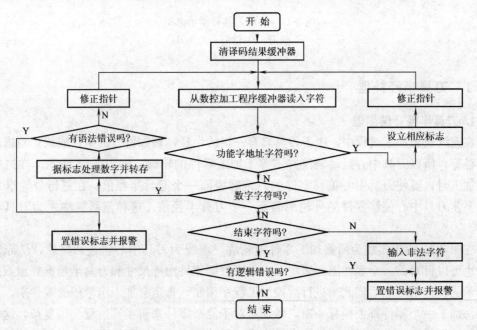

图 2-10　数控加工程序译码与诊断流程图

最后，还要指出的是上述内码的转换过程不是必需、唯一的，那仅仅是为了译码的方便而进行的一种人为约定，当使用汇编语言实现时效果较好。事实上，当使用高级语言实现译码过程时，完全可以省去这个过程，直接将数控加工程序翻译成标准代码。

2.3　刀具的补偿

数控系统的刀具补偿（以下简称为刀补）即垂直于刀具轨迹的位移，用来修正刀具实际半径或长度与其程序规定的值之差。数控系统对刀具的控制是以刀架参考点为基准的，零件加工程序给出零件轮廓轨迹，若不作处理，则数控系统仅能控制刀架的参考点实现加工轨迹，但实际上是要用刀具的尖点实现加工的，这样需要在刀架的参考点与加工刀具的刀尖之间进行位置偏置。这种位置偏置由两部分组成：刀具半径补偿和刀具长度补偿。

刀具补偿对于不同类型的机床与刀具，需要考虑的补偿形式也不一样，如图 2-11 所示。对于铣刀而言，主要是刀具半径补偿；对于钻头而言，只有刀具长度补偿；但对于车刀而言，却需要两坐标长度补偿和刀具半径补偿。其中有关的刀具参数，如刀具半径、刀具长度、刀具中心的偏移量等均是预先存入刀补表的，不同的刀补号对应着不同的参数。编程员在进行程序编制时，通过调用不同的刀具号来满足不同的刀补要求。

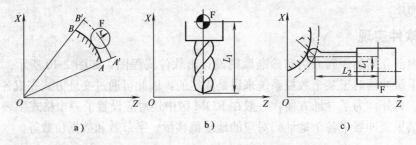

图 2-11　不同刀具补偿示意图
a）铣刀　b）钻头　c）车刀

2.3.1　刀具半径补偿

1. 刀具半径补偿原理

在连续轮廓加工过程中，由于刀具总有一定的半径，例如铣刀的半径或线切割机的钼丝半径等，所以刀具中心运动轨迹并不等于加工零件的轮廓，如图 2-12 所示。在进行内轮廓加工时，要使刀具中心偏移零件的内轮廓表面一个刀具半径值。在进行外轮廓加工时，要使刀具中心偏移零件的外轮廓表面一个刀具半径值。这种偏移就称之为刀具半径补偿。

在图 2-12 中粗实线为所需加工零件的轮廓，虚线为刀具中心轨迹。显然，从原理上讲，也可以针对每一个零件图，采用人工方法根据零件图样尺寸和刀具半径推算出双点画线所示的轨迹来，然后依此来进行数控加工程序编制，肯定会加工出希望的零件来。但是如果每加工一个零件都去换算一遍，特别是对于复杂零件来讲换算过程会很复杂，这样处理不但计算量大，效率低，而且也容易出错。另外，当刀具磨损和重磨后必须重新计算一次，显然是不现实的。因此，人们就想到利用数控系统来自动完成这种补偿计算，从而给编程和加工带来很大方便。

为了分析问题方便起见，ISO 标准规定，当刀具中心轨迹在编程轨迹（零件轮廓）前进方向的左边时，称为左刀补，用 G41 表示，如图 2-12 所示轮廓内部双点画线轨迹。反之，当刀具处于编程轨迹方向的右边时，称为右刀补，用 G42 表示，如图 2-12 所示轮廓外部双点画线轨迹。当不需要进行刀具补偿时，用 G40 表示。另外，还要说明的是 G40、G41 和 G42 均属于模态代码，也就是它们一旦被执行，则一直有效，直到同组其他代码出现后才被取消。

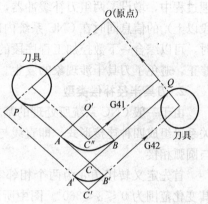

图 2-12　刀具半径补偿

（1）B 功能刀具半径补偿　在早期的硬件数控系统中，由于其内存容量和计算处理能力都相当有限，不可能完成很复杂的大量计算，相应的刀具半径补偿功能较为简单，一般采用 B 功能刀具补偿方法。这种方法仅根据本段程序的轮廓尺寸进行刀具半径补偿，不能解决程序段之间的过渡问题，这样编程人员必须事先估计出刀补后可能出现的间断点和交叉点的情况，进行人为处理，将工件轮廓转接处处理成圆弧过渡形式。如图 2-12 所示，在 G42 刀补后出现间断点时，可以在二个间断点之间增加一个半径为刀具半径的过渡圆弧 $A'B'$。而在 G41 刀补后出现交叉点 C'' 时，可事先在两个程序段之间增加一个过渡圆弧 AB。显然，这种 B 功能刀补对于编程员来讲是很不方便的。

（2）C 功能刀具半径补偿　后来，随着 CNC 系统中计算机的引入，使其计算处理能力大为增强，这时人们开始采用一种更为完善的 C 功能刀具半径补偿方法。这种方法能够根据相邻轮廓段的信息自动处理两个程序段刀具中心轨迹的转换，并自动在转接点处插入过渡圆弧或过渡直线，从而避免了刀具干涉现象的发生。对于采用圆弧过渡，当刀具加工到这些圆弧段时，虽然刀具中心在运动，但其切削边缘相对零件来讲是没有运动的，而这种停顿现象会造成加工工艺性变差，特别在加工尖角轮廓零件时显得尤其突出，所以更理想的应是直线过渡形式，具体如图 2-12 所示。对于 G42 刀补时，在间断点处用两段直线 $A'C'$ 和 $C'B'$ 来过渡连接。对于 G41 刀补时，在交叉点 C'' 处进行轮廓过渡连接。可见，这种刀补方法就避免了刀具在尖角处的停顿现象。

在切削过程中，刀具半径补偿的执行过程分为三个步骤：

1）刀补建立。刀具从起刀点接近工件过程中，根据 G41 或 G42 所指定的刀补方向，控制刀具中心轨迹相对原来的编程轨迹伸长或缩短一个刀具半径值的距离。

2）刀补进行。控制刀具中心轨迹始终垂直偏移编程轨迹一个刀具半径值的距离。

3）刀补撤销。在刀具撤离工作表面返回到起刀点的过程中，根据刀补撤消前 G41 或 G42 的补偿量，控制刀具中心轨迹相对原来的编程轨迹伸长或缩短一个刀具半径值的距离。

刀具半径补偿仅在指定的二维坐标平面内进行，而平面的指定是由 G 代码 G17（XY 平面）、G18（ZX 平面）和 G19（YZ 平面）来给定。为习惯起见，下面的分析和计算均假设在 XY 平面内进行。

总结：硬件数控系统中的 B 功能刀补一般采用读一段、算一段、走一段的数据流控制方式，根本无法考虑到两个轮廓段之间刀具中心轨迹的转换问题，必须依靠编程员来解决。这就使得数控编程无法使用循环指令、调用子程序等。在 CNC 系统的 C 功能刀补处理过程中，增设了两组刀补缓冲器，以便让至少两个数控加工程序段（一般保证三个程序段以上）的信息同时在 CNC 系统内部被处理，这样在对本数控加工程序段进行刀补处理时，可以综合一下数控加工程序段的轮廓信息，从而可对本段的刀具中心轨迹作出及时的修正，避免了刀具干涉现象的发生。

2. 刀具半径补偿类型

由于一般 CNC 系统所处理的基本轮廓线型是直线和圆弧，因而根据它们的相互连接关系可组成四种连接形式，即直线与直线相接、直线与圆弧相接、圆弧与直线相接、圆弧与圆弧相接。

首先定义转接角 α 为两个相邻零件轮廓段交点处在工件侧的夹角，如图 2-13 所示，其变化范围为 $0° \leq \alpha < 360°$。图中所示为直线接直线的情形，而对于轮廓段为圆弧时，只要用其在交点处的切线作为角度定义的对应直线即可。

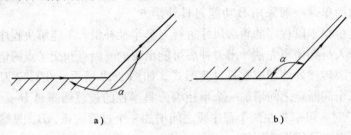

a)　　　　　　　　　　b)

图 2-13　转接角定义示意图

a) G41 情况　b) G42 情况

现根据转接角 α 的不同，可以将 C 刀补的各种转接过渡形式划分为如下三类：

1) 当 $180° < \alpha < 360°$ 时，属缩短型。

2) 当 $90° \leq \alpha < 180°$ 时，属伸长型。

3) 当 $0° < \alpha < 90°$ 时，属插入型。

在刀具半径补偿执行的三个步骤中均会有上述三种转接过渡类型。图 2-14 所示为刀补建立过程中碰到的三种转接形式；图 2-15 所示为刀补进行过程中碰到的三种转接形式；图 2-16 所示为刀补撤消过程中碰到的三种转接形式。

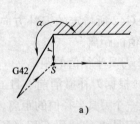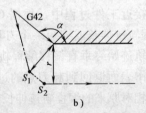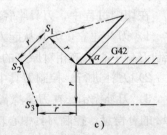

a)　　　　　　　　　　b)　　　　　　　　　　c)

图 2-14　刀补建立示意图

a) 缩短型　b) 伸长型　c) 插入型

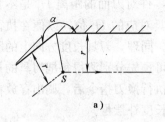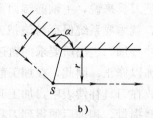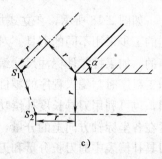

图 2-15　刀补进行示意图

a) 缩短型　b) 伸长型　c) 插入型

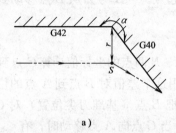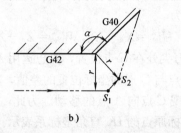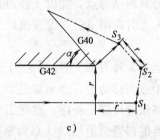

图 2-16　刀补撤消示意图

a) 缩短型　b) 伸长型　c) 插入型

需要说明的是，在圆弧轮廓上一般不允许进行刀补的建立与撤消。另外，对于 $\alpha = 0°$ 和 $\alpha = 180°$ 的特殊转接情况，最好不归入上述三种转接类型中，而是进行针对性的单独处理，计算也很简单，如图 2-17 所示。

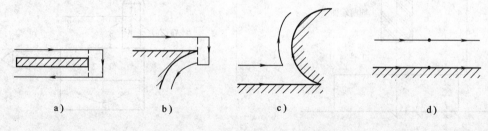

图 2-17　$\alpha = 0°$ 和 $\alpha = 180°$ 转接情况

a) $\alpha = 0°$　b) $\alpha = 0°$　c) $\alpha = 0°$　d) $\alpha = 180°$

2.3.2　刀具长度补偿

1. 刀具长度补偿的概念

刀具长度补偿用于刀具轴向的进给补偿，它可以使刀具在轴向的实际进刀量比编程给定值增加或减少一个补偿值，即

$$实际位移量 = 程序给定值 \pm 补偿值$$

上式中，二值相加称为正补偿，用 G43 指令来表示；二值相减称为负补偿，用 G44 指令来表示，取消刀具长度补偿指令用 G49 表示。

如图 2-18 所示，在立式加工中心上加工需要多个工步才能完成的零件，就要考虑不同的工步采用不同的刀具。对每把刀具来说，主轴前端面至零件对刀面的距离 H_i 是不相等的。如果按零件标注尺寸编程，就需要系统保存与该把刀具对应的 H_i 值，以便在执行加工程序时与编入程序的零件尺寸叠加，走出所要求的轨迹。同理，刀具长度方向上的磨损，也可利用刀具长度补偿功能加以修正。因此，在加工前可预先分别测得每把刀具的长度在各坐标轴方向上的分量，存放在刀具补偿表中，加工时执行换刀指令后，调出存放在刀具补偿表中的刀长分量和刀具磨损量，相加后便得到刀具长度补偿量。

2. 刀具长度补偿的实现

以图 2-19 为例，在数控车床刀架上装有不同尺寸的刀具，设图示刀架中心位置为各刀具的换刀点，并以 1 号刀具刀尖 B 点为所有刀具的编程起点。当 1 号刀从 B 点移动到 A 点时，增量值（编程值）为

$$U_{BA} = X_A - X_B, \quad W_{BA} = Z_A - Z_B$$

当换 2 号刀加工时，2 号刀刀尖处在 C 点位置，要想运用 A、B 两点的坐标值计算 C 点到 A 点的移动量，必须知道 B 点与 C 点的坐标位置的差值，用这个差值对 B 点到 A 点的位移量进行修正补偿，就能实现 C 点向 A 点的移动。为此，把 B 点（基准刀尖位置）对 C 点的位置差值用以 C 点为坐标原点的 IK 直角坐标系表示。当 C 点向 A 点移动时，有

$$U_{CA} = (X_A - X_B) + I_{补}, \quad W_{CA} = (Z_A - Z_B) + K_{补}$$

式中　$I_{补}$、$K_{补}$——刀补量。

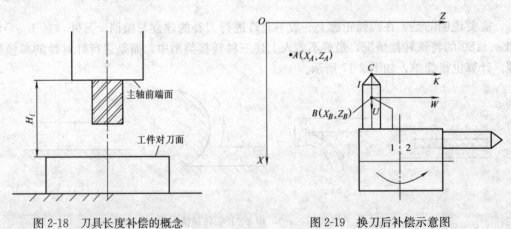

图 2-18　刀具长度补偿的概念　　　　图 2-19　换刀后补偿示意图

当需要刀具复位，2 号刀从 A 点返回 C 点时，其过程正好与加工过程相反，与 1 号刀尖从 A 点回到 B 点反方向相差一个刀补值，因此这时需要一个绝对值相等、符号相反的补偿量，即

$$U_{AC} = (X_B - X_A) - I_{补} = -\left[(X_A - X_B) + I_{补}\right] = -U_{CA}$$

$$W_{AC} = (Z_B - Z_A) - K_{补} = -\left[(Z_A - Z_B) + K_{补}\right] = -W_{CA}$$

这种补偿一个反量的过程称为刀具位置补偿撤消（G49）。

刀具位置补偿及撤消功能，给编制程序、换刀、磨损的修正带来了很大的方便。使用不同的刀具时，在换刀以前把原刀具的补偿量撤消，再对新换的刀具进行补偿。补偿量（相对基准刀）可通过实测获得。

3. 刀具位置补偿的处理方法

从上述刀补原理可知，刀具位置补偿的最终实现是反映在刀架移动上。各把刀具位置的补偿量和方向可通过实测后用机床操作面板拨盘给定或通过键盘输入存放在数控系统的存储器中，并在刀具更换时读取，而且在补偿前必须处理前后两把刀具位置补偿的差值。例如，刀具 1 的补偿量为 $T1 = +0.50mm$；刀具 2 的补偿量为 $T2 = +0.35mm$。由刀具 1 更换为刀具 2 时，$T2 - T1 = +0.35mm - (+0.50mm) = -0.15mm$，即要求刀架前进 $0.15mm$（按车床坐标系规定，向主轴箱移动为负向，称进刀；远离为正向，称退刀）。对此一般有两种处理方法：

1）按上述刀补原理，先把原来刀具的补偿量撤销（即刀架前进 $0.50mm$），然后根据新刀具 $T2$ 的补偿量要求修正（退回 $0.35mm$）。这样，刀架实际上前进了差值 $0.15mm$。

2）先进行更换刀具补偿量的差值计算，如上例新换刀具 $T2$ 和原刀具 $T1$ 的补偿量差值为 $-0.15mm$，然后根据这个差值在原刀具 $T1$ 补偿量的基础上进行刀具补偿，这种方法称差值补偿法。

这两种方法补偿结果相同，但逻辑设计思路不同，效果不一样。第一种方法先把 $T1$ 补偿量撤销，需输入一个 $T1$ 补偿量的反量－（$+0.50mm$），使刀架前进 $0.50mm$，接着输入 $T2$ 补偿量 $+0.35mm$，又使刀架退出 $0.35mm$，刀架需两次移动，总的结果是前进了 $0.15mm$。而第二种方法是 $T1$ 补偿量未撤销，在此基础上补偿量的差值为 $-0.15mm$，使刀架位置上前进了 $0.15mm$，结果相同。但减少了刀架的移动次数，而且可简化编程。

2.4 其他预处理

2.4.1 辅助功能处理

一个程序段的译码结果除包含与轨迹有关的几何信息之外，还包含有 F、M、S、T 等辅助信息需要处理。它们虽然与加工路径无关，但却是加工控制中不可缺少的信息。

1. S 功能

S 功能的信息用于主轴转速控制，数控装置只是将译码后的 S 信息在适当的时候传送给主轴驱动系统，由主轴驱动系统对主轴进行控制。主轴的速度调节需要一定的时间，当主轴达到指令速度时，主轴驱动系统向数控装置发出完成信号，数控装置接收到完成信号后再继续执行下一步的控制工作。

2. T 功能和 M 功能

T 功能和 M 功能主要涉及到开关量的逻辑控制，一般不由数控系统的计算机直接处理。简单的 T、M 功能用继电器逻辑控制，复杂的 T、M 功能用可编程序控制器来处理。数控系统的计算机只需将译码后的 T、M 信息适时地送给可编程序控制器或机床的继电器逻辑电路，并等待完成信号。在等待完成信号时，计算机可以执行其他数据处理工作，如刀补计算等。

T 功能用来指定刀具号和刀补号。有的车床数控系统的 T 功能同时也是换刀指令，如 T 功能指定的刀具号与当前的刀具号不同时进行换刀处理。多数数控系统的换刀由 M06 指定。

当数控程序中有 T 功能指令时，数控系统经过判别确定是否需要换刀。若需要换刀，则根据当前刀具与 T 功能指定的刀号差计算出需要使刀架转动的角度，然后通过输出口输出一位开关量使刀架电动机正转抬起刀架至极限位置，再由刀架的内部机构带动刀架旋转，转过指定角度后停止转动。之后使刀架电动机反转，刀架落下，反靠定位并锁紧，换刀过程结束。

此外，T 功能还指定刀补号，数控系统根据刀补号从刀补数据存储区取刀具补偿值，供刀具补偿计算时使用。

2.4.2　速度处理

速度处理就是根据译码缓冲器中的 F 代码值，进行相应的运算和处理，最终生成插补所需要的速度信息。速度处理的计算方法因系统的不同而异。

1. 开环控制系统

在开环系统中坐标轴运动速度是通过控制向步进电动机输出脉冲的频率来实现的，速度计算的任务是根据编程 F 值来确定这个频率值。

进给速度 F（mm/min）与脉冲发送频率有如下关系

$$F = 60 \times \delta \times f$$

式中　δ——数控机床的脉冲当量（mm）；

f——脉冲发送频率（Hz）。

通常系统获得频率 f 的方法有两种：一种是软件模拟 DDA 的方法，利用定容量累加器积分输出；另一种方法就是采用实时时钟中断法。

2. 闭环、半闭环控制系统

对于闭环系统和半闭环系统，一般采用数据采样的方法来控制速度，即通过一个插补周期内的位移量 f_s 来确定。

插补进给量 f_s 与进给速度 F、插补周期 T 有如下关系

$$f_s = \frac{KFT}{60 \times 1000}$$

式中　f_s——一个插补周期的插补进给量（mm）；

T——插补周期（ms）；

F——编程进给速度（mm/min）；

K——速度系数（速度倍率、切削进给倍率等）。

由此得到指令进给值 f_s，即系统处于稳定状态时的插补进给量，因此称 f_s 为稳定速度。

思考与练习题

2.1　数控加工程序的输入介绍了哪两种方式？

2.2　如何理解数控系统内部的数控加工程序缓冲器和数控加工程序存储器？

2.3　如何区分 B 功能刀具半径补偿与 C 功能刀具半径补偿？

第 *3* 章

数控插补算法原理

本章主要介绍数控系统中的一些插补算法原理，本章 3.1 对脉冲增量法插补算法原理和数据采样法插补算法原理进行概括，并进行一些对比，本章 3.2 介绍了逐点比较法插补算法原理，本章 3.3 介绍了数字积分法插补算法原理，本章 3.4 介绍了数字采样法插补算法原理。

3.1 插补算法概述

无论是空间形体还是平面图形，都可分解为若干个基本单元。例如，平面图形总可分解为直线、圆弧和其他曲线的组合。

在常规的机械加工中，车、铣、刨等一般工序均是有规律可循的。例如，加工直线由机床导轨保证；车回转件时由其车床本身的回转中心和半径保证。但在车床上加工诸如圆弧摇手柄，铣床上铣削圆弧及复杂曲线，传统的方法难以完成。普通机床上很难加工出准确的圆弧，加工高次曲线就更难了。数控机床可以很容易加工圆弧摇手柄、铣削圆弧等，同时还可以解决高次曲线的加工难题。下面先讲述一下插补和拟合。

（1）插补 数控技术是不用传统的规律去制造"方圆"的，在理论上有了突破，关键就在插补的算法上。

在数控机床中，刀具的运动轨迹为折线，并不是光滑的曲线。刀具不能严格地沿着所加工的曲线运动，只能用折线轨迹逼近所加工的曲线。插补就是：根据给定的信息进行某种预定的数学计算，不断向各个坐标轴发出相互协调的进给脉冲或数据，使被控机械部件按指定路线移动（产生两个坐标轴以上的配合运动）。另一讲法是：根据零件轮廓尺寸，结合精度和工艺等方面的要求，在已知的轮廓起点和终点之间根据一定的算法插入一些中间点的过程。插补是对一些低次方程曲线的逼近计算，一般有一次插补、二次插补、三次插补。高次方程插补从理论上来说是可以实现的，但实际实现起来比较困难。数控加工程序一般都提供直线的起点和终点坐标、圆弧的起点和终点坐标、圆弧的顺逆圆方向及圆心相对于起点的坐标偏移量或圆弧半径，同时参考机床参数和加工工艺要求提供刀具长度、刀具半径和主轴转速、进给速度等。插补的任务就是：根据进给速度的要求，计算出每一段零件轮廓起点与终点之间所插入中间点的坐标值。为了避免坐标值在计算过程中出现三角函数、乘、除以及开方等运算，故要求在插补运算时必须采用迭代运算，这样就为实时处理创造了条件。

（2）拟合　对于高次曲线或型值点组成的曲线要用简单的低次曲线进行拟合计算。拟合就是：用一些简单的低次曲线去逼近复杂的曲线。而这些简单的曲线还必须进一步用插补的方法去逼近。目前多数数控机床所讲的简单的曲线均指直线和圆弧，也就是说目前一般数控机床仅具备直线插补和圆弧插补功能。某些高档数控系统还具有椭圆、抛物线、螺旋线等复杂线型的插补功能，请读者参阅有关文献。

对于空间曲线及空间曲面，其插补和拟合的原理同平面处理相似，是用空间折线去逼近空间曲线；用简单曲面去逼近复杂的空间曲面。

早期的硬件数控系统（NC），插补过程是由专门的数字逻辑电路完成的，用于完成插补计算的计算装置（或硬件电路）称为硬件插补器。而在计算机数控系统中（CNC），插补过程既可全部由软件实现，也可由软、硬件结合完成。现代数控机床都采用配备 CNC 系统的软件数控系统。硬件数控系统速度快，电路复杂，调整和修改都比较困难，缺乏柔性；计算机数控系统速度慢一些，调整很方便，特别是目前计算机的处理速度不断提高，为缓和速度矛盾创造了有利条件。

数控系统中计算机技术的不断引入，大大缓解了数控插补运算时间和计算复杂性之间的矛盾，特别是高性能直流伺服系统和交流伺服系统的研制成功，为提高现代数控系统的综合性能创造了充分条件。由于插补的速度直接影响数控系统的速度，而插补的精度又直接影响整个数控系统的精度，因此，人们一直在努力探求一种计算速度快精度高的插补方法。但插补速度与插补精度之间总是相互制约、相互矛盾，必须进行抉择。到目前为止，插补理论算法上可以归纳为两大类，脉冲增量插补算法和数据采样插补算法。

1. 脉冲增量插补算法

脉冲增量插补算法主要适合以步进电动机为驱动电动机的数控系统。在计算机的时序控制下进行插补运算，每次插补运算的结果产生一个指令脉冲。这一指令脉冲根据需要可以输出到一台电动机或同时输出到多台电动机，控制机床坐标轴作相互协调的运动，使得工作台运行产生一个单位的工作行程增量，这就是脉冲增量插补。每一个单位脉冲对应坐标轴的位移量大小，称为脉冲当量，用 δ 表示。脉冲当量是脉冲分配的基本单位，他决定数控机床的加工精度，一般普通数控机床取 $\delta=0.01\text{mm}$，对于较为精密的数控机床一般取 $\delta=0.005\text{mm}$、0.0025mm、0.001mm 等。

这类插补算法通常是通过几次加法运算或移位实现的，比较容易用硬件实现，所以早期的硬件数控系统多采用这类算法。当然也可以用软件来模拟硬件实现这类插补运算，所以目前仍有机床使用这类算法，在工作台、绘图仪等机电一体化产品中也得到较广泛的使用。属于这类插补算法的有数字脉冲乘法器、逐点比较法、数字积分法以及一些相应的改进算法。数字脉冲乘法器是最早出现的一种插补器，现已较少使用，本书不做介绍。

脉冲增量插补算法比较适合于中等精度（如 0.01mm）和中等速度（如 1~3m/min）的数控机床及相关机电一体化产品。一般脉冲增量插补误差在一个脉冲当量左右，输出脉冲的速率主要受插补程序需要的时间限制，因此，数控系统的精度与机床的切削速度之间

数控原理与系统

是相互影响的。例如，实现某脉冲增量插补算法大约需要 $40\mu s$ 的处理时间（相当于采用 6MHz 的 CPU 执行 20 条指令），当系统脉冲当量为 0.001mm 时，则可求得单个运动坐标轴的最大速度为 1.5m/min。如果是多轴控制，所获得的速度将降低。反之，如果将系统单轴最大速度提高到 15m/min，则要求将系统的脉冲当量增大到 0.01mm。可见，数控系统中这种制约关系限制了其精度和速度的提高。

2. 数据采样插补算法

数据采样插补算法又称时间分割插补算法，主要适合以直流伺服电动机或交流伺服电动机为驱动电动机的闭环或半闭环数控系统。采用数据采样插补算法的数控系统，整个控制系统通过计算机形成闭环，输出的不是单个脉冲，而是数据。根据编程进给速度将零件轮廓曲线按插补周期分割为一系列微小直线段，然后将这些微小直线段对应的位置增量数据进行输出，用以控制伺服系统实现坐标轴的进给。在数据采样系统中，计算机定时对反馈回路采样，在和插补程序所产生的指令数据进行比较后，求得位置跟踪误差。位置伺服软件根据当前的位置跟踪误差计算出进给坐标轴的速度给定值，将其输出给驱动装置，通过电动机带动丝杠螺母副，使工作台朝着减少误差的方向运动，以保证整个系统的精度。

数控系统选用数据采样插补方法，由于插补频率较低，大约在 $50\sim125Hz$，插补周期约为 $20\sim8ms$，这时使用计算机是易于管理和实现的。一般情况下，要求插补程序的运行时间不多于计算机时间负荷的 30%～40%，而在余下的时间内，计算机可以去完成数控加工程序编制、存储、收集运行状态数据、监视机床等其他数控功能。这时，数控系统所能达到的最大轨迹速度在 10m/min 以上，也就是说数据采样插补程序的运行时间已不再是限制轨迹速度的主要因素，其轨迹速度的上限将取决于插补误差以及伺服系统的动态响应特性。

数据采样的插补程序比较复杂，插补周期一般为 10ms 左右。时间太长则信息损失较多，影响伺服精度；时间太短则计算机来不及处理。插补周期可以和伺服系统的位置采样周期相同，如美国 A-B7360 系统为 10.24ms；也可以是伺服位置采样周期的整数倍，如 FANUC-7M 系统插补周期为 8ms 伺服位置采样周期为 4ms。

为保证数控系统所需要的响应速度和分辨率，也为减轻计算机插补时间的负担，可将插补任务由计算机软件和附加的硬件插补器共同承担。软件完成粗插补（类似采样插补），把工作轮廓按 10～20ms 的插补周期分割成若干微小直线段。而硬件插补器完成精（细）插补，即对粗插补输出的微小直线段进行进一步的密化，通过两者的紧密配合就可实现高性能的轮廓插补。一般情况下，数据采样插补法中的粗插补是由软件实现的，并且由于算法中涉及一些三角函数和复杂的算术运算，所以，通常采用高级语言完成。而精插补算法大多采用脉冲增量法，它既可由软件实现也可由硬件实现，由于其相应算术运算比较简单，所以软件实现时通常采用汇编语言完成。

经过软硬件配合的两级插补法，可以降低对计算机的速度要求，或者说运行插补程序所占计算机的负荷时间将减少。这样，数控系统既可以腾出更多地存储空间用于存储零件加工程序，又可以大大缓解实时插补与多任务之间的矛盾。FANUC-5 系统就用此方法进行插补，其 CPU 用 8085（8bit），再用两个 LSI 专用芯片，一个构成细插补器，另一个作为伺服位置控制。

3.2 逐点比较法（SSV 法）插补算法

逐点比较法是一种代数迭算法，刀具每走一步都要将加工点的瞬时坐标与规定的理论轨迹相比较，判断其偏差，然后决定下一步的走向。如果加工点走到图形的外面，那么下一步就要向图形的里面走；如果加工点走到图形的里面，则下一步就要向图形的外面走，以缩小偏差。周而复始，直至全部插补结束。每次只进行一个坐标轴的插补进给（为便于讲解暂时这样假设，实际上按条件有时走一个坐标轴，有时同时走两个坐标轴，将在本节后续讲解）。通过该方法得到一个接近理论图形的轨迹，最大偏差不超过一个脉冲当量。

逐点比较法插补过程每进给一步都要经过四个节拍的处理。图 3-1 所示为逐点比较法工作流程图。

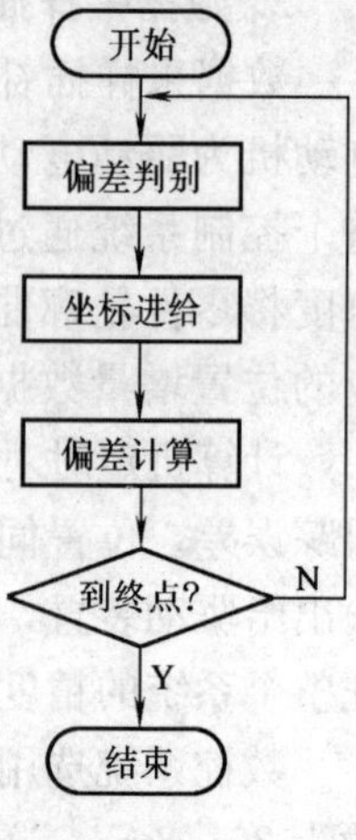

（1）偏差判别 判别刀具当前位置相对给定轮廓的偏差，通过偏差值的符号确定加工点处于规定轮廓的外面还是里面，并以此决定刀具的进给方向。

（2）坐标进给 根据偏差判别的结果，控制相应坐标轴进给一步，使加工点向规定轮廓靠拢，以缩小偏差。

（3）新偏差计算 刀具进给一步以后，计算新的加工点与规定轮廓之间的新偏差，作为下一步偏差判别的依据。

（4）终点判别 每进给一步都要判断新的加工点是否已经与终点重合。如果未到达终点，应继续进行插补运算；如果已到达终点则停止当前轨迹线的插补，转向新的轨迹插补。

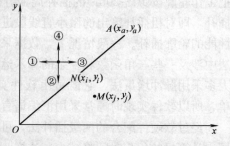

图 3-1 逐点比较法
工作流程

3.2.1 逐点比较法直线插补算法

3.2.1.1 逐点比较法第Ⅰ象限直线插补算法

1. 基本原理

有第Ⅰ象限直线 OA，现刀具要从起点 O 点加工到终点 A (x_a, y_a) 点，设某时刻刀具到达 N (x_i, y_i) 点，那么到达 N 点后，刀具再如何走呢？如图 3-2 所示，有四种可能性，逐一分析。分析①方向，给人的感觉是愈走愈远离 A 点，偏离轨迹方向；②方向，向轨迹靠近，但远离 A 点，并且方向与要到达的 A 点相反；③方向，向轨迹靠近，方向与要到达的 A 点相同；④方向，远离轨迹，无法向 A 点靠近。从上分析判断，要达到预想的要求，刀具必须行走③方向，向 x 的正方向行走一步。

图 3-2 直线插补进给方向

同理可得，对于 M (x_j, y_j) 点，要达到预想的要求，刀具必须向 y 的正方向行走一步。

这里有两个问题须提出：

问题1，直线的起点一定是坐标原点吗？

问题2，必须用数学方法来确定 N 和 M 点的行走方向？

对于问题1，任何直线通过坐标平移都能达到从坐标原点 O 点起步，只是不一定在第 Ⅰ 象限，分别可能是第 Ⅰ、Ⅱ、Ⅲ、Ⅳ 象限。

对于问题2，刚才用目测的方法，决定了 N 点必须向 x 的正方向行走一步，M 点必须向 y 的正方向行走一步。但目测只是观察，要用计算机来进行插补运算，必须构建一个数学模型。

如图3-2所示，连接 ON，其与 x 轴的交角为 α_i，直线 OA 的倾斜角为 α_a，则有下式成立：

$$\tan\alpha_i > \tan\alpha_a$$

即

$$\frac{y_i}{x_i} > \frac{y_a}{x_a}$$

（1）偏差函数式数学模型的建立

令

$$F = \frac{y_i}{x_i} - \frac{y_a}{x_a}$$

则有如下结果：

当 $F > 0$ 时，动点 $N\ (x_i,\ y_i)$ 一定落在直线 OA 上方区域。

当 $F = 0$ 时，动点 $N\ (x_i,\ y_i)$ 一定落在直线 OA 上。

当 $F < 0$ 时，动点 $N\ (x_i,\ y_i)$ 一定落在直线 OA 下方区域。

也就是说，当 $F > 0$ 时，刀具必须向 x 的正方向行走一步；当 $F < 0$ 时，刀具必须向 y 的正方向行走一步；当 $F = 0$ 时，原则上刀具既可以向 x 的正方向行走一步，也可以向 y 的正方向行走一步，但为了设计与分析方便，我们决定把 $F = 0$ 与 $F > 0$ 归并，于是有

当 $F \geqslant 0$ 时，刀具必须向 x 的正方向行走一步。

当 $F < 0$ 时，刀具必须向 y 的正方向行走一步。

以上分析，设偏差函数式数学模型为

$$F = \frac{y_i}{x_i} - \frac{y_a}{x_a}$$

（2）偏差函数式数学模型的优化　设 N 点的坐标为 $(x_i,\ y_i)$，此时的偏差为

$$F_i = \frac{y_i}{x_i} - \frac{y_a}{x_a}$$

当 $F_i \geqslant 0$ 时，刀具必须向 x 的正方向行走一步，走一个脉冲当量的距离（+1），所以有

$$x_{i+1} = x_i + 1 \qquad y_{i+1} = y_i$$

新偏差的计算为

$$F_{i+1} = \frac{y_{i+1}}{x_{i+1}} - \frac{y_a}{x_a} = \frac{y_{i+1}x_a - x_{i+1}y_a}{x_{i+1}x_a}$$

上述新偏差公式，在实际计算时有乘法、减法、除法，计算比较困难，满足不了计算机的迭代运算。由于第一象限的 x 值为正，所以上述新偏差公式的分母为正，对于进给方向主要是分析偏差的符号，偏差的大小与判别进给方向无关，所以，把偏差函数式优化为

$$F = yx_a - xy_a$$

则此时的偏差为
$$F_i = y_i x_a - x_i y_a$$

这样新偏差的计算为
$$F_{i+1} = y_{i+1} x_a - x_{i+1} y_a = y_i x_a - (x_i + 1) y_a = F_i - y_a$$

这里偏差函数值的计算是由前一次的偏差值 F_i 作一次加法或减法，得到新的偏差函数值 F_{i+1}，并且加减值是一个常数，在这里就是要插补直线的终点坐标。这种算法叫"读改写"算法，对于实时控制性很强的插补运算非常适合，具有计算、数据处理方便等优点。

同理 $F_i < 0$ 时，刀具必须向 y 的正方向行走一步，走一个脉冲当量的距离（+1），所以有
$$x_{i+1} = x_i \qquad y_{i+1} = y_i + 1$$

这样新偏差的计算为
$$F_{i+1} = y_{i+1} x_a - x_{i+1} y_a = (y_i + 1) x_a - x_i y_a = F_i + x_a$$

综上所述，第 I 象限内逐点比较法直线插补算法的偏差函数模型是
$$F = yx_a - xy_a$$

有关第 I 象限直线插补的计算方法见表 3-1。

表 3-1　第 I 象限直线插补的计算方法

偏差情况	进给方向	新偏差计算
$F_i \geqslant 0$	$+x$	$F_{i+1} = F_i - y_a$
$F_i < 0$	$+y$	$F_{i+1} = F_i + x_a$

2. 终点判别及程序流程

在每一次坐标进给、新偏差计算以后，必须进行终点判别。若已经到达终点，就不再进行插补运算，并发出停机或转换新程序段的信号；否则返回继续循环插补。终点判别的方法有三种。

第一种方法：总步长法。求出被插补直线在两个坐标轴方向上应走的总步数，然后每插补一次，无论哪个轴进给一步，均从总步数中减去 1，这样当总步数减到零时即表示已到达终点。总步数的计算
$$\Sigma = |x_{终点} - x_{起点}| + |y_{终点} - y_{起点}| = |x_a| + |y_a|$$

该方法具有局限性，仅适合一次插补运算仅控制一个坐标轴，实际插补运算时有一次插补运算控制多个坐标轴的。

第二种方法：投影法。求出被插补直线终点坐标值较大的一个作为计数值
$$\Sigma = \max\{|x_{终点}|, |y_{终点}|\} = \max\{|x_a|, |y_a|\}$$

在插补过程中，每当终点坐标绝对值较大的那个轴进给时就从计数单元中减去 1，这样当减到零时表示已经到达终点，此方法广泛得到使用。

第三种方法：终点坐标法。取被插补直线终点坐标分别作为计数单元
$$\Sigma_x = |x_{终点} - x_{起点}| = |x_a|, \quad \Sigma_y = |y_{终点} - y_{起点}| = |y_a|$$

在插补过程中，如果进给 $+x$ 方向，则使 Σ_x 减去 1，如果进给 $+y$ 方向，则使 Σ_y 减去 1，这样当 Σ_x 和 Σ_y 都减到零时，表示到达终点位置。

图 3-3 所示为逐点比较法第 I 象限直线插补算法的程序流程。图中 i 是插补循环数，

F_i 是第 i 个插补循环时的偏差函数值，（x_a，y_a）是直线的终点坐标。Σ 是加工完直线时刀具沿 x、y 轴应进给的总步数。插补时钟是脉冲源，它可发出频率稳定的脉冲序列。

插补前初始化情况，刀具位于直线的起点（即坐标原点），这时的偏差值为零，起始插补循环数 i 为零，插补总步数寄存器 $\Sigma=$ $|x_a|+|y_a|$，x 寄存器置 x_a，y 寄存器置 y_a。

3. 第 I 象限直线插补计算举例

例 3-1 第 I 象限直线 OA，起点为坐标原点，终点坐标 $x_a=$ 6mm，$y_a=4$mm，试进行插补计算，并画出插补轨迹图。

解 总步数的计算 $\Sigma=$ $|x_a|+|y_a|=6$mm$+4$mm$=$ 10mm，初始 $F_0=0$，$i=0$，$x_0=0$，$y_0=0$，插补运算过程见表 3-2。插补轨迹图如图 3-4 所示。

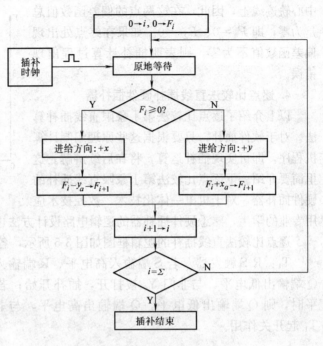

图 3-3 第 I 象限直线插补算法程序流程

（流程图文字：$0\to i, 0\to F_i$；插补时钟；原地等待；$F_i \geqslant 0?$；Y / N；进给方向：$+x$；进给方向：$+y$；$F_i-y_a\to F_{i+1}$；$F_i+x_a\to F_{i+1}$；$i+1\to i$；$i=\Sigma$；N；Y；插补结束）

表 3-2 逐点比较法直线插补运算过程

脉冲个数	偏差判别	坐标进给方向	新偏差/mm	终点判别
0			$F_0=0$	$i=0$，$\Sigma=10$
1	$F_0=0$	$+X$	$F_1=F_0-y_a=0-4=-4$	$i=0+1=1<\Sigma$
2	$F_1<0$	$+Y$	$F_2=F_1+x_a=-4+6=2$	$i=1+1=2<\Sigma$
3	$F_2>0$	$+X$	$F_3=F_2-y_a=2-4=-2$	$i=2+1=3<\Sigma$
4	$F_3<0$	$+Y$	$F_4=F_3+x_a=-2+6=4$	$i=3+1=4<\Sigma$
5	$F_4>0$	$+X$	$F_5=F_4-y_a=4-4=0$	$i=4+1=5<\Sigma$
6	$F_5=0$	$+X$	$F_6=F_5-y_a=0-4=-4$	$i=5+1=6<\Sigma$
7	$F_6<0$	$+Y$	$F_7=F_6+x_a=-4+6=2$	$i=6+1=7<\Sigma$
8	$F_7>0$	$+X$	$F_8=F_7-y_a=2-4=-2$	$i=7+1=8<\Sigma$
9	$F_8<0$	$+Y$	$F_9=F_8+x_a=-2+6=4$	$i=8+1=9<\Sigma$
10	$F_9>0$	$+X$	$F_{10}=F_9-y_a=4-4=0$	$i=9+1=10=\Sigma$

要说明的是，对于逐点比较法直线插补而言，在起点和终点处刀具均落在零件的刀具中心轨迹线上，因此，在这两点的偏差函数值总是为零，即 $F_0=0$、$F_\Sigma=0$。如果在终点处出现偏差函数值不为零，则表明插补计算过程出现错误。

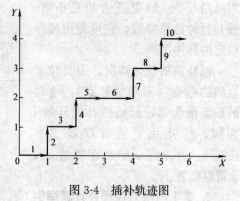

图 3-4　插补轨迹图

4. 逐点比较法直线插补硬件插补器

以上介绍了逐点比较法第 I 象限直线插补算法。对于软件插补，只要根据这些原理编制计算机程序，即可实现插补运算，将在后续讲解。这里简要介绍一下逐点比较法第 I 象限直线插补的硬件插补器，对于机电一体化技术、数控技术应用专业的学生，熟悉硬件插补器的逻辑电路设计方法也是非常有必要的。

逐点比较法直线插补的逻辑框图如图 3-5 所示，各元器件的作用如下：

T_1：R-S 触发器。若 S 端输入高电平、R 端输入低电平时，则 Q 端输出高电平，$\overline{Q}$ 端输出低电平，与非门 Y_6 被打开，插补开始；若 S 端输入低电平、R 端输入高电平时，则 Q 端输出低电平，$\overline{Q}$ 端输出高电平，与非门 Y_6 被关闭，插补结束。因此 T_1 起开关作用。

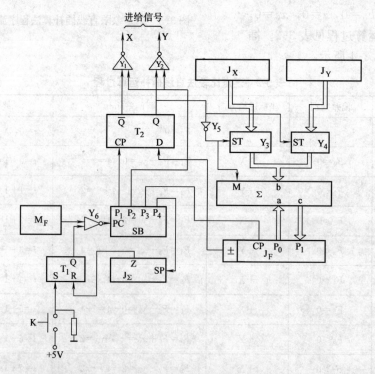

图 3-5　逐点比较法直线插补逻辑框图

M_F：插补时钟。它产生一个频率为 f 的脉冲序列，每一个脉冲使插补器完成一个插补循环。

SB：时序脉冲发生器。它把 M_F 产生的脉冲序列，变成四个脉冲序列 P_1、P_2、P_3 和

P_4。M_F每发一个脉冲，四个脉冲序列各有一个脉冲，它们的相互关系如图3-6所示。脉冲序列P_1用于偏差判别，P_2用于产生进给信号，P_3用于偏差计算，P_4用于终点判别。

T_2：D触发器。若D端输入为0，则CP端的一个脉冲使Q端为0，$\bar{Q}$端为1；若D端输入为1，则CP端的一个脉冲使Q端为1，$\bar{Q}$端为0。

Y_1、Y_2、Y_6：与非门。

Y_3、Y_4：三态缓冲器。若ST为低电平，则输出端等于输入端；若ST为高电平，则输出端为高阻态。

Y_5：非门。

J_X：终点寄存器。寄存直线终点的横坐标x_a。

J_Y：终点寄存器。寄存直线终点的纵坐标y_a。

Σ：并行加减法器。若M为0，进行加法运算，即

$$c=a+b$$

式中　a、b——输入端；

　　　c——输出端。

若M为1，进行减法运算，即

$$c=a-b$$

J_F：偏差寄存器。存放偏差函数值，其中最高位为符号位。最高位为0，表示偏差函数大于或等于0；最高位为1，表示偏差函数小于0。只有CP端输入一个脉冲后J_F的内容才会变成输入端P_1的值。

J_Σ：终点计数器。它是一减法计数器，CP端每输入一个脉冲，J_Σ减1，J_Σ减为零时，Z端输出1。

该电路的直线插补工作过程：

第一步：插补开始前，先向各寄存器赋初值，$x_a \rightarrow J_X$、$y_a \rightarrow J_Y$、$N \rightarrow J_\Sigma$、$0 \rightarrow J_F$。式中N为加工完直线所需的插补循环总数$N=|x_a|+|y_a|$计算，赋初值工作由输入电路完成。

第二步：给触发器T_1的S端输入高电平、R端输入低电平，使Q端为1，$\bar{Q}$端为0，门Y_6被打开。M_F产生的脉冲序列通过门Y_6到达SB的PC端，插补工作开始。

第三步：由图3-6可以看到，SP的P_1端最先发出一个脉冲，进行偏差判别。若偏差函数大于或等于零，则寄存器J_F的最高位为0。SP中P_1端的脉冲使触发器T_2的Q端为0，$\bar{Q}$端为1。与非门Y_1打开，Y_2关闭，这为X轴进给作好了准备；若偏差函数小于0，则J_F的最高位为1。SP上的P_1端的脉冲使T_2的Q端为1，$\bar{Q}$端为0，门Y_1关闭，Y_2打开，为Y轴进给作好了准备。

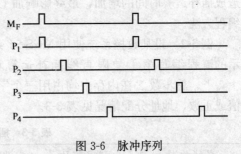

图3-6　脉冲序列

第四步：接着，SB的P_2端产生一个脉冲，以产生进给信号。若门Y_1打开，SB中P_2端的脉冲通过门Y_1，形成X轴的进给信号，使刀具沿X轴走一步；若门Y_2打开，则SB的P_2端脉冲通过门Y_2，形成Y轴的进给信号，使刀具沿Y轴走一步。

第五步：然后，SB的P_3端发出一个脉冲，进行偏差计算。若在第四步中刀具沿X轴

走一步（即 T_2 的 Q 端为 0，$\overline{Q}$ 端为 1），则三态缓冲器 Y_3 的 ST 端为 1，Y_4 的 ST 端为 0，加减法器 Σ 的 M 端为 1，这样 J_Y 中的内容通过 Y_4 到达 Σ 的 b 端，而 Σ 作减法运算，即

$$c = a - b = J_F - J_Y = F - y_a$$

若在第四步中刀具沿 Y 轴走一步（即 T_2 的 Q 端为 1，$\overline{Q}$ 端为 0），则三态缓冲器 Y_3 的 ST 端为 0，Y_4 的 ST 端为 1，加减法器 Σ 的 M 端为 0，这样，J_X 中的内容通过 Y_3 到达 Σ 的 b 端，而 Σ 作加法运算，即

$$c = a + b = J_F + J_X = F + x_a$$

SB 中 P_3 端的脉冲使 J_F 的内容变为输入端 P_1 的值，从而把刚计算好的偏差值存入 J_F 中。

第六步：最后，SB 中 P_4 端发出一个脉冲，进行终点判别。这个脉冲使终点计数器 J_Σ 减 1。若 J_Σ 为零，则 Z 输出高电平，使 T_1 的 Q 端变低电平，门 Y_6 被封闭，插补结束。由于插补开始时，给 J_Σ 赋的值为 N，因此 J_Σ 为零时，说明已进行了 N 个插补循环，直线已加工完毕；若 J_Σ 不为零，则 Z 端为低电平，触发器 T_1 的 Q 端保持原状态不变，返回到第三步继续插补。

5. 逐点比较法直线插补软件的实现

逐点比较法软件插补的实现，实际上就是利用软件来模拟硬件插补的整个过程，显然它具有极大的灵活性，但插补的精度和速度受到控制系统中所用计算机的字长和运算速度等方面的限制。

根据前面总结出的四个工作节拍，可以设计出逐点比较法第 I 象限直线插补的软件流程如图 3-3 所示。与硬件插补相类似，在插补软件中也必须约定内存单元，分别存放偏差函数 F、终点坐标 x_a、y_a 以及总步数 Σ 值。由于逐点比较法插补软件并不复杂，可采用汇编语言来编写该软件，以提高其运算速度。

现假设数控系统的脉冲当量 $\delta = 0.01 \text{mm/step}$，计算机字长为 8 位，则数控机床的最大可控行程为 2.55mm。显然，这么短的行程不能满足加工的需要。若期望数控机床的最大可控行程达 2m，脉冲当量仍为 $\delta = 0.01 \text{mm/step}$，则 2m 行程对应的脉冲数为 2×10^5，需要使用 18 位二进制数才能表示出来。当然，改用 32 位字长的计算机固然可以，但往往在现实中无法具备这一条件，故可利用三个 8 位字长的内存单元 RAM 来存放上述四组数据，只是在进行加减法运算时必须借助于进位 C_y 来完成三字节的加减法运算，这样势必造成插补运算时间的增加，最终影响加工速度。下面结合一个实例来说明上述插补软件的编程方法。

例 3-2 设某数控系统使用 MCS-51 系列单片机作为 CPU，请用汇编语言按图 3-3 所示的流程编写第 I 象限直线插补运算程序。其中，偏差函数 F、坐标 $|x_a|$、坐标 $|y_a|$、总步数 Σ 在内存中均占用三个字节，并且 F 采用补码形式，其余数据采用绝对值或正数，地址分配情况见表 3-3。

表 3-3　插补参数地址分配表

存 储 地 址	偏差函数 F	坐标 $|x_a|$	坐标 $|y_a|$	总步数 Σ
低字节地址	10H	13H	16H	19H
中字节地址	11H	14H	17H	1AH
高字节地址	12H	15H	18H	1BH

插补计算程序如下：

```
        ………                      ; 插补准备
AGAIN：MOV     A，12H            ; 取 F 的符号
      JB        ACC.7，LOOP      ; 若 F<0，则转 LOOP
      ACALL     FEED－PX          ; 若 F≥0，则向＋X 方向进给一步
      ACALL     SUBFYE           ; 修正 F，F－｜y_a｜→F
      SJMP      DONE             ; 转至总步数修正
LOOP：ACALL     FEED－PY          ; 若 F<0，则向＋Y 方向进给一步
      ACALL     ADDFXE           ; 修正 F，F＋｜x_a｜→F
DONE：ACALL     DELAY            ; 延时，保证进给速度
      ACALL     STEP－1           ; 修正 Σ，Σ－1→Σ
      MOV       A，19H            ; 取总步数低字节
      CJNE      A，♯00H，AGAIN    ; 判别，该字节不为零继续插补
      MOV       A，1AH            ; 取总步数中字节
      CJNE      A，♯00H，AGAIN    ; 判别，该字节不为零继续插补
      MOV       A，1BH            ; 取总步数高字节
      CJNE      A，♯00H，AGAIN    ; 判别，该字节不为零继续插补
        ………                      ; Σ=0 时，插补结束，转其他处理
```

在该插补程序中，先后调用过六个子程序，它们是：

1）FEED－PX：向＋X 轴方向进给一步子程序。

2）FEED－PY：向＋Y 轴方向进给一步子程序。

3）SUBFYE：修正 F（$F－｜y_a｜→F$）子程序。

4）ADDFXE：修正 F（$F＋｜x_a｜→F$）子程序。

5）STEP－1：修正 Σ（$\Sigma－1→\Sigma$）子程序。

6）DELAY：延时子程序，以保证给定的进给速度。

上述子程序的编写并不困难，读者可参阅有关文献自己完成。

3.2.1.2 逐点比较法四象限直线插补算法

前面所讨论的逐点比较法直线插补，均是针对第 I 象限直线插补这一特定情况进行的。然而任何数控机床都应具备处理不同象限直线的能力。

为了叙述方便，假设用"L"表示直线，脚标数字表示直线所在的象限，则第 I～IV 象限内的直线分别记为 L_1、L_2、L_3、L_4。

如图 3-7 所示，为基于 $F=yx_a-xy_a$ 四象限直线插补图，不难计算出表 3-4 所示的插补运算结果。

表 3-4　基于 $F=yx_a-xy_a$ 四象限直线插补运算结果

象　限	$F\geqslant0$		$F<0$	
	进给方向	偏差计算	进给方向	偏差计算
I	＋X	$F_{i+1}=F_i-y_a$	＋Y	$F_{i+1}=F_i+x_a$
II	＋Y	$F_{i+1}=F_i+x_a$	－X	$F_{i+1}=F_i+y_a$

（续）

象限	$F\geqslant0$		$F<0$	
	进给方向	偏差计算	进给方向	偏差计算
Ⅲ	$-X$	$F_{i+1}=F_i+y_a$	$-Y$	$F_{i+1}=F_i-x_a$
Ⅳ	$-Y$	$F_{i+1}=F_i-x_a$	$+X$	$F_{i+1}=F_i-y_a$

从上计算的结果看，无论是 $F\geqslant0$ 或是 $F<0$，进给和偏差计算从全局看都比较乱，不利于软件程序的编制，也就是说插补算法还需要改进。

1. 插补算法的改进

有学者提出了这样的偏差函数式，事实证明是有效的。

$$F=\mid yx_a\mid-\mid xy_a\mid$$

按此偏差函数式计算，四个象限直线插补图发生变化，如图 3-8 所示，按此插补图得到表 3-5 所示的插补运算结果。

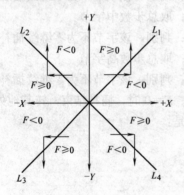

图 3-7 基于 $F=yx_a-xy_a$ 的
四象限直线插补图

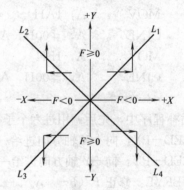

图 3-8 基于 $F=\mid yx_a\mid-\mid xy_a\mid$ 的
四象限直线插补图

表 3-5 基于 $F=\mid yx_a\mid-\mid xy_a\mid$ 四象限直线插补运算结果

象限	$F\geqslant0$		$F<0$	
	进给方向	偏差计算	进给方向	偏差计算
Ⅰ	$+X$	$F_{i+1}=F_i-\mid y_a\mid$	$+Y$	$F_{i+1}=F_i+\mid x_a\mid$
Ⅱ	$-X$	$F_{i+1}=F_i-\mid y_a\mid$	$+Y$	$F_{i+1}=F_i+\mid x_a\mid$
Ⅲ	$-X$	$F_{i+1}=F_i-\mid y_a\mid$	$-Y$	$F_{i+1}=F_i+\mid x_a\mid$
Ⅳ	$+X$	$F_{i+1}=F_i-\mid y_a\mid$	$-Y$	$F_{i+1}=F_i+\mid x_a\mid$

从上面计算的结果看，当 $F\geqslant0$ 时，四个象限统一为 X 方向进给，偏差计算的数学表达式统一；当 $F<0$ 时，四个象限统一为 Y 方向进给，偏差计算的数学表达式也统一。这为四个象限插补软件的开发提供了优化基础。

值得一提的是，虽然 $F\geqslant0$ 时，四个象限统一为 X 方向进给，但时有正和负方向，同样，$F<0$ 时，Y 方向进给也时有正和负方向，下面进行定义：

设 $(x_a)_f$ 为 x_a 的逻辑符号，当 $x_a\geqslant0$ 时，$(x_a)_f=0$；当 $x_a<0$ 时，$(x_a)_f=1$。同样可

以设 $(y_a)_f$ 为 y_a 的逻辑符号，当 $y_a \geqslant 0$ 时，$(y_a)_f = 0$；当 $y_a < 0$ 时，$(y_a)_f = 1$。

有这样的设计后，就能得到如下结果，即当 $F \geqslant 0$ 时，由 $(x_a)_f$ 决定是走 X 的正方向还是负方向，$(x_a)_f = 0$ 时走正方向，$(x_a)_f = 1$ 时走负方向，偏差计算为 $F_{i+1} = F_i - |y_a|$；当 $F < 0$ 时，由 $(y_a)_f$ 决定是走 Y 的正方向还是负方向，$(y_a)_f = 0$ 时走正方向，$(y_a)_f = 1$ 时走负方向，偏差计算为 $F_{i+1} = F_i + |x_a|$。

2. 插补速度的提高

根据上述分析计算，逐点比较法直线插补法走 X 时不走 Y，走 Y 时不走 X，影响到直线插补的速度，同时插补误差大，故对插补算法再进行如下改进。

当 $|x_a| \geqslant |y_a|$ 时，X 方向为长方向，Y 方向为短方向，设计为：走 X 时仅走 X，走 Y 时再补走 X；当 $|x_a| < |y_a|$ 时，Y 方向为长方向，X 方向为短方向，设计为：走 Y 时仅走 Y，走 X 时再补走 Y。

3. 逐点比较法直线插补流程图

经过前算法的设计与几次修正，得到如图 3-9 所示的逐点比较法直线插补流程图，有关程序的编制后续章节再介绍。

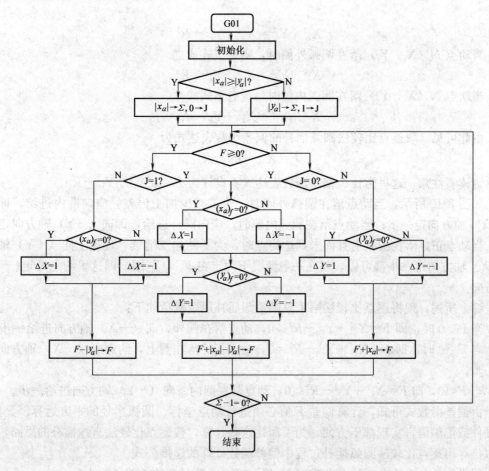

图 3-9　逐点比较法直线插补流程图

3.2.2 逐点比较法圆弧插补算法

3.2.2.1 逐点比较法第Ⅰ象限圆弧插补

1. 基本原理

以第Ⅰ象限逆圆插补为例。在加工圆弧过程中，人们很容易联想到使用动点到圆心的距离与该圆弧的半径进行比较来反映加工偏差。

假设被加工零件的轮廓为第Ⅰ象限逆圆弧 SE，如图 3-10 所示，圆心在 O（0，0），半径为 R，起点为 S（X_s，Y_s），终点为 E（X_e，Y_e），圆弧上任意加工动点为 N（X_i，Y_i）。当比较该加工动点到圆心的距离 ON 与圆弧半径 R 的大小时，可获得刀具与圆弧轮廓之间的相对位置关系。

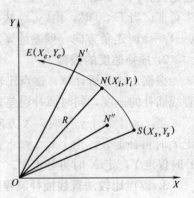

图 3-10 动点与圆弧的位置关系

当动点 N（X_i，Y_i）正好落在圆弧上时，则有下式成立

$$X_i^2 + Y_i^2 = X_e^2 + Y_e^2 = R^2$$

当动点 N（X_i，Y_i）落在圆弧外侧时，则有下式成立

$$X_i^2 + Y_i^2 > X_e^2 + Y_e^2 = R^2$$

当动点 N（X_i，Y_i）落在圆弧内侧时，则有下式成立

$$X_i^2 + Y_i^2 < X_e^2 + Y_e^2 = R^2$$

由此可见，取逐点比较法圆弧插补的偏差函数表达式为

$$F = X_i^2 + Y_i^2 - R^2$$

请读者注意，这里为什么偏差函数表达式不设计为 $F = \sqrt{X_i^2 + Y_i^2} - R$ ？

如图 3-10 所示，当动点落在圆弧外侧时，为了减少加工误差，应向圆内进给，即向（$-X$）轴方向走一步；当动点落在圆弧内侧时，应向圆外进给，即向（$+Y$）轴方向走一步。当动点正好落在圆弧上且尚未到达终点时，为了使加工继续，理论上向（$+Y$）轴或（$-X$）轴方向走一步都可以，但在一般情况下约定在 $F \geq 0$ 范围，即这里约定为走（$-X$）轴方向。

综上所述，现将逐点比较法第Ⅰ象限逆圆插补规则概括如下：

当 $F > 0$ 时，即 $F = X_i^2 + Y_i^2 - R^2 > 0$，动点落在圆外，向（$-X$）轴方向进给一步；

当 $F = 0$ 时，即 $F = X_i^2 + Y_i^2 - R^2 = 0$，动点正好落在圆上，约定向（$-X$）轴方向进给一步；

当 $F < 0$，即 $F = X_i^2 + Y_i^2 - R^2 < 0$，动点落在圆内，向（$+Y$）轴方向进给一步。

由偏差函数式可知，计算偏差 F 值必须进行动点坐标、圆弧半径的平方运算。显然，用硬件或汇编语言实现都不方便。为了简化这些计算，按逐点比较法直线插补的思路，也可以推导出逐点比较法圆弧插补过程中偏差函数计算的递推公式。

假设第 i 次插补后，动点坐标为 N（X_i，Y_i），其对应的偏差函数为

$$F_i = X_i^2 + Y_i^2 - R^2$$

当 $F_i \geq 0$ 时，向（$-X$）轴方向进给一步，则新的动点坐标值为

$$X_{i+1}=X_i-1, \quad Y_{i+1}=Y_i$$

因此，新的偏差函数为

$$F_{i+1}=X_{i+1}{}^2+Y_{i+1}{}^2-R^2=(X_i-1)^2+Y_i{}^2-R^2$$

所以

$$F_{i+1}=F_i-2X_i+1$$

同理，$F_i<0$ 时，可求得新的动点坐标值为

$$X_{i+1}=X_i, \quad Y_{i+1}=Y_i+1$$

因此，可求得新的偏差函数为

$$F_{i+1}=X_{i+1}{}^2+Y_{i+1}{}^2-R^2=X_i{}^2+(Y_i+1)^2-R^2$$

所以

$$F_{i+1}=F_i+2Y_i+1$$

表 3-6 为第 I 象限逆圆弧插补计算公式。

表 3-6　第 I 象限逆圆弧插补计算公式

偏差函数	动点位置	进给方向	新偏差计算	动点坐标修正
$F_i \geqslant 0$	在圆上或圆外	$-X$	$F_{i+1}=F_i-2X_i+1$	$X_{i+1}=X_i-1 \quad Y_{i+1}=Y_i$
$F_i < 0$	在圆内	$+Y$	$F_{i+1}=F_i+2Y_i+1$	$X_{i+1}=X_i \quad Y_{i+1}=Y_i+1$

从表 3-6 可以看出算法中的特点：第一，递推形式的偏差计算公式中仅有加、减法以及乘 2 运算，而乘 2 可等效成该二进制数左移一位，这显然比平方运算简单。第二，进给后新的偏差函数值与前一点的偏差值以及动点坐标 $N(X_i, Y_i)$ 均有关系。由于动点坐标值随着插补过程的进行而不断变化，因此，每插补一次，动点坐标就必须修正一次，以便为下一步的偏差计算作好准备。

和直线插补一样，圆弧插补过程也有终点判别问题。当圆弧轮廓仅在一个象限区域内，其终点判别仍可借用直线终点判别的三种方法进行，只是计算公式略有不同。

$$\Sigma=|X_e-X_s|+|Y_e-Y_s|$$
$$\Sigma=\max\{|X_e-X_s|, |Y_e-Y_s|\}$$
$$\Sigma_1=|X_e-X_s|, \quad \Sigma_2=|Y_e-Y_s|$$

式中　X_s、Y_s——被插补圆弧轮廓的起点坐标；

X_e、Y_e——被插补圆弧轮廓的终点坐标。

2. 第 I 象限逆圆插补计算举例

例 3-3　设将要加工的零件轮廓为第 I 象限逆圆 SE，如图 3-11 所示，圆心在坐标原点起点为 $S(4,3)$，终点为 $E(0,5)$，试用逐点比较法进行插补，并画出插补轨迹图。

解　该圆弧插补的总步数为

$$\Sigma=|X_e-X_s|+|Y_e-Y_s|=|0-4|+|5-3|=6$$

插补开始时刀具正好在圆弧的起点 $S(4,3)$ 处，故 $F_0=0$。

根据上述插补方法列表计算，插补过程见表 3-7，插补轨迹如图 3-11 所示。

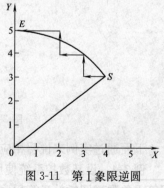

图 3-11　第 I 象限逆圆
插补轨迹图

表 3-7　逐点比较法圆弧插补运算过程

序号	工作节拍				
	第一拍偏差判别	第二拍坐标进给	第三拍		第四拍终点判别
			偏差计算	坐标修正	
起点			$F_0=0$	$X_0=4,\ Y_0=3$	$\Sigma_0=6$
1	$F_0=0$	$-\Delta X$	$F_1=0-2\times4+1=-7$	$X_1=3,\ Y_1=3$	$\Sigma_1=\Sigma_0-1=5$
2	$F_1=-7<0$	$+\Delta Y$	$F_2=-7+2\times3+1=0$	$X_2=3,\ Y_2=4$	$\Sigma_2=\Sigma_1-1=4$
3	$F_2=0$	$-\Delta X$	$F_3=0-2\times3+1=-5$	$X_3=2,\ Y_3=4$	$\Sigma_3=\Sigma_2-1=3$
4	$F_3=-5<0$	$+\Delta Y$	$F_4=-5+2\times4+1=4$	$X_4=2,\ Y_4=5$	$\Sigma_4=\Sigma_3-1=2$
5	$F_4=4>0$	$-\Delta X$	$F_5=4-2\times2+1=1$	$X_5=1,\ Y_5=5$	$\Sigma_5=\Sigma_4-1=1$
6	$F_5=1>0$	$-\Delta X$	$F_6=1-2\times1+1=0$	$X_6=0,\ Y_6=5$	$\Sigma_6=\Sigma_5-1=0$

3. 软件实现

与直线情况基本相似，逐点比较法第Ⅰ象限逆圆插补也是按照四个工作节拍进行的，只是在偏差函数计算完毕后，增加动点坐标的修正。其软件流程如图 3-12 所示。

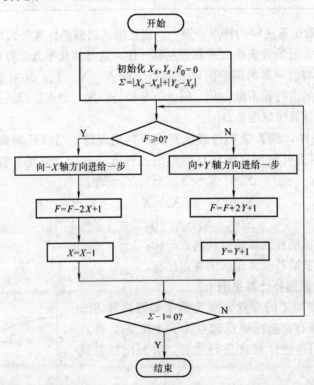

图 3-12　逐点比较法第Ⅰ象限逆圆插补流程

下面通过实例来说明相应插补软件的编写思路。

例 3-4　设某数控系统使用 MCS-51 系列单片机，用汇编语言按图 3-12 所示的流程编写第Ⅰ象限逆圆插补运算程序。其中，偏差函数 F_i、坐标 $|X_i|$、坐标 $|Y_i|$、总步数 $\Sigma=|X_e-X_s|+|Y_e-Y_s|$ 在内存中均占用三个字节，并且 F 采用补码形式，其余数据

采用绝对值或正数，地址分配情况如表 3-8 所示。

表 3-8 第 I 象限逆圆插补参数地址分配表

参数与初值 / 存储地址	偏差函数 F	坐标值 $\|X_i\|$	坐标值 $\|Y_i\|$	总步数 Σ
	$F_0 = 0$	$X_0 = X_s$	$Y_0 = Y_s$	$\Sigma_0 = \Sigma$
低字节地址	10H	13H	16H	19H
中字节地址	11H	14H	17H	1AH
高字节地址	12H	15H	18H	1BH

第 I 象限逆圆插补程序如下：

```
           ············          ；插补准备
AGAIN：MOV    A，12H            ；取 Fi 符号
      JB      ACC.7，LOOP      ；若 Fi<0，则转 LOOP
      ACALL   FEED NX          ；若 Fi≥0，则向（-X）方向进给
      ACALL   SUBFXI           ；修正 Fi，Fi-2Xi+1→Fi
      ACALL   DECXI            ；修正动点坐标 Xi-1→Xi
      SJMP    DONE             ；转终点判别
LOOP：ACALL   FEED PY          ；若 Fi<0，则向（+Y）方向进给
      ACALL   ADDFYI           ；修正 Fi，Fi+2Yi+1→Fi
      ACALL   INCYI            ；修正动点坐标 Yi+1→Yi
DONE：ACALL   DELAY            ；延时保证进给速度
      ACALL   STEP-1           ；修正 Σ，Σ-1→Σ
      MOV     A，19H           ；取总步数低字节
      CJNE    A，#00H，AGAIN  ；判别，该字节不为零继续插补
      MOV     A，1AH           ；取总步数中字节
      CJNE    A，#00H，AGAIN  ；判别，该字节不为零继续插补
      MOV     A，1BH           ；取总步数高字节
      CJNE    A，#00H，AGAIN  ；判别，该字节不为零继续插补
           ············          ；Σ=0，插补结束，转其他处理
```

在该插补程序中，先后调用过八个子程序，它们是：

FEED-NX——向（-X）轴方向进给一步子程序；

FEED-PY——向（+Y）轴方向进给一步子程序；

SUBFXI——完成 F_i 修正功能，$F_i - 2X_i + 1 \rightarrow F_i$；

ADDFYI——完成 F_i 修正功能，$F_i + 2Y_i + 1 \rightarrow F_i$；

DECXI——完成动点坐标 X_i 修正功能，$X_i - 1 \rightarrow X_i$；

INCYI——完成动点坐标 Y_i 修正功能，$Y_i + 1 \rightarrow Y_i$；

STEP-1——完成总步数修正功能，$\Sigma - 1 \rightarrow \Sigma$；

DELAY——延时子程序，以保证给定的进给速度。

上述子程序的编写并不困难，请读者参阅有关资料自己完成。

3.2.2.2 逐点比较法四象限圆弧顺逆插补算法

前面已讨论了逐点比较法第Ⅰ象限逆圆插补算法。任何数控机床都应具备处理不同象限、不同走向的圆弧能力。

为了叙述方便，假设用"SR"表示顺圆，"NR"表示逆圆，数字表示曲线所在的象限，则第Ⅰ～Ⅳ象限顺圆分别记为 $SR1$、$SR2$、$SR3$、$SR4$；逆圆分别记为 $NR1$、$NR2$、$NR3$、$NR4$。图 3-13 所示为顺逆四象限动点在圆弧不同位置的走向图；表 3-9 为四象限轨迹插补的偏差、坐标计算方法。

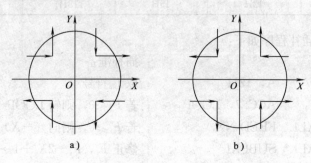

图 3-13 顺逆四象限动点在圆弧不同位置的走向图
a) 顺圆圆弧轨迹插补 b) 逆圆圆弧轨迹插补

表 3-9 顺逆圆四象限轨迹插补的偏差、坐标计算方法

曲线	$F_i \geq 0$		$F_i < 0$	
	偏差计算	坐标计算	偏差计算	坐标计算
$SR1$	$F_{i+1}=F_i-2Y_i+1$	$Y_{i+1}=Y_i-1$	$F_{i+1}=F_i+2X_i+1$	$X_{i+1}=X_i+1$
$SR2$	$F_{i+1}=F_i+2X_i+1$	$X_{i+1}=X_i+1$	$F_{i+1}=F_i+2Y_i+1$	$Y_{i+1}=Y_i+1$
$SR3$	$F_{i+1}=F_i+2Y_i+1$	$Y_{i+1}=Y_i+1$	$F_{i+1}=F_i-2X_i+1$	$X_{i+1}=X_i-1$
$SR4$	$F_{i+1}=F_i-2X_i+1$	$X_{i+1}=X_i-1$	$F_{i+1}=F_i-2Y_i+1$	$Y_{i+1}=Y_i-1$
$NR1$	$F_{i+1}=F_i-2X_i+1$	$X_{i+1}=X_i-1$	$F_{i+1}=F_i+2Y_i+1$	$Y_{i+1}=Y_i+1$
$NR2$	$F_{i+1}=F_i-2Y_i+1$	$Y_{i+1}=Y_i-1$	$F_{i+1}=F_i-2X_i+1$	$X_{i+1}=X_i-1$
$NR3$	$F_{i+1}=F_i+2X_i+1$	$X_{i+1}=X_i+1$	$F_{i+1}=F_i-2Y_i+1$	$Y_{i+1}=Y_i-1$
$NR4$	$F_{i+1}=F_i+2Y_i+1$	$Y_{i+1}=Y_i+1$	$F_{i+1}=F_i+2X_i+1$	$X_{i+1}=X_i+1$

上表分析，偏差与坐标都有四种算法，而且分布在顺逆四个象限，为程序的开发增添了很多麻烦。为了简化算法，有学者提出了一种非常有效的方法，称为符号判别法。

1. 符号判别法圆弧轨迹插补的工作原理

设判别数 N，顺圆时 N 取 1；逆圆时 N 取 0；

设 F_f 为偏差值 F 的符号位，当 $F \geq 0$ 时，$F_f=0$；当 $F<0$ 时，$F_f=1$；

设 X_f 为 X 的符号位，当 $X \geq 0$ 时，$X_f=0$；当 $X<0$ 时，$X_f=1$；

设 Y_f 为 Y 的符号位，当 $Y \geq 0$ 时，$Y_f=0$；当 $Y<0$ 时，$Y_f=1$；

设判别式 $P=F_f \oplus N \oplus X_f \oplus Y_f$，计算结果，当 $P=0$ 时进给 X 方向；当 $P=1$ 时进给 Y 方向；

设判别式 $(\Delta X)_f = \overline{N \oplus Y_f}$，当 $(\Delta X)_f=0$ 时，$\Delta X=+1$；当 $(\Delta X)_f=1$ 时，$\Delta X=-1$；

设判别式 $(\Delta Y)_f = N \oplus X_f$，当 $(\Delta Y)_f = 0$ 时，$\Delta Y = +1$；当 $(\Delta Y)_f = 1$ 时，$\Delta Y = -1$。

偏差计算变为 $F_{i+1} = F_i + 2X_i\Delta X + 1$ 和 $F_{i+1} = F_i + 2Y_i\Delta Y + 1$。

坐标计算变为 $X_{i+1} = X_i + \Delta X$，$Y_{i+1} = Y_i + \Delta Y$。

表 3-10 是顺逆圆四象限的轨迹插补用符号判别法的偏差、坐标计算方法。表 3-10 在偏差、坐标计算方法上比表 3-9 简单，算法上各只有两种，且能达到圆弧轨迹插补的要求。

表 3-10　顺逆圆四象限用符号判别法的偏差、坐标计算方法

曲线	$F_i \geqslant 0$		$F_i < 0$	
	偏差计算	坐标计算	偏差计算	坐标计算
$SR1$	$F_{i+1}=F_i+2Y_i\Delta Y+1$	$Y_{i+1}=Y_i+\Delta Y$	$F_{i+1}=F_i+2X_i\Delta X+1$	$X_{i+1}=X_i+\Delta X$
$SR2$	$F_{i+1}=F_i+2X_i\Delta X+1$	$X_{i+1}=X_i+\Delta X$	$F_{i+1}=F_i+2Y_i\Delta Y+1$	$Y_{i+1}=Y_i+\Delta Y$
$SR3$	$F_{i+1}=F_i+2Y_i\Delta Y+1$	$Y_{i+1}=Y_i+\Delta Y$	$F_{i+1}=F_i+2X_i\Delta X+1$	$X_{i+1}=X_i+\Delta X$
$SR4$	$F_{i+1}=F_i+2X_i\Delta X+1$	$X_{i+1}=X_i+\Delta X$	$F_{i+1}=F_i+2Y_i\Delta Y+1$	$Y_{i+1}=Y_i+\Delta Y$
$NR1$	$F_{i+1}=F_i+2X_i\Delta X+1$	$X_{i+1}=X_i+\Delta X$	$F_{i+1}=F_i+2Y_i\Delta Y+1$	$Y_{i+1}=Y_i+\Delta Y$
$NR2$	$F_{i+1}=F_i+2Y_i\Delta Y+1$	$Y_{i+1}=Y_i+\Delta Y$	$F_{i+1}=F_i+2X_i\Delta X+1$	$X_{i+1}=X_i+\Delta X$
$NR3$	$F_{i+1}=F_i+2X_i\Delta X+1$	$X_{i+1}=X_i+\Delta X$	$F_{i+1}=F_i+2Y_i\Delta Y+1$	$Y_{i+1}=Y_i+\Delta Y$
$NR4$	$F_{i+1}=F_i+2Y_i\Delta Y+1$	$Y_{i+1}=Y_i+\Delta Y$	$F_{i+1}=F_i+2X_i\Delta X+1$	$X_{i+1}=X_i+\Delta X$

2. 用符号判别法进行插补计算证明

以顺圆第 Ⅱ 象限为例进行插补计算证明。

对于顺圆第 Ⅱ 象限插补要求：当 $F \geqslant 0$ 时，偏差计算为 $F_{i+1} = F_i + 2X_i + 1$，坐标计算为 $X_{i+1} = X_i + 1$，$Y_{i+1} = Y_i$；当 $F < 0$ 时，偏差计算为 $F_{i+1} = F_i + 2Y_i + 1$，$X_{i+1} = X_i$，$Y_{i+1} = Y_i + 1$。下面予以证明。

证明：由已知条件得 $\qquad N=1$、$X_f=1$、$Y_f=0$

当 $F \geqslant 0$ 时，即 $F_f = 0$

所以判别式 $\qquad P = F_f \oplus N \oplus X_f \oplus Y_f = 0 \oplus 1 \oplus 1 \oplus 0 = 0$

故走 X 方向，由判别式 $\qquad (\Delta X)_f = \overline{N \oplus Y_f} = \overline{1 \oplus 0} = 0$

即 $\qquad\qquad\qquad\qquad\qquad \Delta X = +1$

所以 $\qquad F_{i+1} = F_i + 2X_i\Delta X + 1 = F_i + 2X_i \times (+1) + 1 = F_i + 2X_i + 1$

$$X_{i+1} = X_i + \Delta X = X_i + 1$$

与要求一致；

当 $F < 0$ 时，即 $F_f = 1$

所以判别式 $\qquad P = F_f \oplus N \oplus X_f \oplus Y_f = 1 \oplus 1 \oplus 1 \oplus 0 = 1$

故走 Y 方向，由判别式 $\qquad (\Delta Y)_f = N \oplus X_f = 1 \oplus 1 = 0$

即 $\qquad\qquad\qquad\qquad\qquad \Delta Y = +1$

所以 $\qquad F_{i+1} = F_i + 2Y_i\Delta Y + 1 = F_i + 2Y_i \times (+1) + 1 = F_i + 2Y_i + 1$

$$Y_{i+1} = Y_i + \Delta Y = Y_i + 1$$

与要求一致。

证毕。

其他象限及逆圆的相关证明并不困难，请读者经过学习自己完成。以上证明采用符号判别法进行圆弧插补运算是完全可行的。

3. 用符号判别法能自动过象限的证明

圆弧插补要比直线插补复杂得多，还必须考虑到插补到坐标轴上后能否过象限。这里讨论顺圆轨迹插补，如图 3-14a 所示。

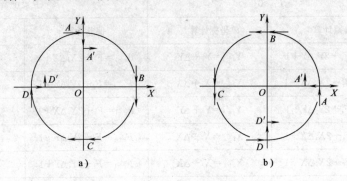

图 3-14 圆弧插补的过象限问题

a) 顺圆过象限 b) 逆圆过象限

A 点：
$$F_f=0, \ N=1, \ X_f=0, \ Y_f=0$$
所以
$$P=F_f\oplus N\oplus X_f\oplus Y_f=0\oplus1\oplus0\oplus0=1$$
$$(\Delta Y)_f=N\oplus X_f=1\oplus0=1$$
$$\Delta Y=-1$$
此时 $F_{i+1}=F_i+2Y_i\Delta Y+1=0+2Y_i(-1)+1<0$，$Y_{i+1}=Y_i+\Delta Y=Y_i-1$，到达 A' 点。

这时 $F_f=1$
$$P=F_f\oplus N\oplus X_f\oplus Y_f=1\oplus1\oplus0\oplus0=0$$
$$(\Delta X)_f=\overline{N\oplus Y_f}=\overline{1\oplus0}=0$$
即 $\Delta X=+1$，$X_{i+1}=X_i+\Delta X=X_i+1$，从 A' 点过象限。

B 点：
$$F_f=0, \ N=1, \ X_f=0, \ Y_f=0$$
所以
$$P=F_f\oplus N\oplus X_f\oplus Y_f=0\oplus1\oplus0\oplus0=1$$
$$(\Delta Y)_f=N\oplus X_f=1\oplus0=1$$
即 $\Delta Y=-1$，$Y_{i+1}=Y_i+\Delta Y=Y_i-1$，从 B 点过象限。

C 点：
$$F_f=0, \ N=1, \ X_f=0, \ Y_f=1$$
所以
$$P=F_f\oplus N\oplus X_f\oplus Y_f=0\oplus1\oplus0\oplus1=0$$
$$(\Delta X)_f=\overline{N\oplus Y_f}=\overline{1\oplus1}=1$$
即 $\Delta X=-1$，$X_{i+1}=X_i+\Delta X=X_i-1$，从 C 点过象限。

D 点：

$$F_f=0,\ N=1,\ X_f=1,\ Y_f=0$$

所以
$$P=F_f\oplus N\oplus X_f\oplus Y_f=0\oplus1\oplus1\oplus0=0$$
$$(\Delta X)_f=\overline{N\oplus Y_f}=\overline{1\oplus0}=0$$
$$\Delta X=+1$$

此时 $F_{i+1}=F_i+2X_i\Delta X+1=0+2X_i(+1)+1<0$，$X_{i+1}=X_i+\Delta X=X_i-1$，到达 D' 点。

这时 $F_f=1$
$$P=F_f\oplus N\oplus X_f\oplus Y_f=1\oplus1\oplus1\oplus0=1$$
$$(\Delta Y)_f=N\oplus X_f=1\oplus1=0$$

即 $\Delta Y=+1$，$Y_{i+1}=Y_i+\Delta Y=Y_i+1$，从 D' 点过象限。

同理可以证明逆圆过象限的四个点，如图 3-14b 所示。

4. 对圆弧插补终点判别的改进

这里提出坐标符合法，即按象限符合与坐标相等两部分进行。第一步，判别动点是否进入终点象限区。如果，$(X_i)_f=(X_e)_f$，$(Y_i)_f=(Y_e)_f$，则说明动点可能进入终点象限区；如果，$(X_i)_f\neq(X_e)_f$，$(Y_i)_f\neq(Y_e)_f$，则说明动点肯定不在终点象限区。第二步，如果动点进入终点象限区，每走一步必须判别其动点坐标与终点坐标是否相等，当 $X_i=X_e$、$Y_i=Y_e$ 时，表示插补结束；当 $X_i\neq X_e$、$Y_i\neq Y_e$ 时，表示插补须继续进行。

5. 提高圆弧插补速度和均匀速度的方法

当 $|X_i|\geqslant|Y_i|$ 时，即在如图 3-15 所示的左右两区域，由于 Y 方向是长方向，X 方向是短方向，所以设计为：走 X 时须补走 Y，走 Y 时仅走 Y；当 $|X_i|<|Y_i|$ 时，即在如图 3-15 所示的上下两区域，由于 X 方向是长方向，Y 方向是短方向，所以设计为：走 X 时仅走 X，走 Y 时须补走 X。

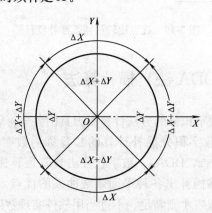

图 3-15　走 ΔX 和 ΔY 时的调整

通过设计处理，原先多处走直角的部位可以走斜线，既节省了脉冲数又最大限度地解决了单方向时走时停的振荡与速度不均匀现象。

6. 逐点比较法圆弧插补流程图

经过前算法的设计与几次修正，得到如图 3-16 所示的逐点比较法圆弧插补流程图。有关程序的编制后续章节再介绍。

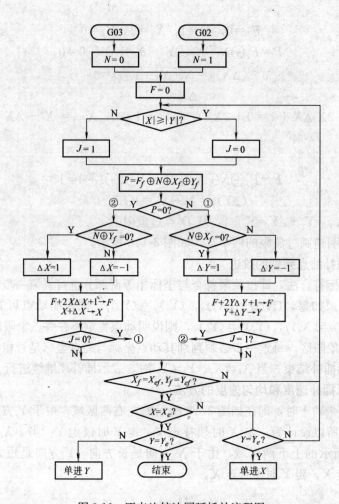

图 3-16 逐点比较法圆弧插补流程图

3.3 数字积分法（DDA 法）插补算法

数字积分插补即是用数字积分的方法计算出刀具沿各坐标轴的移动量，从而使刀具沿着给定的曲线运动。实现数字积分插补计算的装置称为数字积分器或数字微分分析器（Digital Differential Analyzer，DDA）。数字积分法具有运算速度快，脉冲分配均匀，易于实现空间直线插补，能够插补出各种平面函数曲线的优点。其缺点是速度调节不够方便，插补精度需采取一定措施才能满足。不过当用软件实现数字积分插补时，上述缺点很容易得到克服。

3.3.1 直线插补原理

1. 直线插补的思想

由逐点比较法直线插补算法的最后改进可知，X 方向为长方向时，走 X 时仅走 X，走 Y 时再补走 X；Y 方向为长方向时，走 Y 时仅走 Y，走 X 时再补走 Y。这样在单位时间里，长方向的脉冲间隔一定短，短方向的脉冲间隔一定长，而且脉冲间隔就由直线的终点坐标决定。

直线的数字积分法是保证 X 方向每进给一个 ΔX 的时间间隔与 Y 方向每进给一个 ΔY 的时间间隔的比与直线斜率成正比。即

$$\frac{T_{\Delta X}}{T_{\Delta Y}} = \frac{y_e}{x_e} = K$$

式中 K——直线的斜率；

x_e，y_e——加工直线的终点坐标。

2. 积分原理

设 $\frac{m}{n} = \frac{x_e}{y_e}$，设置两个被积函数寄存器 XX、YY，存放 m、n；设置两个累加器 ΣX、ΣY，其最大容量为 $Q = 2^N$（N 为寄存器的位数），开始设定 ΣX、ΣY 为零。其积分原理如图 3-17 所示。

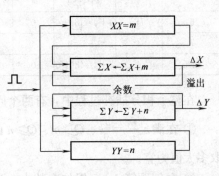

图 3-17   直线积分原理

当进给脉冲到来时（由给定速度决定），作 $\Sigma X + m \rightarrow \Sigma X$ 的叠加运算。经过若干次叠加后，若 $\Sigma X \geqslant Q$，则发出 ΔX 进给脉冲，$\Sigma X - Q$ 的余数送还 ΣX 中，留作下次叠加。在 ΣX 叠加的同时 ΣY 也作同样的叠加，即 $\Sigma Y + n \rightarrow \Sigma Y$，若 $\Sigma Y \geqslant Q$，则发出 ΔY 进给脉冲，$\Sigma Y - Q$ 的余数送还 ΣY 中，留作下次叠加。

如此反复叠加、溢出，其结果在总体上 ΔX 和 ΔY 的溢出时间间隔比满足

$$\frac{T_{\Delta X}}{T_{\Delta Y}} = \frac{y_e}{x_e} = K$$

直到到达终点，停止积分。

例 3-5   设要插补如图 3-18 所示的第 Ⅰ 象限直线 OE，起点 O 的坐标为（0，0），终点 E 的坐标为（4，6），试采用 DDA 法对其进行插补。

解   选取寄存器位数均为 3 位，即 $n = 3$，则累加次数 $N = 2^3 = 8$。插补前进行初始化，使 $\Sigma = 0$，$\Sigma X = 0$，$\Sigma Y = 0$，$m = X_e = 4$，$n = Y_e = 6$，$Q = 2^3 = 8$。其插补过程见表 3-11，插补轨迹如图 3-18 中的折线所示。

从表 3-11 可知，因为 DDA 法插补原理是数字的累加，和数大于等于 Q 时才有溢出，坐标才可进给一步。若累加一次和数均小于 Q，则不进给。若有一个坐标的和数大于等于 Q，则相应该轴进给一步。也有可能两个积分器累加和同时大于等于 Q，则两轴同时进给一步，即走 45°斜线。这说明 DDA 法直线插补轨迹与逐点比较法插补的轨迹是不同的。

表 3-11   DDA 法直线插补运算举例

累加次数 N	X 积分器				Y 积分器				终点判别 $Q = 2^3$
	被积函数 $m = X_e$	累加器 ΣX	余数 ΣX	溢出 $+\Delta X$	被积函数 $n = Y_e$	累加器 ΣY	余数 ΣY	溢出 $+\Delta Y$	
0	4	0	0	0	6	0	0	0	$\Sigma = 0$
1	4	0+4=4	4	0	6	0+6=6	6	0	$\Sigma = 0+1=1<Q$
2	4	4+4=$\boxed{8}$+0	0	1	6	6+6=$\boxed{8}$+4	4	1	$\Sigma = 1+1=2<Q$

累加次数 N	X积分器				Y积分器				终点判别 $Q=2^3$
	被积函数 $m=X_e$	累加器 ΣX	余数 ΣX	溢出 $+\Delta X$	被积函数 $n=Y_e$	累加器 ΣY	余数 ΣY	溢出 $+\Delta Y$	
3	4	0+4=4	4	0	6	4+6=⑧+2	2	1	$\Sigma=2+1=3<Q$
4	4	4+4=⑧+0	0	1	6	2+6=⑧+0	0	1	$\Sigma=3+1=4<Q$
5	4	0+4=4	4	0	6	0+6=6	6	0	$\Sigma=4+1=5<Q$
6	4	4+4=⑧+0	0	1	6	6+6=⑧+4	4	1	$\Sigma=5+1=6<Q$
7	4	0+4=4	4	0	6	4+6=⑧+2	2	1	$\Sigma=6+1=7<Q$
8	4	4+4=⑧+0	0	1	6	2+6=⑧+0	0	1	$\Sigma=7+1=8=Q$

在整个积分插补过程中，有两个问题值得讨论：

① 在满足 $\frac{m}{n}=\frac{x_e}{y_e}$、$Q\geqslant m$、$Q\geqslant n$ 的条件下，m、n、Q 应取多大值为宜。

② 在例题第1、5累加次数中，X 与 Y 方向都无脉冲输出，占用了计算时间，空运算能否减少或避免。

分析：第1、5累加次数中无脉冲输出的原因是累加值不够大，或是容量 $Q=2^3=8$，设置太大。设想提出思路，如果容量 Q 不用 $Q=2^N$（N 为寄存器的位数），而改用直接设定即用 $Q=\max\{x_e,y_e\}$，就能保证在整个积分运算中不会出现 X 与 Y 方向都无脉冲输出情况。

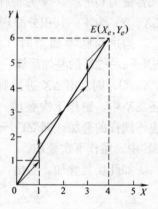

图 3-18　DDA 插补轨迹图

3. 直线插补软件设计

提出比较溢出观点代替原进给溢出，即进给溢出适用硬件电路设计，而比较溢出适用软件程序的设计。设容量 $Q=\max\{x_e,y_e\}$，使得长方向无需进行积分运算，仅对短方向进行积分运算。按程序设计思路进行上述例题的积分运算，请读者自己分析运算，累加次数只需 6 次。如图 3-19 所示为积分法直线插补程序流程框图。

3.3.2　圆弧插补原理

1. 圆弧插补的思想

同样按长短方向，圆弧的数字积分法是保证 X 方向每进给一个 ΔX 的时间间隔与 Y 方向每进给一个 ΔY 的时间间隔的比与动点坐标成正比。即

$$\frac{T_{\Delta X}}{T_{\Delta Y}}=\frac{x}{y}$$

2. 积分原理

圆弧与直线插补的一个重要区别是：动点坐标 X 是 Y 坐标对时间的积分，而 Y 是由 X 坐标对时间的积分求得。由 X 的叠加 ΣX 产生的溢出去进给 ΔY；由 Y 的叠加 ΣY 产生的溢出去进给 ΔX。图 3-20 所示为圆弧积分的原理图。

求积分前，X_i、Y_i 中预置圆弧的起点坐标 X_0、Y_0，叠加过程中 ΣX 的溢出驱动 Y 进

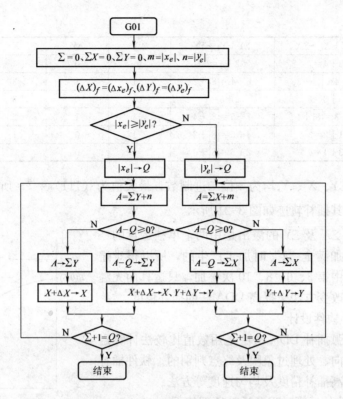

图 3-19　积分法直线插补程序流程框图

给，ΣY 的溢出驱动 X 进给。每进给一步动点坐标应作相应的修改，即 $X_i \pm 1 \to X_i$、$Y_i \pm 1 \to Y_i$。修改中作加 1 还是减 1 的运算视圆弧所处的象限及顺逆圆而定。

例 3-6　一段逆圆弧，设以圆心为坐标原点（0，0），起点坐标 A（5，0）终点坐标 B（0，5），试采用 DDA 法对其进行插补运算。

解　插补前进行初始化，使 $\Sigma X = 0$，$\Sigma Y = 0$，$X_i = 5$，$Y_i = 0$，$Q = 2^3 = 8$。其插补过程见表 3-12，插补轨迹如图 3-21 中的折线所示。

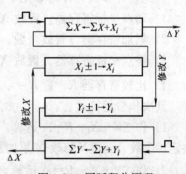

图 3-20　圆弧积分原理

表 3-12　DDA 法圆弧插补运算举例

叠加次数	$\Sigma X + X_i \to \Sigma X$	$\Sigma Y + Y_i \to \Sigma Y$	ΔX	ΔY	X_i	Y_i
0	0	0	0	0	5	0
1	0+5=5	0+0=0	0	0	5	0
2	5+5=$\boxed{8}$+2	0+0=0	0	1	5	1
3	2+5=7	0+1=1	0	0	5	1
4	7+5=$\boxed{8}$+4	1+1=2	0	1	5	2
5	4+5=$\boxed{8}$+1	2+2=4	0	1	5	3
6	1+5=6	4+3=7	0	0	5	3
7	6+5=$\boxed{8}$+3	7+3=$\boxed{8}$+2	−1	1	4	4

叠加次数	$\Sigma X + X_i \to \Sigma X$	$\Sigma Y + Y_i \to \Sigma Y$	ΔX	ΔY	X_i	Y_i
8	$3+4=7$	$2+4=6$	0	0	4	4
9	$7+4=\boxed{8}+3$	$6+4=\boxed{8}+2$	-1	1	3	5
10	$3+3=6$	$2+5=7$	0	0	3	5
11	$6+3=\boxed{8}+1$	$7+5=\boxed{8}+4$	-1	1	2	6
12	$1+2=3$	$4+6=\boxed{8}+2$	-1	0	1	6
13	$3+1=4$	$2+6=\boxed{8}+0$	-1	0	0	6

表中 ΣX、ΣY、X_i、Y_i 均为 3 位二进制数，最大值为 $(111)_2=7$，所以满 8 即溢出，表中用 $\boxed{8}$ 表示。其插补轨迹如图 3-21 所示。

硬件积分中 ΣX 及 ΣY 的溢出是用两个单独运算的二进制寄存器的累加满全 "1" 时加 1 产生的，所以很难避免空运算。上例中第 3、6、8、10 次叠加，只运算而无溢出。此外也很难改变方法来提高 DDA 法的插补精度。

3. 圆弧插补软件设计

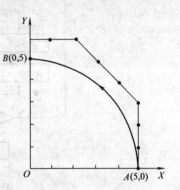

图 3-21　硬件插补轨迹

在软件的圆弧插补 DDA 法中是用数值比较法计算溢出、判别进给方向、处理过象限及终点判别的。软件插补比较容易采用提高插补精度及均匀速度等方法。

软件 DDA 法的运算过程及插补原理如下：

首先在计算机的存储单元中设置下列寄存器：

1) 动点坐标寄存器。置放 X_i、Y_i。

2) 累加寄存器。置放余数、ΣX、ΣY。

3) 终点坐标寄存器。置放 X_e、Y_e。

4) 比较寄存器 R。置 $R=\sqrt{X_e^2+Y_e^2}$。

其次积分运算过程：

1) 作 $\Sigma X+X_i-R=A$ 运算。若 $A \geqslant 0$，则进给 Y 使 $\Delta Y=\pm 1$，方向由 $(\Delta Y)_f=N \oplus X_f$ 决定，余数 A 送 ΣX 修改 X 累加器。若 $A<0$，则不进给，$\Sigma X+X_i$ 送 ΣX 修改 X 累加器。

2) 作 $\Sigma Y+Y_i-R=A$ 运算，若 $A \geqslant 0$，则进给 X 使 $\Delta X \pm 1$，方向由 $(\Delta X)_f=\overline{N \oplus Y_f}$ 决定，余数 A 送 ΣY 修改 Y 累加器。若 $A<0$，则不进给，$\Sigma Y+Y_i$ 送 ΣY 修改 Y 累加器。

例 3-7 一段逆圆弧，起点坐标 A（5，0），终点坐标 B（0，5），作 DDA 法插补，运算见表 3-13。

解
$$R=\sqrt{X_e^2+Y_e^2}=\sqrt{5^2+0^2}=5$$

表 3-13　圆弧软件插补运算表

叠加次数	$\Sigma X + X_i \to \Sigma X$	$\Sigma Y + Y_i \to \Sigma Y$	ΔX	ΔY	X_i	Y_i
0	0	0	0	0	5	0
1	$0+5=\boxed{5}+0$	$0+0=0$	0	1	5	1
2	$0+5=\boxed{5}+0$	$0+1=1$	0	1	5	2
3	$0+5=\boxed{5}+0$	$1+2=3$	0	1	5	3

叠加次数	$\Sigma X + X_i \to \Sigma X$	$\Sigma Y + Y_i \to \Sigma Y$	ΔX	ΔY	X_i	Y_i
4	$0+5=\boxed{5}+0$	$3+3=\boxed{5}+1$	-1	1	4	4
5	$0+4=4$	$1+4=\boxed{5}+0$	-1	0	3	4
6	$4+3=\boxed{5}+2$	$0+4=4$	0	1	3	5
7	$2+3=\boxed{5}+0$	$4+5=\boxed{5}+4$	-1	1	2	6
8	$0+2=2$	$4+6=\boxed{5}+0$	-1	0	1	6
9	$2+1=3$	$0+6=\boxed{5}+1$	-1	0	0	6

其插补轨迹如图 3-22 虚线所示。

4. 提高 DDA 法圆弧插补精度的方法

研究图 3-21 和图 3-22 的插补轨迹可以发现，靠近坐标轴的插补轨迹与理论圆之间存在较大的误差（接近两个脉冲当量）。造成这个误差的原因主要是由于两个积分器分别叠加，在近似积分中余数的存在使脉冲分配的时间比不符合设计要求，造成 ΔX 或 ΔY 超前一步，或滞后一步。明显表现为下列两种情况：一是动点在离开坐标轴时，例如离开 X 轴造成 X 方向进给的滞后。这可以通过用"半加载"的方法予以改善；二是动点在接近坐标轴时，例如接近 Y 轴，往往有 Y 方向超前一步的误差。这可以用"极值比较法"予以改善。

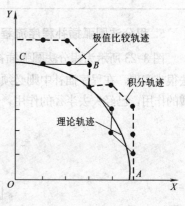

图 3-22　插补轨迹

下面分别讨论这两种改善方法。

（1）半加载法　为改善动点离开坐标轴时造成某一方向进给滞后的情况，在积分前预先给累加寄存器 ΣX、ΣY 放置两个相等的基数，这个数大致等于比较寄存器 R 中数的一半，称之为"半加载"。经半加载后的插补轨迹见图 3-22 中的实线 AB 段。

半加载以后，在积分计算中一个本来停滞的进给方向将会提前进给，提前时间将随加载数的大小而定，加载愈大提前愈早。

（2）极值比较法　动点过象限有一个趋近坐标轴的过程。在接近坐标轴时，坐标值大于极值 R。为减小这种误差可采取如下措施。

在插补过程中随时比较 X_i 或 Y_i 是否等于 R。当 $X_i=R$ 时，就停止 Y 方向的求积运算从而抑制了 X 方向的进给；当 $Y_i=R$ 时，则停止 X 方向的求积运算以抑制 Y 方向的过量进给。极值比较法可以使动点无误差地到达轴点。

在实际使用中极值比较法可以用终点判别用的坐标符合法实现。

根据半加载法和极值比较法，例题 3-7 插补运算见表 3-14，假定半加载为 4，所得轨迹如图 3-22 中的实线 ABC，明显经半加载和极值比较处理后的插补精度与速度都大大得到提高。

表 3-14　圆弧软件插补运算表

叠加次数	$\Sigma X + X_i \to \Sigma X$	ΔY	Y_i	$\Sigma Y + Y_i \to \Sigma Y$	ΔX	X_i
0	4（半加载）	0	0	4（半加载）	0	5
1	$4+5=\boxed{5}+4$	1	1	$4+0=4$	0	5

叠加次数	$\Sigma X + X_i \rightarrow \Sigma X$	ΔY	Y_i	$\Sigma Y + Y_i \rightarrow \Sigma Y$	ΔX	X_i
2	$4+5=\boxed{5}+4$	1	2	$4+1=\boxed{5}+0$	-1	4
3	$4+4=\boxed{5}+3$	1	3	$0+2=2$	0	4
4	$3+4=\boxed{5}+2$	1	4	$2+3=\boxed{5}+0$	-1	3
5	$2+3=\boxed{5}+0$	1	5	$0+4=4$	0	3
6	极值比较停止叠加			$4+5=\boxed{5}+4$	-1	2
7				$4+5=\boxed{5}+4$	-1	1
8				$4+5=\boxed{5}+4$	-1	0

5. 积分法圆弧插补程序流程框图

图 3-23 所示为积分法圆弧插补程序流程框图。$R=\sqrt{X_e^2+Y_e^2}$ 这个算式繁琐，用硬件积分法很难实现，在程序插补中则必须增加系统程序中数值运算的能力。由于 R 值起着容量和半加载的作用，已经失去半径的作用，故实际计算时可以用 $R = |X_0| + |Y_0|$ 代替。

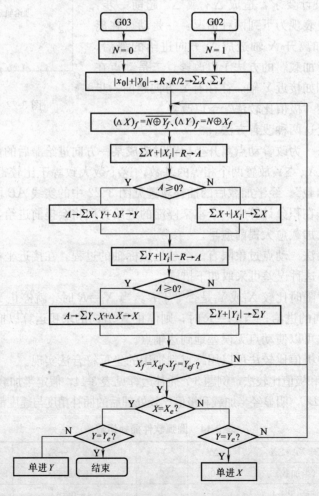

图 3-23　积分法圆弧插补程序流程框图

3.4 数据采样法（扩展 DDA 法）插补算法

数据采样插补法实质上就是使用一系列首尾相连的微小直线段来逼近给定曲线。由于这些线段是按加工时间来进行分割的，所以，也称之为"时间分割法"。一般来讲，分割后得到的这些小线段相对于系统精度来讲仍是比较大的。为此，必须进一步进行数据点的密化工作。因此，也称微小直线段的分割过程是粗插补，而后续进一步进行的密化过程是精插补。通过两者的紧密配合就可实现高性能的轮廓插补。

一般情况下，数据采样插补法中的粗插补是由程序实现的，并且由于算法中涉及一些三角函数和复杂的算术运算，所以，大多采用高级语言完成。而精插补算法大多采用脉冲增量法，它既可由软件实现也可由硬件实现。其相应算术运算比较简单，所以大多采用汇编语言完成。

3.4.1 插补周期与位置控制周期

插补周期 T_S 是相邻两个微小直线段的插补时间间隔。位置控制周期 T_C 是数控系统中伺服位置环的采样控制周期。在一个具体的数控系统中，插补周期和位置控制周期是两个固定不变的时间参数。通常设计为 $T_S \geqslant T_C$，为了便于系统内部控制软件的处理，当 T_S 与 T_C 不相等时，一般要求 T_S 是 T_C 的整数倍。这是由于插补运算比较复杂，处理时间较长；而位置环数字控制算法比较简单，处理时间较短，所以，每次插补运算的结果可供位置环多次使用。现假设编程设定进给速度为 F，插补周期为 T_S，则可求得插补分割后的微小直线段长度为 ΔL，则有

$$\Delta L = FT_S$$

插补周期对系统稳定性没有影响，但对被加工轮廓的轨迹精度有影响，位置控制周期对系统稳定性和轮廓误差均有影响。因此选择 T_S 时主要从插补精度方面考虑，而选择 T_C 时则从伺服系统的稳定性和动态跟踪误差两方面考虑。

一般插补周期 T_S 越长，插补计算的误差也越大。因此单从减小插补计算误差的角度考虑，插补周期 T_S 应尽量选得小一些。但 T_S 也不能太短，因为 CNC 系统在进行轮廓插补控制时，其 CNC 装置中的 CPU 不仅要完成插补运算，还必须处理一些其他任务（如位置误差计算、显示、监控、I/O 处理等），因此 T_S 不单是指 CPU 完成插补运算所需的时间，而且还必须留出一部分时间用于执行其他相关的 CNC 任务。一般要求插补周期 T_S 必须大于插补运算时间和完成其他相关任务所需时间之和。据资料介绍，CNC 系统数据采样法插补周期不得大于 20ms，采用较多的是 10ms 左右。例如，美国 A-B 公司的 7360 CNC 系统中的 $T_S = 10.24$ms；日本 FANUC 公司的 7MCNC 系统中的 $T_S = 8$ms。随着 CPU 处理速度的提高，为了获得更高的插补精度，插补周期也会越来越小。

CNC 系统位置控制周期的选择有两种形式。一种是 $T_C = T_S$，如 7360 系统中 $T_C = T_S = 10.24$ms。另一种是 T_S 为 T_C 的整数倍，如 FANUC-7M 系统中 $T_S = 8$ms，$T_C = 4$ms，即插补周期是位置控制周期的 2 倍。这时插补程序每 8ms 调用一次，计算出每个周期内各坐标轴应进给的增量长度，而对于 4ms 的位置控制周期来讲，每次仅将插补出的增量的一半作为该位置控制周期的位置给定。也就是说，每个周期插补出的坐标增量均分两次

送给伺服系统执行。这样，在不改变计算机速度的前提下，提高了位置环的采样频率，使进给速度平滑，提高了系统的动态性能。位置控制周期 T_C 大多在 $4\sim20\text{ms}$ 范围内选择。

3.4.2　数据采样法直线插补

设有空间直线 OA，起点 O 在坐标原点，终点 A 的坐标值是 X_e、Y_e、Z_e，如图 3-24 所示。假设 CNC 系统每 T_S 时间中断一次进行插补计算，每 T_C 时间中断一次进行伺服系统控制，且规定 $T_S=2T_C$，伺服系统控制的中断级别高于插补计算。插补中断时，插补程序计算出 T_S 时间中各坐标的位移量，伺服控制中断时把插补程序的计算结果输送给硬件伺服系统，以控制空间各轴的位移。

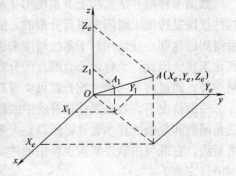

图 3-24　数据采样法直线插补

插补计算的任务是根据编程的进给速度 F 和终点坐标值 X_e、Y_e、Z_e 计算出 T_S 时间中各坐标的位移量。这一任务由插补计算软件和伺服控制软件来实现。

首先，根据编程的进给速度 F 计算出刀具每 T_S 时间的位移量 ΔL，则有

$$\Delta L=FT_S$$

再根据编程的终点坐标值 X_e、Y_e、Z_e 计算出直线 OA 在各坐标轴上的分量 $X_e{}'$、$Y_e{}'$、$Z_e{}'$ 值为

$$X'_e=\frac{X_e}{\sqrt{X_e^2+Y_e^2+Z_e^2}}$$

$$Y'_e=\frac{Y_e}{\sqrt{X_e^2+Y_e^2+Z_e^2}}$$

$$Z'_e=\frac{Z_e}{\sqrt{X_e^2+Y_e^2+Z_e^2}}$$

从而求出每 T_S 时间各坐标轴的位移量（简称轮廓进给步长或段值）ΔX、ΔY、ΔZ 如下：

$$\Delta X=\Delta LX'_e$$

$$\Delta Y=\Delta LY'_e$$

$$\Delta Z=\Delta LZ'_e$$

以上是插补计算的预计算（或称插补运算的初始化工作），每个程序段只计算一次。下面进一步进行插补计算及其插补的输出过程。

设 X_r、Y_r、Z_r 为程序段中尚未插补输出的量（简称剩余量），则它们的初值分别为 $X_r=X_e$、$Y_r=Y_e$、$Z_r=Z_e$。每进行一次插补计算，输出一组段值 ΔX、ΔY、ΔZ，同时进行一次下面的计算：

$$X_r-\Delta X\rightarrow X_r$$

$$Y_r-\Delta Y\rightarrow Y_r$$

$$Z_r-\Delta Z\rightarrow Z_r$$

求得新的剩余值。

当 $|X_r| \leqslant |\Delta X|$ ，$|Y_r| \leqslant |\Delta Y|$ ，$|Z_r| \leqslant |\Delta Z|$ 都成立时（对于直线插补它们将同时实现），即为本程序段最后一次插补计算，用 "LASTSG" ＝1 设置相应标志，表示此程序段结束，应调用下一程序段，这时输出到伺服系统的段值为剩余值 X_r、Y_r、Z_r。在插补运算中，计算得到的段值存储在段值寄存器 X_s、Y_s、Z_s 中，第 1 个 T_S 时间刀具沿着 X、Y、Z 轴由 O 点移到 X_1、Y_1、Z_1 点，它们的合成运动使刀具由 O 点移到 A_1 点，下一个 T_S 时间刀具由 A_1 点移到 A_2 点，这样进行下去，就保证了刀具按编程进给速度 F 由 O 点移动到 A 点。

在数据采样法直线插补过程中，由于给定轮廓本身就是直线，那么插补分割后的小直线段与给定直线是重合的。插补计算的流程框图如图 3-25 所示。

伺服控制系统对数据采样插补的结果进行取半值处理，计算出位置控制的命令值，同时读一次实际的反馈值，然后计算出命令值与反馈值间的位置跟随误差，再乘上增益系数，并加上补偿量从而得到速度命令值。

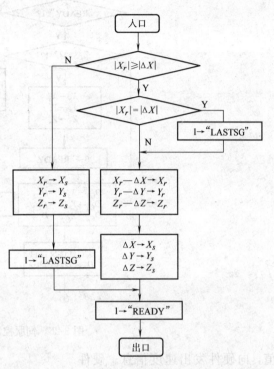

图 3-25　插补计算的流程框图

图 3-26 所示为伺服控制软件框图。伺服控制软件把段值寄存器中的数值取出来，送到命令值寄存器中。这一操作的条件是当标志位 "READY" ＝1 时，即表示插补计算结果已送往段值寄存器且准备就绪；否则不允许输出段值，伺服控制程序要立即返回。由于插补中断是每 T_S 时间一次，伺服控制中断是每 T_C 时间一次，由 T_S ＝ $2T_C$ 可知，一次插补中断产生的段值应供两次伺服控制中断使用。若在第 N 次 T_C 时间中断时，设 "FSTM" 标志为 "1"，这表示进行本次插补中断的首次（第一个 T_C 时间）伺服段值输出，伺服控制软件把段值寄存器中存数的一半送往命令寄存器 D_{CX}、D_{CY}、D_{CZ}，从而在第 N＋1 次（第二个 T_C 时间）中断时，"FSTM" 标志已取反为 "0"，伺服控制软件又把剩余的一半送往命令寄存器，完成粗插补。在伺服控制中 "READY" ＝0 后，又可进行第二次插补运算，插补完毕后使 X_s、Y_s、Z_s 置新的段值，又使 "READY" ＝1，此时 "FSTM" 标志为 "0"，进行后一半输出。

插补计算与伺服控制执行时间关系可从图 3-27 进行分析。

精插补是由伺服系统软、硬件共同实现。图 3-28 为伺服系统软、硬件结构图。脉冲编码器经频率/电压转换器（F/V）得出测速反馈信号 V_C，反馈到速度控制单元，另一路经位置检测单元得到反馈信号 D_F 值，即相应的实际位移量反馈到位置控制单元。

伺服控制软件每 T_C 时间计算一次命令值 D_C（原命令值与段值/2 之和），读一次反馈值 D_F，同时计算命令值与反馈值间的差值 ΔD，随后乘以增益系数 K_D，得到速度命令

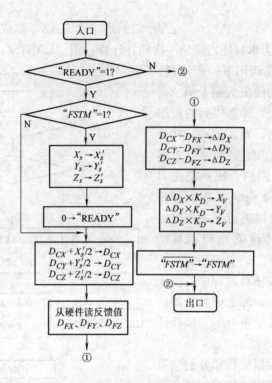

图 3-26 伺服控制软件框图

值，向硬件发出速度信息。硬件把速度信息 D/A 转换成模拟量，产生一个速度命令电压 V_P，输出到速度控制单元。命令值 D_C 是数控系统要求该坐标轴在 T_C 时间内应到达的位置，反馈值 D_F 是该坐标轴实际的位置，它们的差值 ΔD 即为该坐标轴 T_C 时间的速度指令。

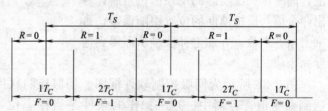

图 3-27 插补计算与伺服控制执行时间关系

由于硬件伺服系统本身的平均作用，使该坐标轴在 T_C 时间内以这个速度指令均衡地移动，从而保证了刀具轨迹控制在允许的误差范围内。

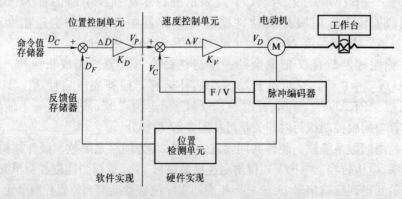

图 3-28 伺服系统软、硬件结构图

3.4.3 数据采样法圆弧插补

数据采样法圆弧插补的基本思路是，在满足加工精度的前提下，用弦线或割线代替弧线来实现进给，即用直线逼近圆弧。下面以内接弦线法为例进行说明。

1. 基本原理

内接弦线法就是利用圆弧上相邻两个采样点之间的弦线来逼近相应圆弧的办法。这里将坐标轴分为长轴和短轴，并定义位置增量值大的轴为长轴，而位置增量值小的轴为短轴。在圆弧插补过程中，坐标轴的进给速度与坐标绝对值成反比，即动点坐标值越大，则增量值越小。所以长轴也可以定义为坐标绝对值较小的轴。

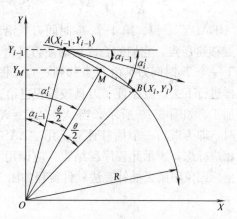

图 3-29　圆弧插补示意图

如图 3-29 所示，设 A（X_{i-1}，Y_{i-1}），B（X_i，Y_i）是圆弧上两个相邻的插补点，弦$\overline{AB}$即为每 T_s 时间的位移量 ΔL。由于 A、B 两点均为圆弧上的点，故有

$$X_i^2 + Y_i^2 = (X_{i-1} + \Delta X_i)^2 + (Y_{i-1} + \Delta Y_i)^2 = R^2$$

式中 ΔX_i 和 ΔY_i 均为带符号数，在这里 $\Delta X_i > 0$，$\Delta Y_i < 0$。

当 $|X_{i-1}| < |Y_{i-1}|$ 时，X 轴为长轴，这时

$$|\Delta X_i| = \Delta L\cos\alpha_i' = \Delta L\cos\left(\alpha_{i-1} + \frac{1}{2}\theta\right)$$

图中 M 为弦$\overline{AB}$的中点，θ 为$\overline{AB}$对应的圆心角，所以有

$$\cos\left(\alpha_{i-1} + \frac{1}{2}\theta\right) = \frac{\overline{Y_M O}}{\overline{OM}} \approx \frac{|Y_{i-1}| - |\Delta Y_i|/2}{R}$$

式中，由于 ΔY_i 未知，采用近似计算。在圆弧插补过程中，两个相邻插补点之间的位置增量值相差很小，尤其对短轴言，ΔY_{i-1} 与 ΔY_i 相差就更小，这样可用 ΔY_{i-1} 代替 ΔY_i，因此上式可改为

$$\cos\left(\alpha_{i-1} + \frac{1}{2}\theta\right) \approx \frac{1}{R}\left(|Y_{i-1}| - \frac{1}{2}|\Delta Y_{i-1}|\right)$$

考虑到第一象限顺圆插补，则

$$\Delta X_i = \frac{\Delta L}{R}\left(Y_{i-1} + \frac{1}{2}\Delta Y_{i-1}\right)$$

$$\Delta Y_i = -Y_{i-1} \pm \sqrt{R^2 - (X_{i-1} + \Delta X_i)^2}$$

同理，当 $|X_{i-1}| \geqslant |Y_{i-1}|$ 时，Y 轴为长轴，可得

$$\Delta Y_i = \frac{\Delta L}{R}\left(X_{i-1} + \frac{1}{2}\Delta X_{i-1}\right)$$

$$\Delta X_i = -X_{i-1} \pm \sqrt{R^2 - (Y_{i-1} + \Delta Y_i)^2}$$

2. 四象限圆弧插补算法实现

设标志 S_2 为顺逆圆标志位，顺圆 $S_2 = 1$，逆圆 $S_2 = -1$；设标志 S_1 为符号标志，Ⅰ、

Ⅱ区 $S_1=1$，Ⅲ、Ⅳ区 $S_1=-1$。XOY 平面区域划分如图 3-30 所示。

圆弧插补运算的段值 ΔX、ΔY 存储在段值寄存器 X_s、Y_s 中，设 $(X_0，Y_0)$ 为圆弧起点坐标，初始可以设定 $\Delta X_0 = S_2 \dfrac{\Delta L}{R} Y_0$，$\Delta Y_0 = -S_2 \dfrac{\Delta L}{R} X_0$，标志位 "READY" $=1$。第 1 个 T_S 时间刀具沿着 X、Y 轴由 A 点移到 B 点，它们的合成运动使刀具由 A 点移到 B 点，下一个 T_S 时间刀具由 B 点移到 C 点（图中没标出），这样进行下去，就保证了刀具按编程进给速度 F 实现圆弧加工，如图 3-29 所示。当 $X+\Delta X = X_e$、$Y+\Delta Y = Y_e$ 时，即为最后一个插补计算，用 "LASTSG" $=1$ 设置相应标志，表示此程序段结束，应调用下一程序段，两坐标四象限圆弧插补算法软件流程如图 3-31 所示。

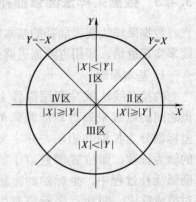

图 3-30　XOY 平面区域划分

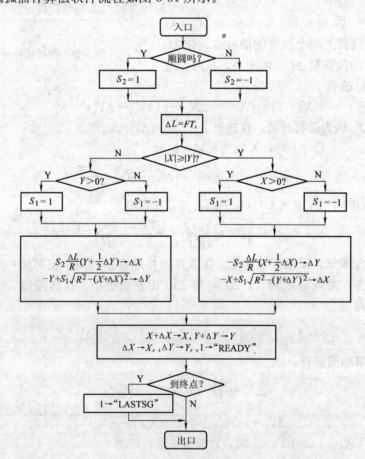

图 3-31　两坐标四象限圆弧插补算法软件流程图

3. 误差分析

设图 3-29 所示内接弦线逼近的最大径向误差为 e_r，则有

$$\left(\frac{\Delta L}{2}\right)^2 = R^2 - (R-e_r)^2$$

所以 $\qquad\qquad \Delta L = 2\sqrt{2Re_r - e_r{}^2} \leqslant \sqrt{8Re_r}$

假设所允许的最大径向误差 $e_r \leqslant 1\mu m$，插补周期 $T_S = 8ms$，进给速度单位为 mm/min。将这些数值代入上式，并运算整理后，得

$$F \leqslant \sqrt{450000R} = 671R$$

可见为了保证最大径向误差不超过 $1\mu m$，要求进给速度必须小于等于 $671R$。

思考与练习题

3.1 逐点比较法的一个插补循环有几个工作节拍？请具体说明。

3.2 逐点比较法直线插补的偏差函数式，从 $F = \dfrac{y}{x} - \dfrac{y_a}{x_a} \rightarrow F = yx_a - xy_a \rightarrow F = |yx_a| - |xy_a|$ 的三次改变，请说明各个数学模型在直线插补数控系统开发中所起的作用。

3.3 逐点比较法圆弧插补的偏差函数式，从 $F = \sqrt{X^2 + Y^2} - R \rightarrow F = X^2 + Y^2 - R^2 \rightarrow F_{i+1} = F_i + 2X_i\Delta X + 1$ 和 $F_{i+1} = F_i + 2Y_i\Delta Y + 1$ 的三次改变，请说明各个数学模型在圆弧插补数控系统开发中所起的作用。

3.4 若加工第 II 象限直线 OE，起点为 O (0, 0)，终点 E (−5, 4)，要求：

(1) 基于成熟软件，按逐点比较法进行插补计算，并画出轨迹插补图。

(2) 设累加器和寄存器位数均为 3 位，试用 DDA 法进行插补计算，并画出轨迹插补图。

3.5 若加工第 I 象限逆圆弧 AB，起点 A (5, 0)，终点 B (0, 5)，圆心为 O (0, 0)。要求：

(1) 基于成熟软件，按逐点比较法进行插补计算，并画出轨迹插补图。

(2) 设累加器和寄存器位数均为 3 位，试用 DDA 法进行插补计算，并画出轨迹插补图。

3.6 简述逐点比较法的终点判别方法？

3.7 简述数据采样法插补周期与位置控制周期以及它们之间的关系。

第4章

开环进给驱动系统

4.1 开环进给驱动系统概述

开环进给驱动系统一般用步进电动机作为执行驱动元件，因此也称为开环步进控制系统。由于这种控制系统不使用位置、速度检测和反馈装置，没有闭环控制系统中的稳定性问题，因此具有结构简单、使用维护方便、可靠性高、制造成本低等一系列优点，适用于精度要求不太高的中小型数控设备。目前一般数控机械和普通机床的微机改造中均采用开环步进驱动系统。

图 4-1 所示为开环控制系统的原理图，主要由脉冲环行分配器、电源、步进电动机等组成。

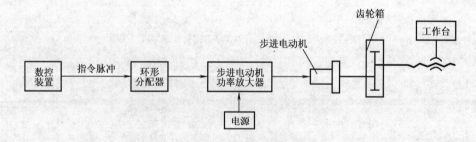

图 4-1 步进电动机开环进给伺服控制系统结构图

步进电动机是一种多相脉冲电动机。它的各相绕组必须按一定的规律轮流供电，步进电动机才能按预定的方向旋转。为实现步进电动机各组间有规律轮流供电，可以采用硬件逻辑来实现，也可以用计算机软件来实现，这就是所谓的硬件环行分配与软件环行分配。

计算机通过运算不断地向步进电动机发出脉冲分配信号，这样就使步进电动机朝一个方向不断转动。计算机发出的脉冲速度快，步进电动机也转得快；计算机发出的脉冲速度慢，步进电动机也转得慢。这样，计算机就可以通过改变输出脉冲的速度来改变步进电动机的速度。计算机还可以通过改变脉冲分配的顺序来改变电动机的转动方向，再通过机械传动系统使电动机的转向、转速、转角转变为工作台的进退、移动速度和位移量。计算机就是这样通过步进电动机驱动系统来控制工作台运动的。

由于计算机输出的脉冲功率很小，不足以推动步进电动机，因而必须有一个把脉冲信号放大到足以推动步进电动机转动的功率放大器，这就是步进电动机驱动电源。由于步进电动机是一个电感性负载，电流的上升率受电感大小的影响，因而在高频运行时转矩将有较大的下降。因此，在设计驱动电源时必须采取适当的措施来提高电流的上升率以保证在高频运行时有足够的转矩。由此可见步进电动机和步进电动机驱动电源的性能好坏将对开环数控系统的性能起很重要的作用。下面就对这些内容重点予以介绍。

4.2 步进电动机

4.2.1 步进电动机原理

步进电动机是一种将电脉冲信号转换成机械角位移（或线位移）的电磁机械装置。由于所用电源是脉冲电源，所以也称为脉冲马达。

步进电动机是一种特殊的电动机，一般电动机通电后连续旋转，而步进电动机则跟随输入脉冲按节拍一步一步地转动。对步进电动机施加一个电脉冲信号时，步进电动机就旋转一个固定的角度，称为一步。每一步所转过的角度称为步距角。步进电动机的角位移量和输入脉冲的个数严格地成正比例，在时间上与输入脉冲同步。因此，只需控制输入脉冲的数量、频率及电动机绕组通电相序，便可获得所需的转角、转速及旋转方向。在无脉冲输入时，在绕组电源激励下，气隙磁场能使转子保持原有位置而处于定位状态。

1. 步进电动机的分类

按步进电动机输出转矩的大小，可分为快速步进电动机和功率步进电动机。快速步进电动机连续工作频率高，而输出转矩较小，可用于控制小型精密机床的工作台（如线切割机），可以和液压伺服阀、液压马达一起组成电液脉冲马达，驱动数控机床工作台。功率步进电动机的输出转矩比较大，可直接驱动数控机床的工作台。

按励磁组数可分为三相、四相、五相、六相甚至八相步进电动机。

按转矩产生的工作原理可分为永磁式、反应式以及混合式步进电动机。数控机床上常用三～六相反应式步进电动机。这种步进电动机的转子无绕组，当定子绕组通电激磁后，转子产生力矩使步进电动机实现步进。下面介绍反应式步进电动机的工作原理。

2. 步进电动机的工作原理

图 4-2 所示为三相反应式步进电动机的工作原理图。步进电动机由转子和定子组成。定子上有 A、B、C 三对绕组磁极，分别称为 A 相、B 相、C 相。转子是硅钢片等软磁材料叠合成的带齿廓形状的铁心。这种步进电动机称为三相步进电动机。如果在定子的三对绕组中通直流电流，就会产生磁场。A、B、C 三对磁极的绕组依次轮流通电，则 A、B、C 三对磁极依次产生磁场吸引转子转动。

1）当 A 相通电、B 相和 C 相不通电时，电动机铁心的 AA 方向产生磁通，在磁拉力的作用下，转子 1、3 齿与 A 相磁极对齐。2、4 两齿与 B、C 两磁极相对错开 30°。

2）当 B 相通电、C 相和 A 相断电时，电动机铁心的 BB 方向产生磁通，在磁拉力的作用下，转子沿逆时针方向旋转30°，2、4齿与B相磁极对齐。1、3两齿与C、A两磁极相对错开30°。

3）当C相通电、A相和B相断电时，电动机铁心的CC方向产生磁通，在磁拉力的作用下，转子沿逆时针方向又旋转30°，1、3齿与C相磁极对齐。2、4两齿与A、B两磁极相对错开30°。

若按A→B→C…通电相序连续通电，则步进电动机就连续地沿逆时针方向旋动，每换接一次通电相序，步进电动机沿逆时针方向转过30°，即步距角为30°。如果步进电动机定子磁极通电相序按A→C→B…进行，则转子沿顺时针方向旋转。上述通电方式称为三相单三拍通电方式。所谓"单"是指每次只有一相绕组通电的意思。从一相通电换接到另一相通电称为一拍，每一拍转子转动一个步距角，故所谓"三拍"是指通电换接三次后完成一个通电周期。

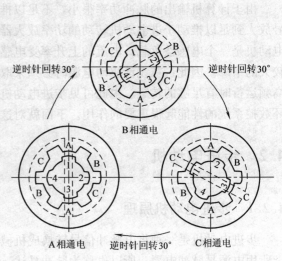

逆时针回转30°

逆时针回转30°

B相通电

A相通电

逆时针回转30°

C相通电

图 4-2　步进电动机工作原理

还有一种通电方式称为三相六拍通电方式，即按照A→AB→B→BC→C→CA…相序通电，工作原理如图4-3所示。如果A相通电，1、3齿与A相磁极对齐。当A、B两相同时通电，因A极吸引1、3齿，B极吸引2、4齿，转子逆时旋转15°。随后A相断电，只有B相通电，转子又逆时旋转15°，2、4齿与B相磁极对齐。如果继续按BC→C→CA→A…的相序通电，步进电动机就沿逆时针方向，以15°的步距角一步一步移动。这种通电方式采用单、双相轮流通电，在通电换接时，总有一相通电，所以工作比较平稳。

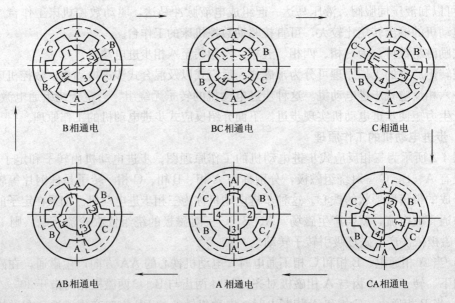

B相通电　　　　　　　BC相通电　　　　　　　C相通电

AB相通电　　　　　　　A相通电　　　　　　　CA相通电

图 4-3　三相六拍通电方式工作原理

步进电动机还可用三相双三拍通电方式，导通的顺序依次为 AB→BC→CA→AB，每拍都由两相导通。它与单、双拍通电方式时两个绕组通电的情况相同，由于总有一相持续导通，也具有阻尼作用，工作比较平稳。表 4-1 是三相单三拍、三相双三拍、三相单双六拍通电方式切换表，由于硬件驱动电路存在电路的竞争与冒险，比如三相单三拍从序号 1 切换到 2，易出现"断、断、断"现象；三相双三拍从序号 1 切换到 2，易出现"通、通、通"现象，由此产生步进电动机的振荡。因此，实际应用中多采用三相单双六拍通电方式。

表 4-1　步进电动机的通电方式

切换序号	三相单三拍			三相双三拍			三相单双六拍		
	A 相	B 相	C 相	A 相	B 相	C 相	A 相	B 相	C 相
1	通	断	断	通	通	断	通	断	断
2	断	通	断	断	通	通	通	通	断
3	断	断	通	通	断	通	断	通	断
4	通	断	断	通	通	断	断	通	通
5	断	通	断	断	通	通	断	断	通
6	断	断	通	通	断	通	通	断	通

实际使用的步进电动机，一般都要求有较小的步距角。因为步距角越小，它所达到的位置精度越高。图4-4 是步进电动机实例。图中转子上有 40 个齿，相邻两个齿的齿距角为 360°/40＝9°。三对定子磁极均匀分布在圆周上，相邻磁极间的夹角为 60°。定子的每个磁极上有 5 个齿，相邻两个齿的齿距角也是 9°。因为相邻磁极夹角 (60°) 比 7 个齿的齿距角总和 (9°×7＝63°) 小 3°，而 120°比 14 个齿的齿距角总和 (9°×14＝126°) 小 6°，这样当转子齿和 A 相定子齿对齐时，B 相齿相对转子齿逆时针方向错过 3°，而 C 相齿相对转子齿逆时针方向错过 6°。按照此结构，采用三相单三拍通电方式时，转子沿

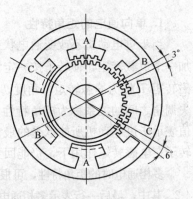

图 4-4　步进电动机实例

逆时针方向，以 3°步距角转动。采用三相六拍通电方式时，则步距角减为 1.5°。若通电相序相反，则步进电动机将沿着顺时针方向转动。

如上所述，步进电动机的步距角大小不仅与通电方式有关，而且还与转子的齿数有关。计算公式为

$$\theta = \frac{360°}{kmz}$$

式中　m——定子励磁绕组相数；

　　　z——转子齿数；

　　　k——通电方式，相邻两次通电相数相同，$k=1$；不同时，$k=2$。

步进电动机转速计算公式为

$$n = \frac{\theta}{360°} \times 60f = \frac{\theta f}{6}$$

式中　n——转速（r/min）；

　　　f——控制脉冲频率，即每秒输入步进电动机的脉冲数；

　　　θ——用角度数表示的步距角。

由上式可见，当转子的步距角一定时，步进电动机的转速与输入脉冲频率成正比。

3. 步进电动机的特点

1）步进电动机的输出转角与输入的脉冲个数严格成正比，故控制输入步进电动机的脉冲个数就能控制位移量。

2）步进电动机的转速与输入的脉冲频率成正比，只要控制脉冲频率就能调节步进电动机的转速。

3）当停止送入脉冲时，只要维持绕组内电流不变，电动机轴可以保持在某固定位置上，不需要机械制动装置。

4）改变通电相序即可改变电动机转向。

5）步进电动机存在齿间相邻误差，但是不会产生累积误差（即整周累积误差自动消除）。

6）步进电动机转动惯量小，起动、停止迅速。

由于步进电动机有这些特点，所以在开环数控系统中获得广泛应用。

4.2.2　步进电动机的性能指标

1. 单向通电的矩角特性

当步进电动机不改变通电状态时，转子处在不动状态，即静态。如果在电动机轴上外加一个负载转矩，使转子按一定方向（如顺时针）转过一个角度 θ_e，此时，转子所受的电磁转矩 T 称为静态转矩，角度 θ_e 称为失调角，如图 4-5a 所示。步进电动机的静态转矩和失调角之间的关系称为矩角特性，大致上是一条正弦曲线，如图 4-5b 所示。此曲线的峰值表示步进电动机所能承受的最大静态负载转矩。在静态稳定区内，当外加转矩消除后，转子在电磁转矩作用下，仍能回到稳定平衡点。

多相通电时的矩角特性，可根据单相通电的矩角特性以向量和的方式算出，计算结果见表 4-2。其中，最后一行表示多相通电时的合成转矩与单相通电时最大静态转矩 M_{jmax} 的比值。

由表 4-2 可见，当步进电动机励磁绕组相数大于三时，多相通电方式能提高输出转矩。因此，功率较大的步进电动机多数采用多于三相的励磁绕组，且多相通电。

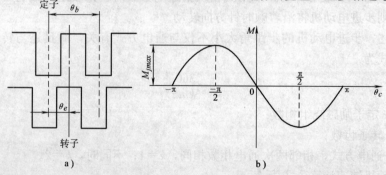

图 4-5　步进电动机的失调角和矩角特性

a）失调角　b）矩角特性

表 4-2　步进电动机多相通电时的转矩

步进电动机相数	三		四			五				六				
同时通电相数	一	二	一	二	三	一	二	三	四	一	二	三	四	五
合成转矩/M_{jmax}	1	1	1	1.414	1	1	1.618	1.618	1	1	1.732	2	1.732	1

2. 起动转矩

图 4-6 所示为三相步进电动机的矩角特性曲线，则 A 相和 B 相的矩角特性交点的纵坐标值 M_q 称为起动转矩。它表示步进电动机单相励磁时所能带动的极限负载转矩。

当电动机所带负载 $M_L <$ M_q 时，A 相通电，工作点在 m 点，在此点 $M_{Am} = M_L$。当励磁电流从 A 相切换到 B 相，而转子在 m 点位置时，B 相励磁绕组产生的电磁转矩是 $M_{Bm} >$ M_L，转子被加速旋转，前进到 n 点时，$M_{Bm} = M_L$。转子到达新的平衡位置。显然，负载转

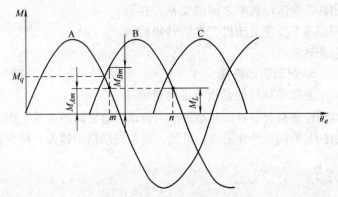

图 4-6　步进电动机的最大负载能力

矩不可能大于 A、B 两交点的转矩 M_q，否则转子无法转动，产生"失步"现象。不同相数的步进电动机的起动转矩不同，起动转矩见表 4-3。

表 4-3　步进电动机起动转矩

步进电动机	相数	三		四		五		六	
	拍数	3	6	4	8	5	10	6	12
M_q / M_{jmax}		0.5	0.866	0.707	0.707	0.809	0.951	0.866	0.866

3. 空载起动频率 f_q 与起动矩频特性

步进电动机在空载情况下，不失步起动所能允许的最高频率称为空载起动频率。它是反映步进电动机动态响应性能的重要指标。起动频率与负载转矩、系统转动惯量以及电动机最大静转矩等有关。最大静转矩越大，系统转动惯量越小，步距角越小，起动频率就越高。在有负载情况下，不失步起动所能允许的最高频率将大大降低。例如，70BF003 型步进电动机的空载起动频率是 1600Hz，负载达到最大静转矩 M_{jmax} 的 0.5 倍时，降为 50Hz。为了缩短起动时间，可使加到电动机上的电脉冲频率按一定速率逐渐增加。对此将在本章步进电动机的自动升降速中介绍。

起动矩频特性是指步进电动机在有外加负载转矩时，不失步地正常起动所能接受的起动频率（又称最大阶跃输入脉冲频率）与负载转矩的对应关系。图 4-7 所示为 90BF002 型步进电动机的起动矩频特性曲线。可见，负载转矩越大，所允许的最大起动频率越小。选用步进电动机时，应该使实际应用的起动频率与负载转矩所对应的起动工作点位于该曲线之下，才能保证步进电动机不失步地正常起动。

4. 运行矩频特性与动态转矩

在步进电动机正常运转时，若输入脉冲的频率逐渐增加，则电动机所能带动的负载转矩将逐渐下降。如图 4-8 所示，曲线为定子静态电流为 9A（两相通电）、80V/12V 双电压供电的步进电动机矩频特性曲线。可见，矩频特性曲线是描述步进电动机连续稳定运行时输出转矩与运行频率之间的关系。在不同频率下步进电动机产生的转矩称为动态转矩。

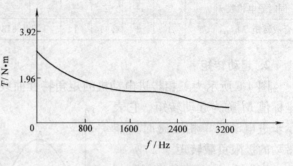

图 4-7　起动矩频特性

5. 起动惯频特性

起动惯频特性是指步进电机带动纯惯性负载起动时，起动频率与转动惯量之间的关系。图 4-9 所示为 90BF002 型步进电动机的起动惯频特性曲线。可见，负载转动惯量越大，所允许的最大起动频率越低。

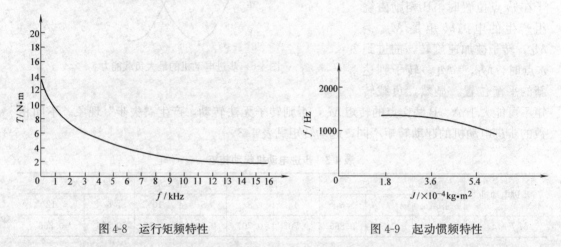

图 4-8　运行矩频特性　　　　　　　图 4-9　起动惯频特性

4.2.3　步进电动机的选用

一般情况下，对于步进电动机的选型，主要考虑三方面的问题，按以下步骤来选取步进电动机：

第一：步进电动机的步距角要满足进给传动系统脉冲当量的要求。

第二：步进电动机的最大静转矩要满足进给传动系统的空载快速起动力矩要求。

第三：步进电动机的起动矩频特性和工作矩频特性必须满足进给传动系统对起动转矩与起动频率、工作运行转矩与运行频率的要求。

1. 确定脉冲当量，初选步进电动机

脉冲当量应该根据进给传动系统的精度要求来确定。对于开环控制的伺服系统来说，一般为 $0.005\sim0.01$mm/step。如果取得太大，无法满足系统精度要求；如果取得太小，机械系统难以实现，或者对系统的精度和动态特性提出过高要求，经济性降低。

初选步进电动机主要是选择电动机的类型和步距角。目前，步进电动机有三种类型可供选择。一是反应式步进电动机，步距角小，运行频率高，价格较低，但功耗较大；二是永磁式步进电动机，功耗较小，断电后仍有制动力矩，但步距角较大，起动和运行频率较低；三是混合式步进电动机，它具备上述两种电动机的优点，但价格较高。

各种步进电动机的产品样本中都给出了步进电动机的通电方式及步距角等主要技术参数以供选用。表 4-4 列出了 BF 型反应式步进电动机的规格型号与有关技术参数，其安装尺寸见图 4-10，步进电动机安装尺寸见表 4-5。

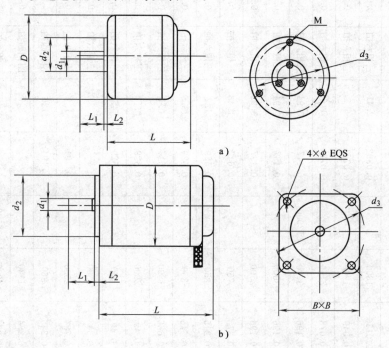

图 4-10 步进电动机的安装尺寸

2. 计算减速器的传动比

减速器一般采用降速传动，其传动比可按下式计算：

$$i = \frac{\theta P_{\mathrm{h}}}{360\delta}$$

式中　θ——步进电动机的步距角（°）；

　　　P_{h}——滚珠丝杠的基本导程（mm）；

　　　δ——机床执行部件的脉冲当量（mm）。

上式中，一般来说步进电动机的步距角 θ、滚珠丝杠的基本导程 P_{h} 和脉冲当量 δ 都是给定的。一般情况下传动比 $i \neq 1$，这表明在采用步进电动机作为驱动装置的进给传动系统中，电动机轴与滚珠丝杠轴不能直接连接，必须有一个减速装置过渡。当传动比 i 不大时，可以采用同步齿形带或一级齿轮传动。否则，当传动比 i 较大时可以采用多级齿轮副传动。减速箱传动级数可按图 4-11 来选择。其中，$J_{\mathrm{G}}/J_{\mathrm{P}}$ 值是指齿轮系中折算到电动机轴上的等效转动惯量与第一级主动齿轮的转动惯量之比。读者请查阅《机电一体化技术与系统》相关文献。

数控原理与系统

表 4-4　BF 型反应式步进电动机技术参数表

序号	电动机型号	相数	步距角/(°)	电压/V	相电流/A	最大静转矩/N·m	最大起动频率/Hz	最大运行频率/Hz	转子转动惯量/10^{-5}kg·m²	线圈电阻±5%/Ω	分配方式	重量/kg	外形尺寸 外径/mm	外形尺寸 长度/mm	外形尺寸 轴径/mm
1	28BF001	3	3/6	27	0.8	0.0176	1800		0.0392	2.41	三相六拍	0.075	28	30	3
2	36BF002※	3	3/6	27	0.6	0.049	1900		0.0784	6.7	三相六拍	0.20	36	42	4
3	36BF003	3	1.5/3	27	1.5	0.078	3100		0.0784	1.6	三相六拍	0.22	36	43	4
4	45BF003※	3	1.5/3	60	2	0.196	3700	12000	0.147	0.94	三相六拍	0.38	45	82	4
5	45BF005※	3	1.5/3	27	2.5	0.196	3000		0.137	0.94	三相六拍	0.40	45	58	4
6	45BF006	3	1.875/3.75	27	2.5	0.196	2500		0.137	0.93	三相六拍	0.40	45	56	4
7	55BF001	3	7.5/15	27	2.5	0.372	750		0.647	1.43	三相六拍	0.80	45	70	6
8	55BF002	3	7.5/15	27	2.5	0.245	850		0.559	1.2	三相六拍	0.65	55	60	6
9	55BF002※	3	7.5/15	24	1	0.245	350		0.529	13.9	三相六拍	0.72	55	62	6
10	55BF003	3	1.5/3	27	3	0.686	1800		0.617	0.7	三相六拍	0.83	55	70	6
11	55BF004	3	1.5/3	27	3	0.49	2200		0.529	0.54	三相六拍	0.65	55	60	6
12	55BF004※	3	1.5/3	30	0.5	0.49	550		0.529	45	三相六拍	0.80	55	62	6
13	55BF005	3	3.75/7.5	30	1.3	0.343	1300			1.398	三相六拍	0.65	55	70	6
14	55BF009	4	0.9/1.8	27	0.19	0.784	2500		0.701	1.2	四相八拍	0.78	55	70	7
15	55BF010	4	1.8	24	1.2	0.245	360		5.194	120	四相四拍	0.45	55	52.5	6
16	58BF001	4	1.8	24	3.5	0.294	1100	16000		3.7	四相四拍	0.45	56.5	51.5	6
17	70BF001	5	1.5/3	60	3	0.392	4000			0.475	五相十拍	1.60	70	88	8
18	70BF003	3	1.5/3	27	3	0.784	1600			0.44	三相六拍	1.20	70	65	8
19	70BF004	4	0.9/1.8	27	3	0.784	2100			0.57	四相八拍	1.10	70	63	8

序号	电动机型号	相数	步距角/(°)	电压/V	相电流/A	最大静转矩/N·m	最大起动频率/Hz	最大运行频率/Hz	转子转动惯量/$10^{-5}kg·m^2$	线圈电阻±5%/Ω	分配方式	重量/kg	外形尺寸 外径/mm	长度/mm	轴径/mm
20	70BF005	5	1.5/3	27	3	0.686	2600			0.46	五相十拍	1.20	70	63	8
21	70BF006	5	0.75/1.5	27	4	0.49	3500			0.29	五相十拍	1.20	70	65	8
22	70BF007	3	1.5	27	3	0.274	2000			0.72	三相六拍	0.50	70	30	8
23	75BF001	3	1.5/3	24	3	0.392	1750		1.274	0.62	三相六拍	1.1	75	53	6
24	75BF003	3	1.5/3	30	4	0.882	1250		1.568	0.82	三相六拍	1.58	75	75	8
25	75BF004	3	1.5/3	80	5.8	0.49	2500	1600	1.284	0.134	三相六拍	1.25	75	72	6
26	90BF001	4	0.9/1.8	80	7	3.92	2000	8000	17.64	0.3	四相八拍	4.5	90	145	9
27	90BF002	5	0.75/1.5	80	7	3.92	3800	16000	17.64	0.248	五相十拍	4.5	90	145	9
28	90BF003	4	1.5/3	60	5	1.96	1500	8000		0.265	三相六拍	4.2	90	125	9
29	90BF004	5	0.75/1.5	60	7	2.45	4000	16000			五相十拍	3	90	118	9
30	90BF006	5	0.36/0.72	24	3	2.156	2400			0.76	五相十拍	2.2	90	65	9
31	110BF003	3	0.75/1.5	80	6	7.84	1500	7000	40.06	0.37	三相六拍	6	110	160	11
32	110BF004	3	0.75/1.5	30	4	4.9	500		34.3	0.76	三相六拍	5.5	110	110	11
33	130BF001	5	0.75/1.5	80/12	10	9.31	3000	16000	46.06	0.163	五相十拍	9.2	130	170	14
34	150BF002	5	0.75/1.5	80/12	12	13.72	2800	8000	98	0.121	五相十拍	14	150	155	18
35	150BF003	5	0.75/1.5	80/12	13	15.68	2600	8000	102.9	0.127	五相十拍	16.5	150	178	18
36	200BF001	5	10'/20'	24	4	14.7	1300		1293.6	0.77	五相十拍	16	200	93	28

注：※为双轴伸。有些电动机型号也可供双轴伸，本表没有完全列出。

表 4-5 步进电动机安装尺寸表 （单位：mm）

步进电动机型号	轴径 d_1	止扣直径 d_2	d_3	螺孔	L_1	L_2	外径 D	长度 L	$B\times B$	备注
45BF003	$\phi4^{-0.01}_{-0.022}$	$\phi22^{\ 0}_{-0.014}$	$\phi27$	$4\times M3$	12	2.5	$\phi45$	82		a
55BF003	$\phi6^{-0.01}_{-0.022}$	$\phi32^{\ 0}_{-0.016}$	$\phi40$	$4\times M3$	18	2.5	$\phi55$	70		a
70BF003	$\phi8^{-0.013}_{-0.028}$	$\phi40^{\ 0}_{-0.016}$	$\phi50$	$4\times M3$	22	2	$\phi70$	65		a
75BF003	$\phi8^{-0.013}_{-0.028}$	$\phi31^{\ 0}_{-0.016}$	$\phi68$	$3\times M4$	14	2	$\phi75$	75		a
75BF004	$\phi6^{-0.01}_{-0.022}$	$\phi31^{\ 0}_{-0.016}$	$\phi68$	$3\times M4$	23	2	$\phi75$	72		a
90BF001	$\phi9^{-0.013}_{-0.028}$	$\phi70^{\ 0}_{-0.03}$	$\phi107$	$4\times\phi6.6$	22	3	$\phi90$	145	92×92	b
110BF003	$\phi11^{-0.016}_{-0.034}$	$\phi85^{\ 0}_{-0.035}$	$\phi132$	$4\times\phi9$	25	4	$\phi110$	160	112×112	b
130BF001	$\phi14^{-0.016}_{-0.034}$	$\phi100^{\ 0}_{-0.035}$	$\phi155$	$4\times\phi11$	32	5	$\phi130$	170	132×132	b
150BF003	$\phi18\pm0.02$	$\phi100^{\ 0}_{-0.035}$	$\phi170$	$4\times\phi12$	42	5	$\phi150$	178	152×152	b

注：备注中 a 为图 4-10a，b 为图 4-10b。

齿轮传动级数确定之后，可以根据总传动比和传动级数，按图 4-11 来合理分配各级传动比，并且应使各级传动比按传动顺序逐级增加。例如，当传动比 $i=4$ 时，按图4-11可选取传动级数为 2 或 3，对应的 J_G/J_p 值分别为 6 和 5.4。显然，取 2 级传动比较合理。因为若取 3 级传动，J_G/J_p 值的减小并不显著，却使减速器结构复杂，传动效率和扭转刚度降低，传动间隙增加，得不偿失。按传动级数 2 和总传动比 $i=4$，查图 4-12 得到两级传动比分别为 $i_1=1.8$，$i_2=2.2$。

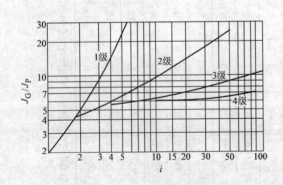

图 4-11　传动级数选择曲线

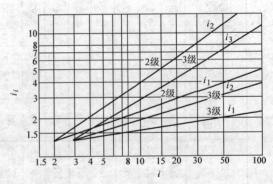

图 4-12　传动比分配曲线

3. 最大静转矩的确定

步进电动机最大静转矩 M_{jmax} 的确定分三步进行。

第一，根据图 4-6 所决定的负载转矩不可能大于起动转矩 M_q 的原则，再根据表 4-3 步进电动机起动转矩与所需步进电动机的最大静转矩 M_{jmax} 的关系，计算系统空载起动时所需的步进电动机的最大静转矩 M_{jmax1}。

第二，根据进给传动系统在切削状态下的负载力矩 $M_{负载}$，采用下式计算系统在切削

状态下，所需的步进电动机的最大静转矩 M_{jmax2} 为

$$M_{jmax2} = \frac{M_{负载}}{0.3 \sim 0.5}$$

第三，根据 M_{jmax1} 和 M_{jmax2} 中的较大者选取为步进电动机的最大静转矩 M_{jmax}，并要求

$$M_{jmax} \geqslant \max \{M_{jmax1}, M_{jmax2}\}$$

4. 最大起动频率的确定

步进电动机在不同的机械系统空载起动转矩 M_q 下所允许的起动频率也不同，因此，应该根据所计算出的系统空载起动转矩 M_q，按步进电动机的起动转矩-频率特性曲线来确定最大起动频率（该频率也称之为允许的最大起动频率，用 f_y 表示）。实际使用的最大起动频率 f_q 应低于这一允许的最大起动频率，即 $f_q \leqslant f_y$。

确定步骤：

首先根据机械系统的空载起动转矩 M_q 值，在所选步进电动机的起动转矩-频率特性曲线上找出与之对应的允许的最大起动频率 f_y。例如，75BF003 型步进电动机，当机械系统要求的空载起动转矩 M_q 值为 0.33N·m 时，对应的允许的最大起动频率 $f_y = 700$Hz（或步/s）。实际使用的最大起动频率 f_q 应低于这一频率，才能保证起动时不丢步。如果 $f_q > f_y$，步进电动机在起动时就会丢步。这时，必须采取适当的升（降）速控制措施（如适当延长升速时间），直到满足要求。

然后确定实际使用的最大起动频率 f_q。该频率在 $0 \sim f_{max}$ 中选取。当起动过程结束时，$f_q = f_{max}$（f_{max} 为最大运行频率）。

5. 最大运行频率的确定

步进电动机的运行状态有两种状态，即快进和工进。由于步进电动机在运行时，电动机的输出转矩随着运行频率增加而下降。因此，为了保证步进电动机在快进和工进两种状态下工作时不丢步，必须对步进电动机的快进运行频率和工进运行频率进行校核。

快进运行频率的校核，步骤如下：

第一，根据运动部件的最大进给速度 v_{max} 和脉冲当量 δ，按下式确定实际使用的最大运行频率 f_{max}：

$$f_{max} = \frac{1000 v_{max}}{60 \delta}$$

第二，应根据所计算出的机械系统在不切削状态（空载）下的负载力矩 M_1，按步进电动机的运行转矩-频率特性曲线，来确定与之对应的所允许的最大运行频率，用 f_{yKj} 表示。并要求实际使用的最大运行频率低于这一允许的最大运行频率，即 $f_{max} \leqslant f_{yKj}$。

只有当这一条件得到满足时，步进电动机在快进时才不会丢步；否则，将会产生丢步。此时，降低运动部件的最大进给速度 v_{max} 或重选转矩更大的步进电动机，直到满足运行矩频特性的要求。在这里应注意，步进电动机的运行矩频特性曲线与起动矩频特性曲线是不同的。

同理，进行工进运行频率的校核，步骤如下：

首先，根据运动部件工进时的最大工作进给速度 v_{Gmax} 和脉冲当量 δ，按下式确定工进时步进电动机的实际使用的运行频率 f_{Gmax}：

$$f_{G\,max}=\frac{1000v_{G\,max}}{60\delta}$$

第二，应根据所计算出的机械系统在切削状态下的负载力矩 M_2，按步进电动机的运行力矩-频率特性曲线，来确定与之对应的所允许的最大运行频率，用 f_{yGj} 表示。并要求实际使用的最大运行频率低于这一允许的最大运行频率，即 $f_{max} \leqslant f_{yGj}$。

当这一条件得到满足时，步进电动机在工进时才不会丢步；否则，将会产生丢步。此时，通过降低运动部件工进时的最大进给速度 $v_{G\,max}$ 或重新选取转矩更大的步进电动机，直到满足运行矩频特性的要求。

4.2.4 步进电动机的脉冲驱动电源

1. 设计步进电动机驱动电源应考虑的基本问题

步进电动机驱动电源的主要作用是对控制脉冲进行功率放大，以使步进电动机获得足够大的功率驱动负载运行。设计步进电动机驱动电源需作如下考虑。

1）步进电动机是采用脉冲方式供电，且按一定的工作方式轮流作用于各相励磁线圈上。例如，三相反应式步进电动机按单三拍工作方式的励磁电压波形，如图 4-13 所示。因此，要求采用开关元件来实现对各相绕组的通、断电。一般采用晶闸管和功率晶体管作开关元件。

2）步进电动机的正反转是靠给各相励磁线圈通电顺序的变化来实现的。因此，不管是正转还是反转，步进电动机中各相的电流方向是不变化的。

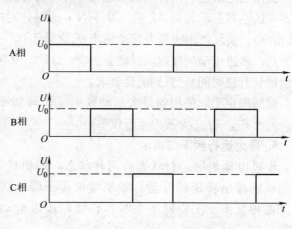

图 4-13　三相反应式步进电动机单
三拍工作方式的励磁电压波形

3）步进电动机的速度控制是靠改变控制脉冲的频率来实现的，不像一般伺服电动机是靠控制励磁线圈的电流大小来实现。

上述两条原因使得步进电动机要求的功率驱动电路比一般直流伺服电机要简单。尽管如此，步进电动机仍要求有高质量的驱动电源。

4）设计步进电动机的驱动电源，要解决的一个关键问题，是在通电脉冲内使励磁线圈的电流能快速地建立，而在断电时，电流又能快速地消失。在理想情况下，流过各相励磁绕组的电流波形和加在其上的电压波形相同，都是矩形波。如果步进电动机各相绕组结构及电气参数完全一样，加在其上的矩形脉冲电压大小一样，则这时步进电动机的输出转矩是恒定不变的，步进电动机的输出功率则随着励磁脉冲频率的增加而线性地增加，如图4-14 所示。

实际上，步进电动机绕组对电源来说是感性负载，由于反电动势的存在，其电流的建立和消失总是落后于电压。电流建立和消失的快慢取决于步进电动机绕组回路的自感和直流电阻以及各相绕组的互感等；电流的大小取决于励磁电压。如果不考虑互感等因素的影响，当给绕组施以矩形脉冲电压时，绕组中的电流按指数规律上升，电压去除时，电流又按指数规律下降，如图 4-15 所示。

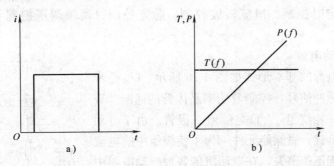

图 4-14　步进电动机理想条件下的控制电流与输出特性
a）理想电流波形　b）输出转矩与功率

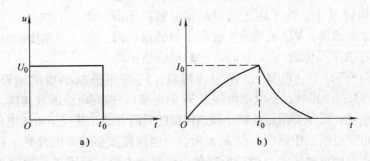

图 4-15　步进电动机绕组电压和电流波形
a）电压波形　b）电流波形

在 $0 \sim t_0$ 时间内：

$$i = \frac{U_0}{R_s + R} \left(1 - e^{-\frac{t}{\tau}}\right)$$

式中　U_0——电动机绕组励磁电压（V）；

R_s——外接电阻（Ω）；

R——绕组电阻（Ω）；

τ——时间常数，$\tau = L/(R_s + R)$，其中 L 为绕组电感（H）。

电流的稳态值 $I_0 = U_0/(R_s + R)$。由公式可知，当 $t = 3\tau$ 时，$I/I_0 = 1 - e^{-3} = 95\%$；当 $t = 4\tau$ 时，$I/I_0 = 98\%$。可以认为，当经过 $3\tau \sim 4\tau$ 时间，绕组的电流近似达到稳态值。由此可见，要保证电流快速建立和消失，要尽量减小时间常数 τ。对用户来讲，可采用在电机绕组中串接电阻 R_s 来减小时间常数。但又要注意，太大的 R_s 会使电流减小，故需提高励磁电压，但励磁电压的提高又要受到开关元件耐压程度的限制，故步进电动机常采用高、低压双电压驱动电源。

由以上分析可知，由于绕组电流建立需要时间，所以步进电动机的输出转矩也是变化的，且小于理想状态。随着控制脉冲频率的增加，各绕组电流所达到的值也将减少，使得输出转矩也随之减小，当脉冲频率高到一定程度，绕组中的脉冲电流来不及建立时，输出转矩也接近 0。

步进电动机驱动电源的形式多种多样，按所使用的功率开关元件来分，有晶闸管驱动电源和功率晶体管驱动电源；按供电方式来分，有单电压供电和双电压供电；按控制方式来分，有高低压定时控制、恒流斩波控制、脉宽控制、调频调压控制及细分、平滑控制等。

2. 单电压驱动电源

单电压驱动电源的基本形式如图 4-16 所示。U_{cp} 是步进电动机的控制脉冲信号，控制着功率晶体管的通断。W 是步进电动机的一相绕组，VD 是续流二极管。由于电动机的绕组是感性负载，属储能元件，为了使绕组中的电流在晶体管关断时能迅速消失，在电动机的各种驱动电源中必须有能量释放回路。另外，功率晶体管截止时，绕组将产生很大的反电动势，这个反电动势和电源电压 U 一起作用在功率晶体管 V 上。为了防止功率晶体管被高压击穿，也必须有续流回路。VD 正是为上述两个目的而设的续流二极管。在功率晶体管 V 关断时，电动机绕组中的

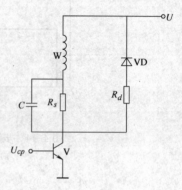

图 4-16　晶体管单电压驱动电源

电流经 R_s、R_d、VD、U（电源）、W 迅速泄放。R_d 是用来减小泄放回路的时间常数 τ（$\tau = L / (R_s + R_d)$，其中 L 是电动机绕组 W 的电感），提高电流泄放速度。R_s 的一个作用是限制绕阻电流；另一个作用是减小绕组回路的时间常数，使组中的电流能快速地建立起来，提高电动机的工作频率。但 R_s 太大，会因消耗太多功率而发热，且降低了绕组中的电压，需提高电源电压来补偿，所以单电压驱动电源一般用于小功率步进电动机的驱动。

电容 C 用来提高绕组脉冲电流的前沿。当功率晶体管导通瞬间，电容相当于短路，使瞬间的冲击电流流过绕组，因此，绕组中脉冲电流的前沿明显变陡，从而提高了步进电动机的高频响应性能。

单电压驱动电源的额定电压应为 6V、12V、27V、48V、60V、80V。

3. 双电压驱动电源

双电压驱动电源也称为高低压驱动电源。它采用两套电源给电动机绕组供电，一套是高压电源，另一套是低压电源。采用高低压供电的驱动电源的工作过程如下。

在功率晶体管导通时，采用高压供电，维持一段时间，断掉高压后，采用低压供电，一直到步进控制脉冲结束，使功率晶体管截止为止。由于高压供电时间很短，故可以采用较高的电压，而低压可采用较低的电压。对高压脉宽控制方式的不同，便产生了如高压定时控制、斩波恒流控制、电流前沿控制、斩波平滑控制等各种派生电路。

（1）高压定时控制驱动电源　这种控制电源如图 4-17a 所示。U_g 是高压电源电压，U_d 是低压电源电压，V_g 是高压控制晶体管，V_d 是低压控制晶体管，VD_1 是续流二极管，VD_2 是阻断二极管，U_{cp} 是步进控制脉冲，U_{cg} 是高压控制脉冲。

这种驱动电源的工作原理是：当步进控制脉冲 U_{cp} 到来时，经驱动电路放大，控制高、低压控制晶体管 V_g 和 V_d 同时导通，由于 VD_2 的作用，阻断了高压 U_g 到低压 U_d 的通路。使高压 U_g 作用在电动机绕组上。高压脉冲信号 U_{cg} 在高压脉宽定时电路的控制下，经过一定的时间（小于 U_{cp} 的宽度）便消失，使高压控制晶体管 V_g 截止。这时，由于低压控

制晶体管 V_d 仍导通，低压电源 U_d 便经二极管 VD_2 向绕组供电，一直维持到步进脉冲 U_{cp} 的结束。U_{cp} 结束时，V_d 关断，绕组中的续流经 VD_1 泄放。整个工作过程各控制信号及绕组的电压、电流波形如图 4-17b 所示。

这种控制电路的特点是：由于绕组通电时，先采用高压供电，提高了绕组的电流上升率。可通过调整 V_g 的开通时间（由 U_{cg} 控制）来调整电流的上冲。高压脉宽不能太长，以免由于电流上冲值过大而损坏功率晶体管或引起电动机的低频振荡。在 V_d 截止时，绕组中续流的泄放回路为 $W \rightarrow R_s \rightarrow VD_1 \rightarrow U_{g+} \rightarrow U_{g-} \rightarrow U_{d+} \rightarrow VD_2 \rightarrow W$。在泄放过程中，由于 $U_g > U_d$，绕组上承受和开通时相反的电压，从而加速了泄放过程，使绕组电流脉冲有较陡的下降沿。由此可见，采用高低压供电的驱动电源，绕组电流的建立和消失都比较快，从而改善了步进电动机的高频性能。

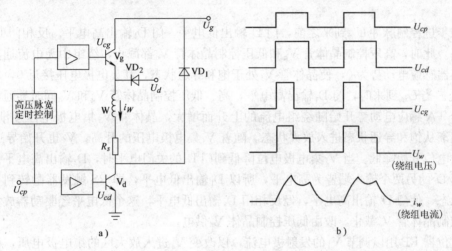

图 4-17　高压定时控制驱动电源
a）电路图　b）波形图

高压定时控制中，在每一个步进脉冲到来时，高压脉宽由定时电路控制，是一定的，故称作高压定时控制驱动电源。高压脉冲的定时可由单稳态触发器或脉冲变压器等控制。在 CNC 系统中，也可由软件完成。图 4-18 所示为单稳态触发器脉宽定时控制电路，利用 RC 电路产生延时，通过调整电阻 R 和电容 C 的参数可改变高压脉冲的宽度，二极管 VD 是为了加速电容 C 的充电过程。

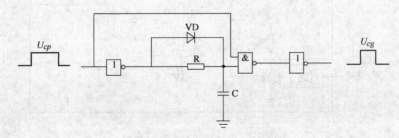

图 4-18　单稳高压脉宽定时电路

（2）电流前沿控制驱动电源　前述的高压定时控制驱动电源由于高压脉宽是一定的，因此在高频时，如果绕组中前一个脉冲电流没有释放完，再一次开通高压时则会导致电流上冲过大，而危害大功率管；而低频时又可能由于输入能量过多而使电动机低频振荡加剧。为解决上述问题，便产生了很多改进电路。电流前沿控制便是其中一种。

电流前沿控制驱动电源中高压脉宽不由时间来控制，而由绕组电流上冲值来控制。即当绕组电流上冲值达到设定值时，便关断高压管。因此，这种驱动电源中需要电流反馈元件对绕组电流进行检测，用检测到的信号控制高压管的开通时间，使绕组中既有足够的电流上升值，又不至于上冲过大。

实现电流前沿控制的方法很多。图 4-19 是其中的一例。图中采用电流互感器 TA 作为绕组电流检测反馈元件。两个与非门 D_1 和 D_2 构成 RS 触发器。该电路的工作过程如下所述。

在步进控制脉冲 U_{cp} 到来之前，门 D_2 输出低电平，门 D_1 输出高电平。反相门 D_4 输出低电平。此时，高压控制晶体管 V_g 和低压控制晶体管 V_d 都截止，绕组中无电流通过，因此互感器感应电动势为 0，使晶体管 V_1 处于饱和导通状态，其集电极电压接近 0，从而使 V_2 截止。当 U_{cp} 到来时，门 D_4 输出高电平，高、低压控制晶体管 V_g 和 V_d 同时导通，电流互感器 TA 感应电动势开始随绕组电流的上升而增大，晶体管 V_1 集电极电压逐渐升高，使其逐渐从饱和导通状态进入放大状态。随着 V_1 集电极电压的升高，V_2 也开始导通，V_2 集电极电位开始降低。当 V_2 集电极电位降低到门 D_2 的关门电平时，D_2 输出高电平。由于此时门 D_1 的另两个输入端皆为高电平，所以 D_1 输出低电平，即 RS 触发器翻转到另一个稳定状态，使门 D_3 输出高电平，经反相门 D_4 输出低电平，这个低电平经驱动器放大后使高压控制晶体管 V_g 截止，改由低压控制晶体 V_d 供电。

电位器 RP 用以调节 V_1 的发射极电流，以改变 V_1 进入放大区的集电极电压，即改变 V_2 的导通时间，以整定电机绕组电流前沿峰值。V_1、R_1 及 RP 组成了恒流源电路。

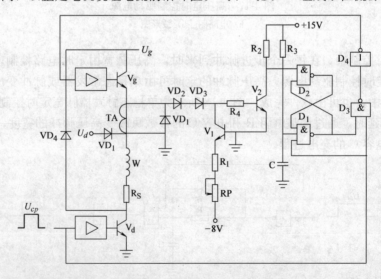

图 4-19　电流前沿控制驱动电源

（3）恒流斩波驱动电源　步进电动机在运转过程中，由于旋转电动势的影响，电动机绕组电流波形的波顶下凹，电流的平均值降低，使电动机的输出转矩减小。高压定时控制和前沿控制都是在一个步进脉冲内，高压控制晶体管导通一次，很难避免绕组电流的下凹。为了补偿这一下凹，可采用恒流斩波驱动电源。

这种驱动电源的控制原理是随时检测绕组的电流值，当绕组电流值降到下限设定值时，便使高压功率管导通，使绕组电流上升，上升到上限设定值时，便关断高压控制晶体管。这样，在一个步进周期内，高压管多次通断，使绕组电流在上、下限之间波动，接近恒定值，提高了绕组电流的平均值，有效地抑制了电动机输出转矩的降低。实现这种控制的一个驱动电源的例子如图 4-20 所示。图中，R_f 为取样反馈电阻。运算放大器 N 的反相输入端接反馈电阻，同相输入端输入电压固定，由 R_2 和 RP 对 +5V 分压得到。

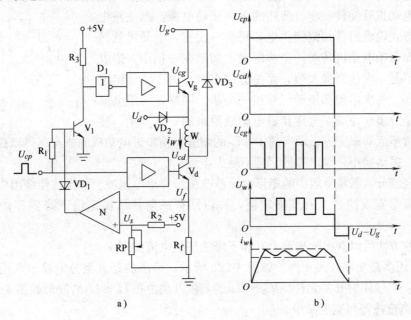

图 4-20　恒流斩波驱动电源

这个电路中，高压功率管 V_g 的通断同时受到步进脉冲信号 U_{cp} 和运算放大器 N 的控制。在步进脉冲信号 U_{cp} 到来时，一路经驱动电路驱动低压管 V_d 导通，另一路通过 V_1 和反相器 D_1 及驱动电路驱动高压控制晶体管 V_g 导通。这时绕组由高压电源 U_g 供电。随着绕组电流的增加，反馈电阻 R_f 上的电压 U_f 不断升高，当升高到比 N 同相输入电压 U_s 高时，N 输出低电平，使晶体管 V_1 的基极通过二极管 VD_1 接低电平，V_1 截止，门 D_1 输出低电平，这样，高压控制晶体管 V_g 关断高压，绕组继续由低压 U_d 供电。当绕组电流下降时，U_f 下降，当 $U_f < U_s$ 时，运算放大器 N 又输出高电平使二极管 VD_1 截止，V_1 又导通，再次开通高压控制晶体管 V_g。这个过程在步进脉冲有效期间不断重复，使电动机绕组中电流的波顶波动呈锯齿形变化，并限制在一定范围内变化。

调节电位器 RP，可改变运算放大器 N 的翻转电压，即改变绕组中电流的限定值。运算放大器的增益越大，绕组的电流波动越小，电动机运转越平稳，电噪声也越小。

这种恒流斩波驱动电源，在运行频率不太高时，补偿效果明显。但运行频率升高时，因电动机绕组的通电周期缩短，高压控制晶体管开通时绕组电流来不及升到整定值，所以波顶补偿作用就不明显了。通过提高高压电源的电压 U_g，可以使补偿频段提高。例如，当 $U_g=80V$ 时，160BF01 电动机补偿的频段在 4kHz 以内。

双电压驱动电源的额定电压应为 60V/12V，80V/12V。

前面介绍了步进电动机晶体管驱动电源的各种实现方法。关于晶闸管驱动电源，由于篇幅所限，这里就不作介绍了，读者可参考有关资料。

4.2.5 步进电动机的微步距控制技术

1. 步距细分原理

步进电动机的运转方式是步进式运动，即每给电动机一相绕组或几相绕组一个脉冲电压，步进电动机就旋转一步。前述的各种驱动电源，都是按电动机工作方式轮流给各相绕组供电，每换一次相，电动机就转动一步，即每拍电动机转动一个步距角。如果在一拍中，通电相的电流不是一次达到最大值，而是分成多次，每次使绕组电流增加一些。每次增加都使转子转过一小步。同样，绕组电流的下降也是分多次完成。这样步进电动机原来的一个步距，便

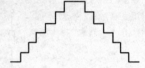

图 4-21 细分电流波形

分成许多微步运动来完成。即实现了步距的细分，使步进电动机的分辨率得以提高，运行更加平稳，振动减小，噪声降低，且不易失步。

要实现细分，需将绕组中的矩形电流波改成阶梯形电流波。即设法使绕组中的电流以若干个等幅等宽度阶梯上升到额定值，并以同样的阶梯从额定值下降到零，如图 4-21 所示。

有两种方法可以获得阶梯形上升和下降的绕组电流波形。

1）采用多路功率开关元件。如图 4-22a 所示，给出的是五细分电路。利用五个功率晶体管 $V_{d1} \sim V_{d5}$ 作为开关元件。$V_{d1} \sim V_{d5}$ 的基极开关电压 $U_1 \sim U_5$ 的波形如图 4-22b 所示。$U_1 \sim U_5$ 的宽度按等幅宽度减小。

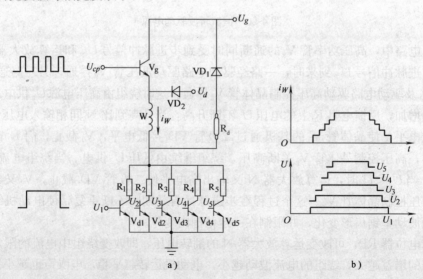

图 4-22 功率开关细分驱动电源

在绕组电流上升过程，$V_{d1} \sim V_{d5}$按顺序导通。每导通一个，统组中电流便上升一个台阶，步进电动机也跟着转动一小步。在 $V_{d1} \sim V_{d5}$ 导通过程中，每导通一个，高压控制晶体管都要跟着导通一次，使绕组电流能快速上升。

在绕组电流下降过程中，$V_{d1} \sim V_{d5}$按顺序关断。为了使每关断一个晶体管，电流都能快速下降一个台阶，在关断任一低压管前，可先将剩下的全部关断一段时间，使绕组通过泄放回路放电，然后再重新开通。

采用上述多路功率开关晶体管的优点是，功率晶体管工作在开关状态，功耗很低。缺点是器件多，体积大。

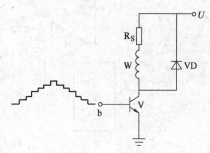

2）将上述各开关的控制脉冲信号进行叠加。用叠加后的阶梯信号控制接在绕组中的功率晶体管，并使功率晶体管工作在放大状态，如图 4-23 所示。由于在功率管基极 b 上加的是阶梯形变化的信号，因此，通过绕组中的电流也是阶梯形变化的，实现了细分，这种细分电路中，功率晶体管工作在放大状态，功耗大，电源利用率低，但所用器件少。

图 4-23　叠加细分原理图

阶梯波控制信号可由很多方法产生，这里介绍一种恒频脉宽调制细分驱动电源，如图 4-24 所示。该驱动电源同时具有上述第一、二种方式的优点。细分控制信号由 D/A 转换器提供。运算放大器 N 实现斩波恒流控制，设定 U_s 由 D/A 转换器提供。

当 D/A 转换器接收到数字信号后转换成相应的模拟信号电压 U_s 加在运算放大器 N 的同相输入端，因这时绕组中电流还没跟上，故 $U_f < U_s$，运算放大器输出高电平，D 触发器在高频触发脉冲 U_m 的控制下，Q 端输出高电平，使功率晶体管 V_1 和 V_2 导通，电动机绕组中的电流迅速上升。当绕组电流上升到一定值时，$U_f > U_s$，N 输出低电平，使 D 触发器清零，V_1、V_2 截止。以后当 U_s 不变时，出于 N 和 D 触发器构成的斩波控制电路的作用，使绕组电流稳定在一定值上下波动，即绕组电流稳定在一个新的台阶上。

当稳定一段时间后，再给 D/A 输入一个增加的数字信号，并启动 D/A 转换器，这样 U_s 上升一个台阶，和前述过程一样，绕组电流也跟着上升一个阶梯。当减小 D/A 的输入数字信号，U_s 下降一个阶梯，绕组电流也跟着下降一个阶梯。

由前述可知，这种细分驱动电源，既实现了细分，也能保证每一个阶梯电流的恒定。D/A 转换器的数字信号和 D 触发器的触发脉冲信号 U_m 都可由微型计算机提供。

2. 等幅电流矢量微步距控制技术

随着微电子和计算机技术的发展，在自动控制、数控技术、航空航天等要求高精度定位、自动记录、自动瞄准的高新技术领域，步进电动机得到广泛使用。例如，传真机发送与接收、复印机送纸和光学系统、激光打印机鼓、打印机台架、X-Y 绘图仪笔、工业机械手等步进电机驱动系统。但现有步进电动机的最小步距角还未能达到高精度的定位要求，必须对步进电动机进行微步距控制。多年来，国内外的同行都在努力寻求步进电动机微步距控制的最佳方案及最高微步距控制精度，但一直未有一个实用、统一的数学模型及可行的微步距控制方法。正是基于此，我们提出了一种等幅电流矢量思想的微步距控制方法，该方法消除现有技术中由于滞后角的变化引起的 $\Delta\theta$ 值大于微步距角而导致不可继续

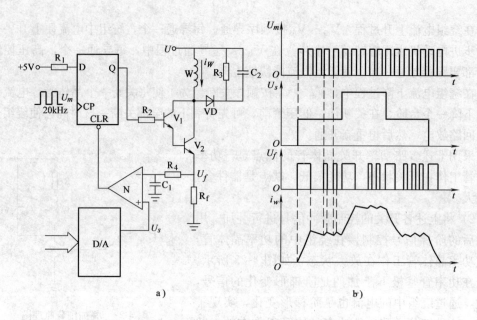

a)   b)

图 4-24　恒频脉宽调制细分驱动电源

细分的难题，使微步距控制技术提高到更高的水平。

（1）现有微步距控制方法　步进电动机的工作原理，是轮流给各相绕组通电，每换一次相，电动机就转动一个步距角。如果在换相中，通电相的电流不是一次达到最大值，而是分成多次，每次都使绕组电流增加一些，每次增加，都使转子转过一小步；同样，绕组电流的下降也是分多次完成。这样步进电动机原来的一个步距角，便分成许多微步距角来完成。

微步距控制技术实质上是一种电子阻尼技术，其主要目的是提高电动机的运转精度，实现步进电动机步距角的高精度细分，使步进电动机的分辨率得以提高。其次，微步距控制技术的附带功能是减弱或消除步进电动机的低频振动，低频振荡是步进电动机的固有特性，而微步距是消除它的唯一途径，如果步进电动机有时要在共振区工作（如走圆弧），选择微步距驱动器是唯一的选择。

如图 4-25 所示，是四相电动机采用现有微步距控制方法的电流矢量旋转示意图。I_A、I_{AB}、I_B、I_{BC}、I_C、I_{CD}、I_D、I_{DA} 分别表示 A→AB→B→BC→C→CD→D→DA 相通电时的电流矢量，I_{AB} 表示一相电流为最大值，而相应一相电流从 0→最大值（或一相电流从最大值→0，而相应一相电流为最大值）变化过程中的某一瞬时合成电流矢量（图中 I_{AB} 是 A 相电流为最大值，而 B 相电流从 0→最大值），从图中不难发现，合成电流矢量 I_{AB} 的大小

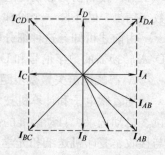

图 4-25　电流矢量旋转示意图

$$I_{AB} = \sqrt{I_A{}^2 + I_B{}^2}$$

I_{AB} 随着 I_B 大小的变化而变化，合成电流矢量的矢量角相对于 I_A 在 0°～-45°范围内变化。这种微步距控制驱动方法的优点是，只需要改变某一相的电流值，因此在软、硬件电路的设计上就比较容易实现。但这种方法却带来了一个不可克服的缺陷，即合成电流矢

量 I_{AB} 在旋转过程中的幅值是处在不断变化中,从而引起滞后角的不断变化。如图 4-26 所示,现有微步距控制方法的距角特性曲线中反映滞后角 $\Delta\theta$ 对细分的影响,纵轴 T 表示转距,横轴 θ 表示转子的位置转角。不难发现,当合成电磁转距曲线从 T_1(θ) → T_2(θ) 时,位置转角从 θ_1→ θ_2,产生滞后角 $\Delta\theta=\theta_1-\theta_2$,在细分数不大时,滞后角对细分的影响不是很大,但当细分数很大时,即微步距角非常小时,滞后角变化的差值 $\Delta\theta$ 大于所要求细分的微步距角时,使得微步距角的继续细分实际上失去了意义。

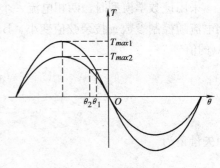

图 4-26 距角特性曲线

(2) 等幅电流矢量原理 步进电动机的微步距驱动是通过合成电流矢量的旋转来实现的。现有的微步距驱动方法只改变某一相电流,缺陷是旋转的合成电流矢量幅值在不断变化,使得步进电动机的合成转距在 1~1.414 倍值中变化,引起滞后角的变化,最终影响到微步距可细分数的增加,即限制了分辨率的提高。

为了从根本上解决这个问题,消除现有技术中由于滞后角的变化引起的 $\Delta\theta$ 值大于微步距角而导致不可继续细分,只有使合成电流矢量 I_{AB} 形成等幅距角特性曲线,才能继续细分,即要求合成电流矢量旋转角速度必须均匀并幅值保持不变。于是我们提出等幅电流矢量均匀旋转微步距控制方法。工作原理是:同时改变两相电流的大小,使合成电流矢量等幅均匀旋转。这种方式可称为步进电动机的模拟运行,它是一种基于交流同步电动机概念的特殊微步距技术,实质上是对运行于交流同步电动机状态的步进电动机所受的交流模拟信号在一个周期内细分,即每个细分点对应于一个交流值。当细分数相当大时,电动机绕组的电流信号就逼近模拟连续信号。这种微步距技术可以极大地提高步进电动机的分辨率和运行稳定性。

采用该方法的合成电流矢量的均匀旋转示意图,如图 4-27 所示。图中 I_A、I_B、I_C、I_D、I_{AB} 分别表示 A、B、C、D 相通电时的电流矢量及两相电流合成矢量。采用等幅电流矢量均匀旋转微步距控制方法,须建立一种可消除滞后角变化影响的微步距控制函数数学模型。例如,AB 相通电状态,设

$$i_A = I_m \cos x$$
$$i_B = I_m \sin x$$
$$i_C = 0$$
$$i_D = 0$$

式中　i_A——A 相绕组电流;

　　　i_B——B 相绕组电流;

　　　i_C——C 相绕组电流;

　　　i_D——D 相绕组电流;

　　　x——控制参数;

　　　I_m——最大电流幅值;

　　　$\cos x$——控制参数余弦值;

$\sin x$——控制参数正弦值。

采用该数学模型时，四相电流一个周期的变化示意图，如图 4-28 所示。在 AB 段，A相电流随控制参数 x 按余弦值变小，B 相电流随控制参数 x 按正弦值变大，合成电流矢量$\boldsymbol{I}_{AB}$ 的值

$$I_{AB} = \sqrt{i_A{}^2 + i_B{}^2}$$
$$= \sqrt{I_m{}^2\,(\cos^2 x + \sin^2 x)}$$
$$= I_m$$

而矢量角为

$$\alpha = \arctan\frac{i_B}{i_A} = x$$

α 为常数，即实现了等幅电流矢量均匀旋转。

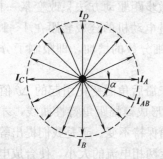

图 4-27　等幅电流矢量均匀旋转示意图　　　图 4-28　四相电流一个周期的变化

（3）等幅电流矢量硬、软件控制的实现

1）硬件控制电路。由计算机产生数字量电流的正、余控制信号，经 D/A 转换器转换为模拟量的电流信号，再送到放大驱动电路上，经放大后直接送到步进电动机的四相绕组。四相绕组分别取得正、余弦变化电流和零电平，通过电流合成矢量的驱动方式，驱动电动机旋转。这样，每输入一个数字量，电动机转子就步进一个微步距角。表 4-6 为四相数字量电流控制信号变化值表。

表 4-6　四相数字量电流控制信号变化值表

相位	步进电动机每步时的通电情况							
A	I_m	$I_m\cos x$	0	0	0	0	0	$I_m\sin x$
B	0	$I_m\sin x$	I_m	$I_m\cos x$	I_m	0	0	0
C	0	0	0	$I_m\sin x$	0	$I_m\cos x$	0	0
D	0	0	0	0	0	$I_m\sin x$	I_m	$I_m\cos x$

驱动控制电路原理上可利用 MCS—51 系列单片机与 12 位 D/A 转换器（DAC8413）构成高精度细分的开环自动定位系统，系统框图如图 4-29 所示。DAC8413 是在单片电路芯片上集成四个 12 位电压输出数/模变换器 DAC。每一 DAC 都有一个双重缓冲的输入锁存结构，并有回读功能。全部 DAC 都通过一个 12 位并行 I/O 口与微处理器发生读写操作。

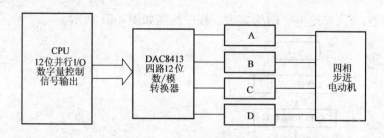

图 4-29　系统接口框图

2) 切比雪夫（Chebyshev）插值法。正弦函数 $\sin x$ 为周期函数，它的周期为 2π，故只需考虑 $0 \leqslant x < 2\pi$。由于 $\sin(\pi+x) = -\sin x$，所以介于 π 到 2π 的 x 值可用 $0 \sim \pi$ 之间的值来代替，又由于当 $x<0$，$\sin x = -\sin(-x)$，所以只需考虑 $0 \leqslant x \leqslant \pi$ 之间的正弦函数的计算。切比雪夫插值法的计算公式为

$$\sin x \approx -1.2850635 \times 10^{-3} x^6 + 0.0121117 x^5 -$$
$$6.0244134 \times 10^{-3} x^4 - 0.16137988 x^3 -$$
$$2.357414 \times 10^{-3} x^2 + 1.0004218 x -$$
$$1.3268 \times 10^{-5}$$

当 $0 \leqslant x \leqslant \pi$ 时，误差小于 1.5×10^{-5}。

3) 正弦函数计算程序框图设计。图 4-30 所示为正弦函数计算的程序框图。在设计该框图时，没有采用常用的减法把 x 变为 $0 \sim \pi$ 之间的数的方法，而是采用先把 x 除以 π，后取商的整数部分，再把它乘以 π，然后用 x 减去积，从而把 x 变为 $0 \sim \pi$ 之间的数。对于 x 较大时，这种方法比减法要快得多。对商取整数后，如果整数为奇数，则应将结果取负（按公式 $\sin(\pi+x) = -\sin x$）；如果 x 为负数，则结果要取反，即 $\sin x = -\sin(-x)$。框图中用标志位 B 来完成置 $\sin x$ 的符号的功能。

对于余弦函数，因为 $\cos x = \sin\left(\dfrac{\pi}{2} - x\right)$，可将 $\dfrac{\pi}{2}$ 减去 x 值后，再调用计算正弦函数的子程序，就得到余弦函数值。

4) 四相数字量电流控制信号程序框图设计。x 除以 2π，取商的整数部分 K 再乘以 2π，然后用 x 减去积，把 x 变为 $0 \sim 2\pi$ 之间的数。把 x 的新结果除以 $\pi/2$，再加 1 取整得 R。当 $R=1$ 时，调用 $i_A = I_m \cos x$、$i_B = I_m \sin x$、$i_C = 0$、$i_D = 0$；当 $R=2$ 时，调用 $i_A = 0$、$i_B = I_m \sin x$、$i_C = -I_m \cos x$、$i_D = 0$；当 $R=3$ 时，调用 $i_A = 0$、$i_B = 0$、$i_C = I_m \cos x$、$i_D = I_m \sin x$；当 $R=4$ 时，调用 $i_A = -I_m \cos x$、$i_B = 0$、$i_C = 0$、$i_D = I_m \sin x$。程序

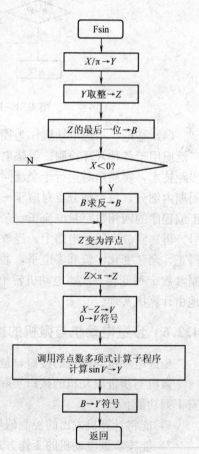

图 4-30　正弦函数计算程序框图

中 K、R 为整型，i_A、i_B、i_C、i_D 为实型。程序流程如图 4-31 所示。

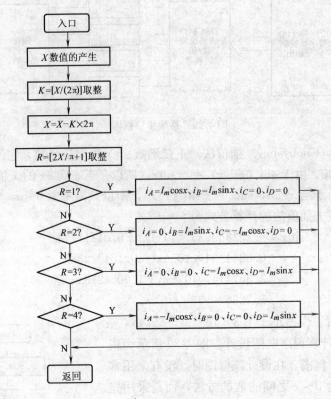

图 4-31　四相数字量电流控制信号程序框图

（4）结论　步进电动机作为控制用的一种特种电动机，利用其没有累积误差的特点，广泛应用于各种开环控制。等幅电流矢量微步距控制是基于交流同步电动机概念的特殊微步距技术，实质是对运行于交流同步电动机状态的步进电动机所受的交流模拟信号在一个周期内细分，每个细分点对应于一个交流值。采用切比雪夫插值法进行正弦量计算，实现汇编程序的四相数字量电流正、余弦控制信号。再经 D/A 转换器转换为模拟量的电流信号，再送到放大驱动电路上，经放大后直接送到步进电动机的四相绕组。四相绕组分别取得正、余弦变化电流和零电平，通过电流合成等幅电流矢量，驱动电动机的旋转，这样控制参数 x 每变化一次，电动机转子就步进一个微步距角，控制参数 x 的变化可以很方便地由计算机实现。

4.2.6　步进电动机与微机的接口技术

步进电动机与微机的接口，包括硬件接口和相应的软件接口，这里只介绍硬件接口。

微机与步进电动机的接口实际上是微机与步进电动机驱动电源的接口，接口电路应具有下列功能：

1）能将计算机发出的控制信号准确地传送给步进电动机驱动电源。

2）能按步进电动机的工作方式（如三相单三拍，三相双三拍，三相六拍，五相十拍等），产生相应的控制信号。这些控制信号可由计算机产生，并经接口电路送给步进电动机。如果使用脉冲分配器，计算机只需按插补运算的结果发出控制脉冲，而脉冲分配由脉冲分配器完成。

3）能够实现升、降速控制。升、降速控制可由硬件和软件来实现。硬件实现的方法这里不作介绍。软件实现方法参见下一节。

4）能实现电压隔离。因为微机及其外围芯片一般工作在+5V弱电条件下，而步进电动机驱动器电源是采用几十伏至上百伏强电电压供电。如果不采取隔离措施，强电部分会耦合到弱电部分，造成CPU及其外围芯片的损坏。常用的隔离元件是光耦合器，可以隔离上千伏的电压。

5）应有足够的驱动能力，以驱动功率晶体管的通断。双极型功率晶体管和晶闸管都是电流控制型器件，因此，其驱动部分必须提供足够大的驱动电流。微机和一般的逻辑部件带载能力都比较弱，所以接口部分必须有电流放大电路。电流放大可采用晶体管及脉冲变压器等来完成。

6）能根据不同型式的驱动电源，提供各种所需的控制信号。

步进电动机虽然有三相、四相、五相及六相等，但各相的控制驱动电源都是一样的，所以下述的内容和前述的各种驱动电源都是对一相而言的。

图 4-32 给出的是 8031 单片机和步进电动机的接口。采用高低压供电恒流斩波驱动电源。

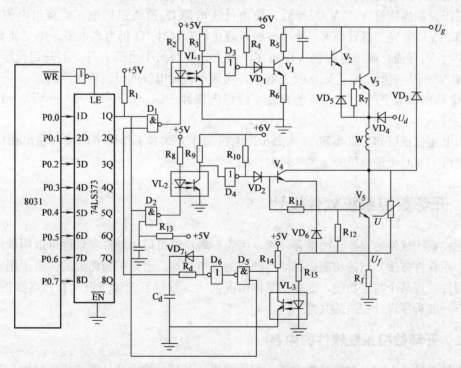

图 4-32　8031 单片机与步进电机的接口

图中，光耦合器 $VL_1 \sim VL_8$ 起隔离驱动作用，$V_2 \sim V_5$ 是功率晶体管，V_2 和 V_3、V_4 和 V_5 接成达林顿管形式，提高了放大倍数和驱动能力。R_f 为反馈信号取样电阻，W 是步进电动机的一相绕组，VD_3 是续流二极管。74LS373 是 8 路三态输出触发器，一路输出信号控制一相绕组，可控制两台三相步进电机或两台四相步进电机。Q 输出高电平，将使其所控制的相绕组通电。74LS373 的 LE 是锁存允许端，高电平有效。下面来分析一下该接口电路的工作过程。

设绕组初始状态无电流流过，R_f 上的压降为零，即 $U_f=0$，因此光耦合器 VL_3 的发光二极管熄灭，其中的光敏三极管截止，使与非门 D_5 的一个输入端为高电平。这时，如果 8031 通过 P_0 口输出 01H 时，$\overline{WR}$ 有效，并通过反相器作用于 74LS373 的 LE 端，使 74LS373 将单片机输出的信号锁存到输出端，即 1Q 输出高电平信号。这个步进信号一方面通过与非门 D_2 使 VL_2 的发光二极管发光，使其光敏三极光导通，反相器 D_4 输出高电平，使功率晶体管 V_4 和 V_5 导通；另一方面信号作用于 D_5 门，使 D_5 输出低电平，经反相器 D_6 输出高电平，和 1Q 一起作用于 D_1，D_1 输出低电平，因此光耦合器 VL_1 发光二极管发光，使其中的光电三极管导通。这样 D_3 输出高电平，V_1 截止，使高压功率晶体管 V_2 和 V_3 导通，高电压 U_g 作用于电机绕组，使步进电机的一相通电。

随着绕组电流的上升，R_f 的压降 U_f 增加，当 U_f 增加到一定程度时，VL_3 的发光二极管发光，从而使其中的光敏三极管导通。导通后，D_5 输出高电平，反相器 D_6 输出低电平，但不是立即关闭门 D_1 使高压控制晶体管 V_2、V_3 截止，而是要延时一段时间。这是因为 R_d、C_d 的存在。R_d 和 C_d 组成了延时电路，其目的就是延时关闭 V_2 和 V_3，这样可避免由于绕组电流的波动而使 V_2、V_3 通断次数太多，以致于造成太多的开关损耗。

高压控制晶体管 V_2、V_3 关断后，便由低压电源 U_d 给绕组供电。当绕组电流下降，U_f 下降，VL_3 发光二极管熄灭，光敏三极管截止，若这时 1Q 仍为高电平，则又使高压晶体管 V_2、V_3 导通，高压电源再次作用在绕组上，使绕组中电流上升。上升到设定值后，U_f 又使 V_2、V_3 截止。V_2、V_3 的反复通断，实现了绕组电流的恒流斩波控制。

1Q 输出低电平后，$V_2 \sim V_5$ 皆截止，绕组电流经 $VD_3 \rightarrow U_g \rightarrow$ 地 $\rightarrow U_d \rightarrow VD_4 \rightarrow L$ 回路泄放。

由上述过程可知，只要 8031 按照步进电机工作方式和工作频率向接口输出相应的信号，便可实现对步进电机的速度和转向控制。

4.3 开环数控系统软件设计

数控系统软件的设计必须结合硬件，因为有些功能可以用硬件实现也可以用软件方法实现；用软件方法实现的功能也必须有硬件的支持，这二者是相辅相成的。至于用软件还是用硬件实现某个特定功能，这要视具体情况而定。数控系统程序设计有其本身的特点，也具有一般程序设计方法的共性。

4.3.1 开环数控系统软件的内容

数控系统中大部分数控功能主要由软件实现，开环数控中的计算机硬件结构与其他用于过程控制的计算机结构基本相近，其主要任务是输入输出的安排，控制面板布置，存储器扩展等内容，除此以外的功能尽可能由软件来实现，这样做一方面可以降低系统的制造成本，另一方面可以减少因硬件复杂引起系统工作的不可靠。因为整个系统的工作可靠性主要取决于硬件的制造质量，软件一旦调试成功，就不存在工作中出差错的问题，而且软件设计有很大的柔性，可以方便地修改、增删系统的功能。

一个开环控制的数控系统软件大致可按图 4-33 分成几大类。

（1）操作程序　它包括键盘程序、指令的输入输出程序、显示程序、面板控制以及应急处理程序。

（2）编译程序　它主要用以解释用户源程序、沟通与计算机内部处理信息的关系，如把源程序转换成机器码存放到内存中，把键定义合并组成指令、对源程序进行排列、修改、增删以及检错等。操作程序和编译程序一般统称为监控程序。

（3）数据处理及数学运算程序　数据处理指的是数制转换，如二翻十、十翻二的转换，显示数据的转换，还有尺寸数和脉冲数的转换运算等。数学运算则包括常用的算术代数运算、函数运算、定点浮点数的运算等。在数控软件中，这部分内容占有很大比重，其中大部分程序可以从有关手册中查到，只要定义好手册中查到的子程序模块的出口和入口条件，就可以应用，可以节省不少时间。有一点必须指出，在配有高级语言的系统中，这部分内容均已有内部处理程序，编程者仅写成运算式，计算机就能执行。但用汇编语言编写系统程序，是在系统可以接受的百余条汇编指令的基础上进行的，编程者必须写出这些算法程序，即使是采用成熟的成套算法程序，也必须写入编写的系统程序中才能使用。

（4）加工程序　数控系统的加工程序是系统特有的程序，包括本系统所定义的全部 G 功能和 M 功能。在 G 功能和 M 功能覆盖下的功能程序包括各驱动轴的控制功能程序、插补功能程序、位置检测以及齿轮、螺旋传动间隙补偿程序等。

前三类程序设计因属过程控制中计算机软件设计共有的问题，故不乏借鉴之处，但数控加工程序因有其专门的特点，且对数控系统的优劣有决定性作用。本章就加工程序的设计作重点讨论。

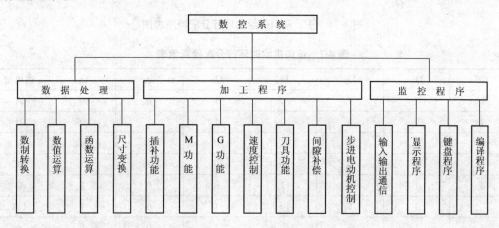

图 4-33　数控系统软件组成

4.3.2　步进电动机的环行分配

步进电动机的控制主要由脉冲分配和驱动电路两部分组成。脉冲分配可以用硬件电路实现，也可以用软件程序实现。

1. 硬件脉冲环行分配

步进电动机脉冲控制的任务有三点：控制电动机的转向、控制电动机的转速、控制电动机的转角。控制输送给电动机的脉冲数就可以控制电动机相应的转角数；控制输送给电动机的脉冲频率就可以控制电动机的转速；控制电动机的转向，实际就是控制脉冲输送给电动机绕组的顺序分配，这种分配称为环行分配。在数控系统中，脉冲分配器是将插补输出脉冲，按步进电动机所要求的规律分配给步进电动机驱动电路的各相输入端，用以控制绕组中电流的开通和关断。同时由于电动机有正反转要求，所以脉冲分配器的输出既是周期性的，又是可逆的，因此，也可称之为环形分配器。

硬件环行分配器由集成电路的逻辑门、触发器等逻辑单元构成。三相六拍环形分配器由三个 D 触发器和若干个与非门所组成。CP 端接进给脉冲控制信号，E 端接电动机方向控制信号（高电平或低电平信号）。环行分配器的输出端 Q_A、Q_B 和 Q_C 分别控制电动机的 A、B 和 C 三相绕组。其原理图见图 4-34。正向进给时环行分配器真值表见表 4-7。

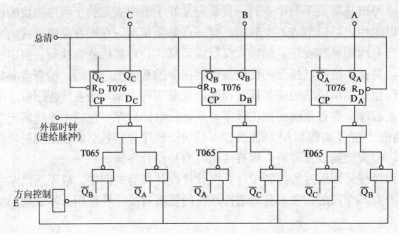

图 4-34　正、反向进给的环行分配器原理图

表 4-7　正向进给时环行分配器真值表

CP	D_A	D_B	D_C	Q_A	Q_B	Q_C	通电相
0	1	1	0	1	0	0	A
1	0	1	0	1	1	0	AB
2	0	1	1	0	1	0	B
3	0	0	1	0	1	1	BC
4	1	0	1	0	0	1	C
5	1	0	0	1	0	1	CA
6	1	1	0	1	0	0	A

对图 4-34 进行分析可知：置 E 为 "1" 时，三相六拍的运行方式是 A→AB→B→BC→C→CA…顺序轮流通电方式，称之为正转，则转子便顺时针方向一步一步转动；置 E 为 "0" 时，三相六拍的运行方式是 CA→C→CB→B→BA→A…顺序轮流通电方式，称之为反转，则转子便逆时针方向一步一步转动。专用的环形分配集成芯片 CH250，是专为三相步进电动机设计的环形分配集成芯片，采用 CMOS 工艺集成，可靠性高。它可工作于单三拍、双三拍、三相六拍等方式。图 4-35 所示为 CH250 实现的三相六拍脉冲分配电路。

对于不同种类、不同相数、不同分配方式的步进电动机都必须重新设计不同的硬件分配电路或选用不同的集成芯片，显然有些不方便。

2. 软件脉冲环行分配

这里采用 MCS-51 系列单片机介绍步进电动机的软件程序控制方法。以控制两只四相八拍电动机的环行分配程序为例。

设有 X 向四相步进电动机，以四相八拍方式运行。按照四相八拍方式运行时的通电顺序为

正转：A→AB→B→BC→C→CD→D→DA→…

反转：A→AD→D→DC→C→CB→B→BA→…

设以 8031 的 P_1 口作为两只电动机的输出口，其对应关系见表 4-8。

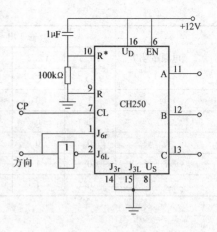

图 4-35　CH250 实现的三相六拍脉冲分配电路

表 4-8　两只四相电动机输出口分配

Y 电动机				X 电动机			
P1.7	P1.6	P1.5	P1.4	P1.3	P1.2	P1.1	P1.0
D	C	B	A	D	C	B	A

由于控制口的输出信号一般需经驱动电路进行反向放大，故当某 P_1 口输出为 "0" 时，即接通某相电动机绕组；当某 P_1 口输出为 "1" 时即表示不接通某相电动机绕组。表 4-9 为 X 向电动机的通电顺序。设 X 向电动机以通电状态的顺序号作为地址，并记忆在内部 RAM 的 52H 中，把 X 的状态记忆在 55H 中，与 P_1 口相对应，55H 的低四位放 X 向电动机的状态。当电动机正转时，通电顺序号加 1 增大；当电动机反转时，通电顺序号减 1 减小。把 X 向电动机的进给方向符号放在位地址 02H 中，"0" 表示正，"1" 表示负。同时设计 Y 向电动机的通电状态顺序号记忆在内部 RAM 的 53H 中，Y 向电动机的进给方向符号放在位地址 03H 中，55H 的高四位放 Y 向电动机的状态。

环行分配时，先从 52H 或 53H 中查得当时的通电顺序号，根据相应电动机在插补过程中是正向进给还是负向进给，决定是通电顺序号加 1 还是通电顺序号减 1 运算。加 1 后，若地址超过 8，则赋顺序号为 1；减 1 后，若地址小于 1，则赋顺序号为 8。根据加 1 减 1 得到的新地址查表取得新的通电状态，再把新的通电状态在适当时机送向输出口 P_1，完成步进电动机行走一步。环行分配流程图如图 4-36 所示，环行分配程序图如图 4-37 所示。

表 4-9　X 向电动机的通电顺序

通电顺序号	输　出　口				16 进制状态	通电相数
	P1.3	P1.2	P1.1	P1.0		
	D	C	B	A		
1	1	1	1	0	E	A
2	1	1	0	0	C	AB
3	1	1	0	1	D	B

（续）

通电顺序号	输出口				16进制状态	通电相数
	P1.3	P1.2	P1.1	P1.0		
	D	C	B	A		
4	1	0	0	1	9	BC
5	1	0	1	1	B	C
6	0	0	1	1	3	CD
7	0	1	1	1	7	D
8	0	1	1	0	6	DA

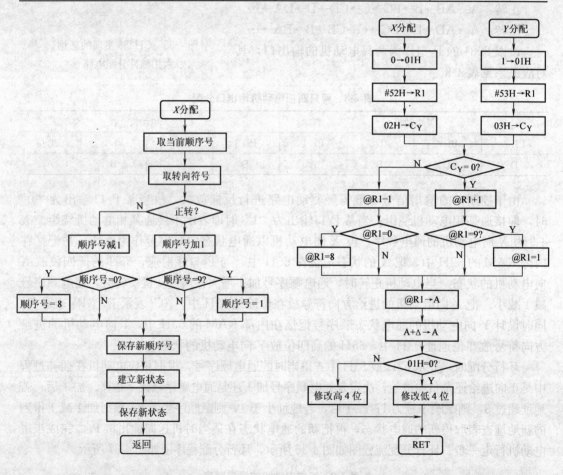

图 4-36　环行分配流程图　　　　　图 4-37　环行分配程序流程图

两只电动机环行分配程序如下：

```
XPD:  CLR    01H              ；设标志位，X分配时清01H位
      MOV    R1，#52H         ；52H中为X状态顺序号，R1作间址
                               处理
      MOV    C，02H           ；X符号送 C_Y
      AJMP   PPD
```

YPD：	SETB	01H	；当 01H＝1 时为 Y 分配
	MOV	R1，#53H	；53H 中为 Y 状态顺序号
	MOV	C，03H	；Y 符号送 C_Y
PPD：	JC	PPD2	
	INC	@R1	；正转加 1 寻址，因顺序号加 1
	CJNE	@R1，#09H，PPD3	；若顺序号为 9＞8 时，执行下条，否则跳转
	MOV	@R1，#01H	；修改顺序号为"1"
	AJMP	PPD3	
PPD2：	DEC	@R1	；反转减 1 寻址
	CJNE	@R1，#00H，PPD3	；若顺序号为 0，接着修改，否则跳转
	MOV	@R1，#08H	；顺序号为 0，修改成 8
PPD3：	MOV	A，@R1	
	ADD	A，#01H	；当前顺序号＋偏移量，偏移为当前地址＋中间间隔指令的字节总数
	MOVC	A，@A＋PC	
	AJMP	PPD5	；查表后跳到处理入口 PPD5
	DB：0EEH，0CCH，0DDH，99H		；DB 中每一个数占一个字节，高四位为 Y 状态，低四位为 X 状态
	DB：0BBH，33H，77H，66H		
PPD5：	JB	01H，PPD6	；是 Y 轴分配跳转
	ANL	A，#0FH	；保留低位，因 A 中低四位是 X 新状态
	ANL	55H，#0F0H	；保留高位 Y 状态
	ORL	55H，A	；合并一字节，修改了 55H 中 X 新状态
	RET		
PPD6：	ANL	A，#0F0H	；Y 轴分配，取高四位
	ANL	55H，#0FH	；保留低四位 X 状态
	ORL	55H，A	；合并一字节，修改了 55H 中 Y 新状态
	RET		

程序中的 PPD3 是一个查表程序，用 MOVC A，@A＋PC 指令来查表，表长不能超过 256 字节（每个数据占一个字节）。指令中@A 为当前指针到表首的偏移量，由于序号@R1 从 01 开始，PC 中间间隔字数为 1，所以 A＝1，这样处理后，当@R＝1 时，则偏移量@A＝1＋1＝2，将查得第一组数为#0EEH。

两只电动机的输出口为 8031 的 P_1 口，则只需使用 MOVP$_1$ 55H 指令，就可以将最新电动机的通电状态输出给步进电动机的驱动电路，实现步进电动机的步进工作。

环形分配程序是数控系统程序的一个子程序，非常重要，将在后续各程序中使用，需加深理解。

步进电动机在运行前应置初值，一般在主程序的初始化工作中设置。步进电动机的初始状态是无法查询的，因此所设置初值不一定符合起动时电动机的转角相位，这对于精密加工是不允许的，解决的办法是用机械零点来消除，在数控编程时首先让刀具到达机械零点，再由零点趋向工件。然后进行加工，进入程序后任何情况下均应记住当时步进电动机的相位。

4.3.3　开环数控系统软件的速度控制

步进电动机开环控制的数控系统，用改变进给脉冲的频率来改变速度。进给速度的控制也就是电动机转速的控制，数控系统一般要求较大的调速范围，从每分钟若干毫米到每分钟若干米。此外为克服系统起动惯性和得到正确定位必须克服运动惯性，为此，应该使运动有一个升速和降速的过程。

有些机械如经济型数控机床、火焰切割机等加工速度不太高，可以不设升降速；但对于要求快退、快进、高速运行的机械，必须要有升降速来改善起动和定位性能。

1. 数控机械工作速度控制程序设计

数控机械普遍需要较大范围的无级调速或多级调速，调速的方式和方法大致有三种：

1) 在硬件数控中，大部分是由面板上速度拨盘进行调速和选速。面板调速是用改变专用振荡器的频率来控制进给脉冲频率的，这原理比较简单，涉及软件设计的工作量也较小，这里不作讨论。

2) 用程序延时的方法进行调速。例如，编一段延时程序：

```
DIE:     MOV    R3，♯200
LOOP:    MOV    R4，♯125
LOOP1:   DJNZ   R4，LOOP1
         DJNZ   R3，LOOP
         RET
```

这段程序在使用 12MHz 晶振时可以获得 50ms 的延时时间。如果对 R3、R4 的数据通过数控指令置数，就可以获得所需要的延时时间，也即改变了速度。

这种方法的缺点是：速度将会随整个插补程序的执行时间改变而改变。因为总的脉冲时间间隔等于延时时间加插补执行时间，往往因为情况的改变，执行插补的时间并不一样，所以总的延时时间是变化的，那么进给速度也就不均匀了。

3) 定时器延时检索或中断控制。MCS-51 单片机中有两个 16 位可编程定时器 T_0、T_1，若使用其中一个定时器作为进给脉冲发送源，即可构成正确的速度控制器。

每个定时器有 4 种工作方式，由 TMOD 特殊功能寄存器设定。若选取 T0 寄存器并置于工作方式 1，则 TMOD 应设♯01H。特殊功能寄存器 TCON 中的 TF0 位和 TR0 位是检测和启动定时器的控制位，当 TR0 由软件置 1 时，就启动定时器 T0 计数。TF0 是定时器溢出标志位，当定时器加法计数到全"1"时再加 1，即溢出并置位 TF0，TF0 可以用作定时中断或软件查询。

当定时器处于工作方式 1 时，可以对定时器进行 16 位预置并计数，如图 4-38 所示。

定时器定时预置数可由计算机晶振器脉冲频率求得。例如，要求定时为 1ms，当时钟频率为 12MHz 时，机器周期 T 为 $1\mu s$，预置数 x 可由下式求得

$$定时时间\ t = (2^{16} - x) \times T$$

解得：$x = 64536 = FC18H$，置 TH0=FCH，TL0=18H

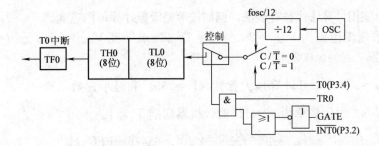

图 4-38　T_0 处于方式 1 时的工作图

程序清单如下：

VV1:	MOV	TL0，♯18H	；预置数
	MOV	TH0，♯0FCH	
	SETB	TR0	；起动定时
	……		；插补运算
LOOP:	JBC	TF0，PTF0	；等待定时到
	AJMP	LOOP	
PTF0:	……		；执行进给程序

定时为 1ms 时的进给频率为 $f=1\times10^3/s$，若系统的脉冲当量 $\delta=0.001$，则进给速度为

$$V=\delta f=0.001\times10^3 \text{mm/s}=1\text{mm/s}=60\text{mm/min}$$

假如在速度程序中通过两个中间寄存器向 TH_0、TL_0 置数，这样只要改变中间寄存器的置数值就可以改变进给速度。

在近代数控系统中，常通过编程来确定进给速度。在 ISO 数控代码中用速度功能字 F 来定义进给速度。

F 定义速度有两种方法。第一种是直接定义，把 F 后面的数字直接赋以每分钟的进给量（mm/min），用定时器控制速度时，要把进给量换成置数数值，例如设定进给速度为 60mm/min，指令中定义为 F60，则应向 TH_0、TL_0 赋以 FC18H 的值。

直接定义 F 的方法可以实现数控系统在整个速度范围内无级变速，但计算机每执行一条指令要耗费一定的换算时间，而且 F 功能字要占两个字节数。F 均有功能保持作用，即 F 置数以后，后继指令若没有另置 F 值，则继续使用以前的 F 常数。

第二种是间接定义 F 的方法，这种方法 F 后面的数不是表示直接速度值而是表示速度的"档"数。在系统设计的速度范围内，把速度按某种规律排成若干档，每档表示一种速度，每档速度的值可以用查表或计算求得。

例如，某一数控铣床要求速度范围在 8mm/min～2m/min 内分 255 档调速，机床的脉冲当量为 0.002，安排每档速度。

第一种方案是程序查表法：根据 255 档速度合理分配（如按等比级数），求出每档速度值再按式 $t=(2^{16}-x)\times T$ 和式 $V=\delta f$ 求出每档置数常数并列成表格。对用户来说须列出速度与档数的关系以备用户编程时查用。在计算机内部处理中，对系统程序设计者应列出档数与置数的关系，然后用"查表法"按数控程序给定的 F 档数查得相应的置数常数，控制定时器定时时间。查表法的缺点是占用较多的内存，优点是可获得比较合理的速度分布。

第二种方案用计算法代替查表法，例如按等差级数计算每档速度。

机床要求速度范围为 $V_{max}=2\text{m/min}=33.33\text{mm/s}$ 到 $V_{min}=8\text{mm/min}=0.13\text{mm/s}$，档数 $F=1\sim255$，$\delta=0.002$。

则：按 $x=2^{16}-\dfrac{\delta}{VT}$ 可计算最大置数（F=255）和最小置数（F=1），式中单位 $\delta=$ mm，$V=$mm/s，时钟频率为 12MHz 时，机器周期 T 为 $1\mu\text{s}=10^{-6}\text{s}$。

$$x_{max}=2^{16}-\frac{0.002}{33.33}\times10^6=65476=\text{FFC4H}$$

$$x_{min}=2^{16}-\frac{0.002}{0.13}\times10^6=50234=\text{C43AH}$$

任一档 F 所对应的置数为 $x=x_{min}+(F-1)\dfrac{x_{max}-x_{min}}{254}$

由于平均置数：$\Delta x=\dfrac{65476-50234}{254}=60=\text{3CH}$

化简后的置数公式为 $x=\text{C43AH}+(F-1)\,\text{3CH}$

按上式写成速度控制程序。

设置数中间寄存器为 5AH、5BH。5AH 中放置数高位，5BH 中放置数低位。F 速度档数由编程决定，调入内存时，放在 31H 中，程序清单如下：

VV：	MOV	A，31H	；取 F 置数
	JZ	VV1	；速度保持，不置 F 时 F=♯00H
	DEC	A	；
	MOV	B，♯3CH	；乘以级差
	MUL	AB	；
	ADD	A，♯3AH	；低位+♯3AH
	XCH	A，B	；送高位到 A，低位在 B
	ADDC	A，♯0C4H	；高位+♯C4H+C_Y
	MOV	5AH，A	；送定时器置数到中间寄存器
	MOV	5BH，B	；
VV1：	MOV	TH0，5AH	；向定时器置数，启动定时
	MOV	TL0，5BH	；
	SETB	TR0	；
	RET		

执行加工指令时调用 VV，在插补过程中调用 VV1，因此每次插补速度控制仅需执行四条指令。

另一个问题是速度保持功能。

5A、5B 中的常数，在当前指令执行完毕后也不清零，若下一条指令中 F 未置数，即 F=♯00H。查询中若 F=♯00H，则跳过运算，直接用上一条指令的置数常数（保留在 5AH、5BH 中）。

计算机算法的优点是没有表格，少占内存；缺点是速度分布不如查表法合理。

2. 步进电动机自动升降速

（1）什么是自动升降速　数控机械从静止到高速运行状态必须有一个逐步升速的过

程，否则步进电动机将会失步；临到终点前也必须有一个降速过程，否则会造成过冲，使定位不准。这种升速和降速必须在短时间内自动完成。自动升降速若用硬件方法实现，将增加数控系统硬件结构的复杂性从而增加系统故障的出现次数，所以自动升降速一般用软件方法实现。

自动升降速的曲线有多种形式，有按指数曲线规律设计的，有按等加速、等减速规律设计的，图 4-39 是按等加速、等减速规律升降速的速度控制图。横坐标 S 表示步进电动机的运行距离，纵坐标 V 表示步进电动机的运行速度，V_0 表示不失步的突跳速度，V_{max} 表示最大运行速度。

（2）自动升降速的软件方法实现　图 4-40 是用定时器作为速度控制的自动升降速程序设计，把升速区的斜线用阶梯形阶梯线实现。图中把纵坐标 V 用进给频率 f 表示，n 是每种频率运行的次数，H 是频率差即 $f_i - f_{i-1}$，f_{max} 表示运行最高频率，f_0 表示系统允许的不失步突跳频率，S_0 表示升速时间内的行程，S_1 表示降速时间内的行程。若设 n、H 为不变数（按要求在程序初始化时设定），则加速斜率 $k = \dfrac{f_{max} - f_0}{S_0} = \dfrac{H}{n}$。

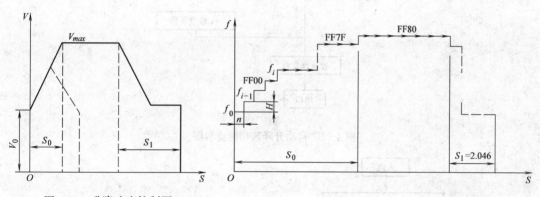

图 4-39　升降速度控制图

图 4-40　阶梯自动升降速频率示意图

设计时要求在不失步的升速过程中 S_0 愈短愈好，所控制的数控机械（如工作台）能在最短时间内达到最高运行速度。要缩短 S_0 的时间，一是尽可能提高 f_0，二是增大 H。由于 f_0 表示系统允许的不失步突跳频率，一般不易增大；增大 H 或减小 n 均能使 k 增大，但事实上增大 H 也就是频率跃阶增大，容易造成电动机在升速过程中失步，实验证明 $H=1$ 时，升速性能最好。程序设计是柔性的，在软件调试实验中可以按需要改变 H 和 n 值。

下面以数控工作台的升降速设计为例。金属切削机床在加工情况下由于进给速度较低，一般不设升降速，故升降速只在高速空行程或点位控制情况下设置。

自动升降速程序有关定义：

① 频率差 $H=1$，置 1CH 中。

② 设计不失步突跳频率为 $x_0 =$ FA7CH，置 18H、19H 中。

（$f = \dfrac{V}{\delta}$，$x = 2^{16} - \dfrac{1}{fT} = 2^{16} - \dfrac{\delta}{VT}$，有关计算参考"单片机原理与接口技术"课程）

③ 设计最高运行频率 $f_{max} =$ FF80H，在 1AH、1BH 中置 FF7FH。

④ 升速区中，（5AH、5BH）= FF00H 为高速分界线。当 f 小于或等于 FF00H 时 $n=1$，当 f 大于 FF00H 时 $n=3$，在 1DH 中置 2 解决。

⑤ 降速区 $n=1$。

图 4-41 是自动升降速功能流程图，图 4-42 是自动升降速程序流程图。自动升降速子程序如下：

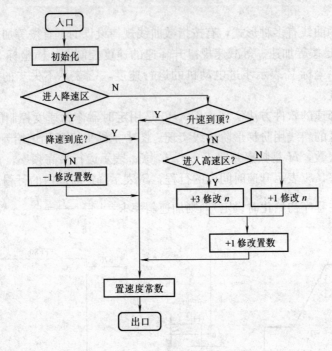

图 4-41　自动升降速功能流程图

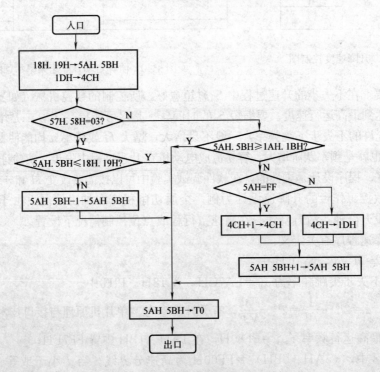

图 4-42　自动升降速程序流程图

```
VOU：   MOV   A，58H              ；57H，58H，59H 为计数长度
        ANL   A，♯0FCH            (58H) ＝03H 开始进入减速区，减速距
        ORL   A，57H              离＝2.046mm（设脉冲当量为 0.002mm）
        JZ    VDON               ；A＝0 进入减速区转降速处理
        MOV   A，5AH              ；查（5AH. 5BH）＝（1AH. 1BH），
        CLR   C                  （5AH. 5BH）≠（1AH. 1BH）转 VUP1
        CJNE  A，1AH，VUP1
        MOV   A，5BH
        CJNE  A，1BH，VUP1
VUP：   DJNZ  4CH，VCON            ；查每阶步数走完否？若（4CH）≠0，未
                                 走完不作修改置数。（4CH）＝0，修改
                                 置数，查在高速区否？
        MOV   A，5AH
        CJNE  A，♯0FFH，VDV1       ；在高速区每阶步数按（1DH）修改，不
                                 在高速区每阶步数＋1 修改。
        MOV   4CH，1DH
VDV1：  INC   4CH
        MOV   A，5BH              ；修改升速置数常数
        ADD   A，1CH              ；(5AH. 5BH) ＋1→ (5AH. 5BH)
        MOV   5BH，A
        MOV   A，5AH
        ADDC  A，♯0
        MOV   5AH，A
        LJMP  VV1                ；向定时器置速度常数
VDON：  MOV   A，5AH              ；降速处理，查降速到最低速否？
        CLR   C
        CJNE  A，18H，VD01
        MOV   A，5BH
        CJNE  A，19H，VD01
VD02：  SETB  08H                ；已降到最低速不修改，08 置 1
        LJMP  VV1
VD01：  JC    VD02               ；(5AH. 5BH) ＜ (18H. 19H) 转不修改
        MOV   A，5BH
        CLR   C                  ；(5AH. 5BH) ＞ (18H. 19H) 改置数常数
        SUBB  A，1CH              ；(5AH. 5BH) －1→ (5AH. 5BH)
        MOV   5BH，A
        MOV   A，5AH
        SUBB  A，0
        MOV   5AH，A
```

```
        LJMP    VV1                      ；向 TH0，TL0 置数（见速度程序）
VUP1：  JC      VUP                      ；(5AH.5BH) ＜ (1AH.1BH) 转修改处理
VCON：  LJMP    VV1
```

在升速区中，当（5AH.5BH）＞FF00H 后，升速比较困难，就转入较慢升速阶段，每阶脉冲数改为 3，升速性能大为改善。升降速要占用插补时间，每进给一步必须调用升降速程序，因此要尽量缩短升降速程序占用的时间。升降速程序的初始化在主程序中预置。

4.3.4 提高开环进给伺服系统精度的措施

在开环进给系统中，步进电动机的步距角精度，齿轮传动部件的精度，丝杠、离合器、联轴器、键与轴、键与轮毂、支承的传动间隙及传动和支承件的变形等将直接影响进给位移的精度。对于从电动机到终端执行件运动中的全部传动间隙和传动误差，必须予以机械消除或软件补偿。通常的做法是先用机械消除方法解决大部分间隙与误差，然后对机械消除不了的间隙与误差进行软件补偿。

1. 传动间隙补偿

在进给传动机构中，提高传动元件的制造精度并采取消除传动间隙的措施，可以减小但不能完全消除传动间隙。由于间隙的存在，接受反向进给指令后，最初的若干个指令脉冲只能起到消除间隙的作用，因此产生了传动误差。传动间隙补偿的基本方法是：当接受反向位移指令后，首先不向步进电动机输送反向位移脉冲，而是由间隙补偿电路或补偿软件发出一定数量的补偿脉冲，使步进电动机转动越过传动间隙，然后再按指令脉冲使执行部件作准确的位移。间隙补偿脉冲的数目由实测决定，并作为参数存储起来，接受反向指令信号后，每向步进电动机输送一个补偿脉冲的同时，将所存的补偿脉冲数减 1，直至存数为零时，发出补偿完成信号。

（1）传动间隙补偿的软件流程设计 传动间隙仅产生在运动反向的时候，用计算机软件补偿方法简单方便，一般不需追究间隙产生的原因。传动间隙事先用高精度测量仪器测出，补偿的办法是在反向后多走若干个脉冲，多走的脉冲称为补偿脉冲，补偿脉冲不参与插补运算。

例如当$(\Delta X_{i-1})_f \oplus (\Delta X_i)_f = 1$ 时，表示原 X 行走方向与现 X 行走方向相反，需调用传动间隙的补偿程序。直线插补一开始或圆弧插补过象限时均需要间隙补偿。

图 4-43 是间隙补偿的功能框图，在两坐标插补中进行间隙补偿。

（2）传动间隙的子程序 位地址及字节地址的分配如下：

① 位地址 02H（20H.2）：存放 X 进给方向符号$(\Delta X)_f$。

② 位地址 03H（20H.3）：存放 Y 进给方向符号$(\Delta Y)_f$。

③ 位地址 5FH.2、5FH.3：分别存放 X、Y 进给方向上一次符号$(\Delta X)'_f$、$(\Delta Y)'_f$。

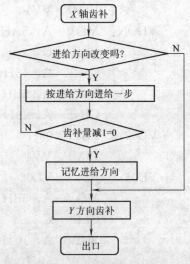

图 4-43 间隙补偿功能框图

④ 字节地址 5DH：存放 X 进给方向间隙补偿脉冲数。

⑤ 字节地址 5EH：存放 Y 进给方向间隙补偿脉冲数。

间隙补偿程序如下：

```
ZB:     MOV     A, 5FH          ; 调出上次(ΔX)'_f、(ΔY)'_f 的进给符号
        XRL     A, 20H          ; 查(ΔX)_f=(ΔX)'_f，(ΔY)_f=(ΔY)'_f
        MOV     C, ACC.3        ; 5FH, 20H 的第三位分别为(ΔY)_f 和(ΔY)'_f
        MOV     00H, C          ; 若(ΔY)_f=(ΔY)'_f，00H 置 0，不等置 1
        JNB     ACC.2, ZBYY     ; 判 X 方向是否反向，ACC.2 中为(ΔX)'_f
                                  ⊕(ΔX)_f 的结果
        ACALL   ZBX             ; 调 X 方向齿补
ZBYY:   JNB     00H, NZB
        ACALL   ZBY             ; 调 Y 方向齿补
NZB:    MOV     A, 5FH          ; 无齿补或齿补结束处理
        MOV     C, 02H          ; 修改进给符号，保存在 5FH 中，供下次使用
        MOV     ACC.2, C
        MOV     C, 03H
        MOV     ACC.3, C
        MOV     5FH, A
        RET                     ; RET 为 ZB 的 RET
ZBX:    MOV     R5, 5DH         ; X 齿补子程序，齿补量在 5DH 中
ZBX1:   LCALL   XPD             ; 调 X 环行分配子程序
        LCALL   STXY            ; 调定时速度进给一步（速度控制）
        DJNE    R5, ZBX1        ; 走完间隙补偿量返回
        RET                     ; RET 为 ACALL  ZBX 的 RET
ZBY:    MOV     R5, 5EH         ; 置 Y 齿补量
ZBY1:   LCALL   YPD             ; Y 轴间隙补偿
        LCALL   STXY
        DJNE    R5, ZBY1
        RET                     ; RET 为 ACALL  ZBY 的 RET
```

间隙补偿子程序本身能判别某个运动是否补偿及补偿进给方向，而且用指令设定的速度进行补偿进给。

2. 螺距误差补偿

用螺距误差补偿电路或软件补偿的方法，可以补偿滚珠丝杠的螺距累积误差，以提高进给位移精度。实测执行部件全行程的位移误差，在累积误差值达到一个脉冲当量处安装一个挡块。由于全长上的累积误差有正、有负，所以要有正、负两种误差补偿挡块，补偿挡块一般安装在移动的执行部件上，在与之相配的固定部件上，安装有正、负补偿微动开关。当运动部件移动时，挡块与微动开关每接触一次就发出一个补偿脉冲，正补偿脉冲使步进电动机少走一步，负补偿脉冲使步进电动机多走一步，从而校正了位移误差。

上述方法是在老式数控机床上采取的办法。在使用计算机数控装置的机床上，可用软

件方法进行补偿，即根据位移的误差曲线，按绝对坐标系确定误差的位置和数量，存储在控制系统的内存中，当运动部件移动到所定的绝对坐标位置时，补偿相应数量的脉冲，这样便可以省去补偿挡块和微动开关等硬器件。

有关螺距误差补偿软件程序这里不作讨论。

4.4 插补算法程序设计

用软件方法实现各种插补，应特别注意程序设计的精炼，因为插补数学运算较繁琐，加上处理问题时情况多变，所以程序设计难度较大。

在第 3 章讲述过的多种直线与圆弧插补方法，其数学模型及插补效果各有特点。但一般未论及执行这些数学模型时所耗用的计算机运行时间，这是一个选用插补方法的重要因素。在插补程序设计中，要尽量缩短插补的时间，必要时可用 16 位微机或提高单片机主振频率来提高运行速度。

下面选择第 3 章中讲述过的几种插补方法，进行程序设计的介绍。

4.4.1 逐点比较法直线插补算法程序设计

插补只是数学方法，在程序设计中不仅要解决数学运算问题，还必须解决实现某一特定运动的其他问题，如速度、加速度问题，还有输入输出等问题，确切地说，应该是解决数控系统执行一条指令的问题。

取指令到内部 RAM 中的存放地址设计如下：

24H 存放 G 的数字（BCD）码；25H～27H 存放 X 的带符号的数（直线为终点坐标 X_a，圆弧为动点坐标 X）；28H～2AH 存放 Y 的带符号数（直线为终点坐标 Y_a，圆弧为动点坐标 Y）；2BH～2DH 存放圆弧的终点坐标 X_e 值；2EH～30H 存放圆弧的终点坐标 Y_e 值；31H 存放 F 的 1～255 速度档数。

在插补运算过程中把 X 符号（也是 ΔX 的符号）放在 02H 位（即 20H.2）；把 Y 符号（也是 ΔY 的符号）放在 03H 位（即 20H.3）；07H 存放判别数 N，逆圆为"0"、顺圆为"1"；6DH、6EH、6FH 三字节存放偏差函数 F。

其他涉及到运算过程中的暂存器在程序中注出，不特别列出。内部 RAM 的设定和置数是在取指令阶段完成的，不属于执行指令的程序设计，直线的间隙补偿安排在插补运算之前。

图 4-44 是根据第 3 章图 3-9 功能流程图写出的 G01 程序设计流程图，按流程图写成的 G01 程序清单如下：

G01：	LCALL	VV	；调速度子程序启动定时
	MOV	C，2FH	；25H 字节的最高位 2FH 位是 X_a 的符号位
	MOV	02H，C	；$X_f \rightarrow$ 02H
	MOV	C，47H	；28H 字节的最高位 47H 位是 Y_a 的符号位
	MOV	03H，C	；$Y_f \rightarrow$ 03H
	CLR	2FH	；使 X、Y 不带符号的绝对值
	CLR	47H	；清符号位

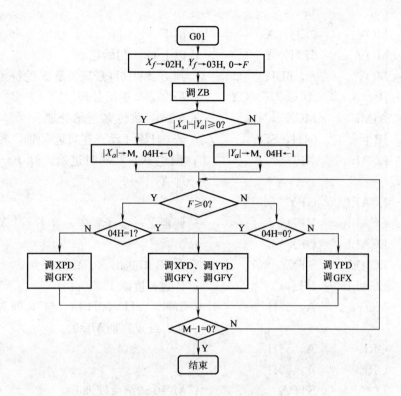

图 4-44　G01 程序设计流程图

	LCALL	ZB	；调齿补子程序
	CLR	C	；作 $|X_a|-|Y_a|$ 运算
	MOV	A，27H	
	SUBB	A，2AH	
	MOV	A，26H	
	SUBB	A，29H	；$|X_a| \geqslant |Y_a|$，$C=0$
	MOV	A，25H	；$|X_a| < |Y_a|$，$C=1$
	SUBB	A，28H	
	JNC	GX	；$|X_a| \geqslant |Y_a|$ 把 $|X_a|$ 作计数长度
GY:	SETB	04H	；计 Y 时标志位 04 置 1
	MOV	57H，28H	；$|Y_a| \to M$ 计数长度
	MOV	58H，29H	；M 设在 57H、58H、59H 中
	MOV	59H，2AH	
	AJMP	CLF	
GX:	MOV	57H，25H	；计数长度时 $|X_a| \to M$
	MOV	58H，26H	
	MOV	59H，27H	
	CLR	04H	；清 04 标志位
CLF:	CLR	A	
	MOV	6DH，A	；6D、6E、6F 中为偏差函数 F

	MOV	6EH，A	;清 F
	MOV	6FH，A	;以上 G01 初始化
JF：	MOV	A，6DH	;判 $F \geqslant 0$? 6D 最高位是 F 的符号位
	JB	ACC.7，MCY	;$F<0$，Y 进给处理
	AJMP	MCX	;$F \geqslant 0$，跳转 X 进给处理
MCY：	JB	04H，SGY	;若 04H＝1 动点在靠近 Y 轴，转单走 Y
	LCALL	XPD	;调走 X、Y 同时进给，算 $F-\|Y_a\|+\|X_a\| \rightarrow F$
	LCALL	GFY	
SGY：	LCALL	YPD	;调走 Y 一步子程序，算 $F+\|X_a\| \rightarrow F$
	LCALL	GFX	;
	LCALL	STXY	;向 P1 口送出 X、Y 状态
	LCALL	MJ1	;计数长度减 1
J0：	MOV	A，57H	;57H，58H，59H 相"与"，即 M 中有"1"否? 终点判别 $M＝0$?
	ORL	A，58H	
	ORL	A，59H	
	JZ	STPA	;$M＝0$ 转结束处理
	AJMP	JF	;$M \neq 0$ 继续下一步
GFX：	MOV	R2，6DH	;作 $F+\|X_a\|$ 运算
	MOV	R3，6EH	;
	MOV	R4，6FH	
	MOV	R5，25H	
	MOV	R6，26H	
	MOV	R7，27H	
	LCALL	FADD	;FADD 为带符号加法子程序，入口条件 R1R2R3 ＋ R5R6R7 结果在 45H、46H、47H 中
	ACALL	JF4	
	RET		
MCX：	JNB	04H，SGX	;走 X 处理，若 04＝1 直线靠近 X 轴，转单走 X
	LCALL	YPD	;调 Y 分配，X、Y 同时进给
	LCALL	GFX	
SGX：	LCALL	XPD	;调 X 分配，算 $F-\|Y_a\| \rightarrow F$
	LCALL	GFY	
	LCALL	STXY	;定时到后向 P1 口送新状态
	LCALL	MJ1	;调 $M-1$ 子程序
J1：	MOV	A，57H	;57H，58H，59H 相"与"，即 M 中有"1"

```
        ORL     A，58H
        ORL     A，59H           ；
        JZ      STPA            ；M 全 0，转结束处理
        AJMP    JF              ；终点未到继续下一步
GFY：   MOV     R2，6DH          ；三字节减法运算，算 F-|Y_a|→F
        MOV     R3，6EH
        MOV     R4，6FH
        MOV     R5，28H
        MOV     R6，29H
        MOV     R7，2AH          ；
        LCALL   FSUB            ；FSUB 入口条件：R2R3R4-R5R6R7→45H、
                                 46H、47H，45H 的高位为符号位
        ACALL   JF4
        RET
JF4：   MOV     6DH，45H          ；送入 F 寄存器子程序
        MOV     6EH，46H
        MOV     6FH，47H
        RET
MJ1：   CLR     C               ；三字节减 1 子程序
        MOV     A，59H           ；低位减 1
        SUBB    A，#1
        MOV     59H，A
        MOV     A，58H           ；中位减 0 及借位
        SUBB    A，#0
        MOV     58H，A
        MOV     A，57H           ；高位减 1 及借位
        SUBB    A，#0
        MOV     57H，A
        RET
STXY：  JNB     TF0，STXY        ；等待定时，查询标注，传送状态子程序
        MOV     TH0，5AH          ；定时到
        MOV     TL0，5BH          ；重置速度常数
        SETB    TR0             ；启动定时器
        CLR     TF0             ；软件清溢出标注
        MOV     P1，55H          ；把新状态往 P1 口送
        RET
```

整个程序从 G01 入口以 STPA 结束转出，用三字节运算，若脉冲当量为 0.001，行程可达 15.7m，这对于一般数控设备已经足够，但三字节处理用 8 位机很费时间。若用

0.01 脉冲当量，可考虑用 2 字节运算，行程可达 600mm，运算速度可大为提高。

4.4.2 逐点比较法圆弧插补算法程序设计

同直线插补一样，在执行 G02、G03 插补过程中，要经过取指令、传送、执行指令和结束转移 4 个阶段。执行 G02、G03 指令要比执行 G01 指令的系统程序复杂得多。从第 3 章图 3-16 的圆弧插补功能流程图中可以看到，该流程综合了顺圆逆圆 4 个象限的 8 种情况并实现自动过象限，齿隙补偿和终点判别等圆弧插补的全部功能。对整个程序的设计和阅读有一定的难度，为方便设计和阅读程序，在程序设计中多处利用 MCS-51 的位判别和位处理功能。阅读时一定要弄清字节地址与位地址的定义和两者间的关系。根据图 3-16 设定的功能流程图写出程序清单如下：

圆弧插补程序清单：

G02：	SETB	07H	；顺圆标志位 N 置 "1"
	AJMP	G23	
G03：	CLR	07H	；逆圆标志位 N 清 "0"
G23：	MOV	6DH，#0	；顺逆圆归入同一程序
	MOV	6EH，#0	；清 F 寄存器，F 设在 6DH、6EH、6FH 中
	MOV	6FH，#0	
	LCALL	VV	；启动速度程序
JFC：	MOV	A，20H	；20H 字节的 20H.7 位（即 07H 位）是标志位 N，28H 字节的 28H.7 位（即 47H 位），是 Y 的符号位，算 $\overline{N \oplus Y_f} \rightarrow$ 02H
	XRL	A，28H	
	MOV	C，ACC.7	
	CPL	C	
	MOV	02H，C	；02H 中放 X 坐标进给方向
	MOV	A，20H	；算 $N \oplus X_f \rightarrow$ 03H，25H 的最高位 25H.7 是 X 的符号位，即 2FH 位
	XRL	A，25H	
	MOV	C，ACC.7	
	MOV	03H，C	；03H 中放 Y 坐标进给方向
	PUSH	25H	；清 X、Y 的符号位
	PUSH	28H	
	CLR	2FH	
	CLR	47H	
	CLR	C	
	MOV	A，27H	；算 $\mid X \mid - \mid Y \mid \geqslant 0$?
	SUBB	A，2AH	；三字节减法。若 $\mid X \mid \geqslant \mid Y \mid$，则 $C=0$;
	MOV	A，26H	若 $\mid X \mid < \mid Y \mid$，则 $C=1$，保存在 0AH 标

志位中，作判断是否双向进给的标志

```
       SUBB    A，29H
       MOV     A，25H
       SUBB    28H
       MOV     0AH，C
       MOV     A，6DH          ; 算 N⊕F_f→B，标志位 07H 位（即 20H.7）
                                 存放 N
       XRL     A，20H
       MOV     B，A
       POP     28H
       POP     25H
       MOV     A，25H          ; X_f⊕Y_f→ACC.7
       XRL     A，28H
       PUSH    ACC
       XRL     A，21H          ; (X_f⊕Y_f)⊕(X'_f⊕Y'_f)→ACC.7
       JNB     ACC.7，JFC2     ; 异或结果为"1"有过象限
       LCALL   ZB             ; 过象限时调齿补程序
JFC2：  POP     ACC
       MOV     C，ACC.7        ; 保存 X_f⊕Y_f 结果到 21H.7 位（即 0FH）中
       MOV     0FH，C
       XRL     A，B
       MOV     C，ACC.7        ; N⊕X_f⊕Y_f⊕F_f→P
       MOV     17H，C          ; 17H 中放 P 标志位
       JB      17H，MYC6       ; P≠0，转进给 ΔY
MXC：   LCALL   XPD            ; 调 X 分配一步子程序
       LCALL   GFXC           ; 算 F=F+2XΔX+1
       LCALL   XAD            ; 修改 X 坐标 X+ΔX→X
       JB      0AH，PFC        ; 靠近 Y 轴区双向进给，0AH=1，不进给 Y，
                                 单进 X
MYC6： LCALL   YPD            ; Y 分配一步
       LCALL   GFYC           ; 算 F=F+2YΔY+1
       LCALL   YAD            ; 修改 Y+ΔY→Y
       JNB     0AH，PFC        ; 判动点位置 0AH=0 不进给 X 单进 Y
       AJMP    MXC            ; 动点靠近 Y 轴时双向进给
PFC：   LCALL   STXY           ; 把 X、Y 进给送输出状态
       MOV     A，2BH          ; 判动点进入终点象限否？
       XRL     A，25H          ; 25H.7，2BH.7 分别为 X、X_e 的符号位 X_f、X_{ef}。
       JB      ACC.7，JFC
       MOV     A，2EH          ; 28H.7，2EH.7 分别为 Y、Y_e 的符号位 X_f、
```

Y_{ef}，仅当 $X_f = X_{ef}$，$Y_f = Y_{ef}$ 时进入判别终点坐标相符判断

	XRL	A，28H	
	JB	ACC.7，JFC	
PMC：	MOV	A，2BH	；算 $X = X_e$ 否，当（25H，26H，27H）=（2BH，2CH，2DH）时 $X = X_e$，置"1" 05H 标志位，否则转判 Y 到位否
	CJNE	A，25H，JF0	
	MOV	A，2CH	
	CJNE	A，26H，JF0	
	MOV	A，2DH	
	CJNE	A，27H，JF0	
	SETB	05H	
JF3：	MOV	A，2EH	；判 $Y = Y_e$ 否，$Y \neq Y_e$ 转 JF2
	CJNE	A，28H，JF2	
	MOV	A，2FH	
	CJNE	A，29H，JF2	
	MOV	A，30H	
	CJNE	A，2AH，JF2	
	JB	05H，STP7	；$Y = Y_e$，$X = X_e$，终点到
	AJMP	JGX	；$Y = Y_e$，$X \neq X_e$，单走 X
JF2：	JB	05H，JGY	；$Y \neq Y_e$，$X = X_e$，单走 Y
	AJMP	JFC	；$X \neq X_e$，$Y \neq Y_e$，转判 F
JF0：	CLR	05H	
	AJMP	JF3	
STP7：	LJMP	STP0	；转指令结束处理
JGY：	LCALL	YPD	；单走 Y 处理
	LCALL	STXY	
	LCALL	YAD1	
	AJMP	JF3	；转判 $Y = Y_e$ 程序
JGX：	LCALL	XPD	；单走 X 处理
	LCALL	STXY	
	LCALL	XAD1	
	LJMP	PMC	；走一步后转判 $X = X_e$ 程序
GFXC：	CLR	C	；算 $2X$ 值
	MOV	R1，27H	；带符号（25H，26H，27H）左移一位即乘2，子程序为 RLC3，入口地址为（R1），出口地址（R0），结果 $2X$ 在 6AH、6BH、6CH 中
	MOV	R0，6CH	

```
         LCALL    RLC3
         MOV      C, 02H
FTP1：CLR      A
         MOV      ACC.7, C           ; 算 2XΔX→6AH，6BH，6CH，ΔX＝±1，
                                      用以修改 2X 的符号来执行 2XΔX

         XRL      A, 6AH
         MOV      6AH, A             ; 作 2XΔX＋1 运算
         MOV      R2, 6AH
         MOV      R3, 6BH
         MOV      R4, 6CH
         MOV      R5, ＃0
         MOV      R6, ＃0
         MOV      R7, ＃1
         LCALL    FADD               ; FADD 是带符号加法运算程序，入口为（R2，
                                      R3，R4）＋（R5，R6，R7），出口为 45H，
                                      46H，47H

         MOV      R2, 45H
         MOV      R3, 46H
         MOV      R4, 47H
         MOV      R5, 6DH
         MOV      R6, 6EH
         MOV      R7, 6FH
         LCALL    FADD               ; 作 F＋2XΔX＋1→F 算法
         MOV      6DH, 45H           ; 结果送 F 寄存器
         MOV      6EH, 46H
         MOV      6FH, 47H
         RET
XAD：MOV      R2, 25H            ; 做 X＋ΔX 运算：修改动点坐标，自动过象限
                                      时改变 X 的符号。因（02H）是 ΔX 的符号，
                                      X 本身带符号，当（02H）＝0 做 X＋1 带符
                                      号运算，当（02H）＝1 作 X－1 带符号运算，
                                      其结果过象限时自动改变 X 的符号，由
                                      FADD 或 FSUB 子程序自动处理

         MOV      R3, 26H
         MOV      R4, 27H
         MOV      R5, ＃0
         MOV      R6, ＃0
         MOV      R7, ＃1
         JNB      02H, XAD1
```

```
        LCALL    FSUB
        AJMP     BU2
XAD1：LCALL    FADD            ；结果送 X 寄存器
BU2：  MOV      25H，45H
        MOV      26H，46H
        MOV      27H，47H
        RET
GFYC：                         ；与 GFXC 类同，省略
YAD：                          ；与 XAD 类同，省略
FADD：                         ；三字节带符号加法子程序（定点）
FSUB：                         ；三字节带符号减法子程序（定点）
RLC3：                         ；三字节左移（乘 2）子程序
```

4.4.3 数字积分法直线插补算法程序设计

根据图 3-19 论述的直线 DDA 法的数学模型，可以设计如下程序清单：

```
G01：  LCALL    VV              ；调速度子程序启动定时
        MOV      C，2FH           ；25H 字节的最高位 2FH 位是 $X_a$ 的符号位
        MOV      02H，C           ；$X_f \rightarrow$ 02H
        MOV      C，47H           ；28H 字节的最高位 47H 位是 $Y_a$ 的符号位
        MOV      03H，C           ；$Y_f \rightarrow$ 03H
        CLR      2FH             ；使 X、Y 不带符号的绝对值
        CLR      47H             ；清符号位
        LCALL    ZB              ；调齿补子程序
        CLR      A               ；置初始累加器为零
        MOV      45H，A
        MOV      46H，A
        MOV      47H，A
        CLR      C               ；作 $|X_a| - |Y_a|$ 运算
        MOV      A，27H
        SUBB     A，2AH
        MOV      A，26H
        SUBB     A，29H
        MOV      A，25H           ；$|X_a| \geqslant |Y_a|$，$C=0$
        SUBB     A，28H           ；$|X_a| < |Y_a|$，$C=1$
        JNC      GX              ；$|X_a| \geqslant |Y_a|$ 把 $|X_a|$ 作计数长度
GY：   MOV      57H，28H          ；计数长度 $|Y_a| \rightarrow n$、Q
        MOV      58H，29H
        MOV      59H，2AH
        AJMP     FX
```

```
GX:     MOV     57H，25H      ；计数长度｜$X_a$｜→$m$、$Q$
        MOV     58H，26H
        MOV     59H，27H
FY:     MOV     6DH，45H
        MOV     6EH，46H      ；作 $\Sigma Y +｜Y_a｜$ 运算
        MOV     6FH，47H
        MOV     R2，6DH
        MOV     R3，6EH
        MOV     R4，6FH
        MOV     R5，28H
        MOV     R6，29H
        MOV     R7，2AH
        LCALL   FADD         ；FADD 为带符号加法子程序，入口条件：
                               R2R3R4 ＋ R5R6R7 结果在 45H、46H、
                               47H 中
        MOV     A，47H
        SUBB    A，27H        ；作 $A-｜X_a｜$ 判别处理
        MOV     4AH，A
        MOV     A，46H
        SUBB    A，26H
        MOV     49H，A
        MOV     A，45H
        SUBB    A，25H
        MOV     48H，A
        JNC     FXY1
        LCALL   XPD          ；调走 $X$ 一步子程序
        LCALL   STXY         ；向 P1 口送出 $X$ 状态
        LCALL   MJ           ；调 $M-1$ 子程序
J1:     MOV     A，57H        ；终点判别处理
        ORL     A，58H
        ORL     A，59H
        JNZ     FY
        AJMP    JF
FXY1:   MOV     6DH，48H
        MOV     6EH，49H
        MOV     6FH，4AH
        LCALL   XPD          ；调走 $X$、$Y$ 同时进给
        LCALL   YPD
        LCALL   STXY
```

```
        LCALL   MJ
        AJMP    J1            ; 终点判别处理
FX:     MOV     6DH, 45H
        MOV     6EH, 46H
        MOV     6FH, 47H
        MOV     R2, 6DH       ; 作 ΣX+｜X_a｜运算
        MOV     R3, 6EH
        MOV     R4, 6FH
        MOV     R5, 28H
        MOV     R6, 29H
        MOV     R7, 2AH
        LCALL   FADD          ; FADD 为带符号加法子程序，入口条件：
                                R2R3R4 + R5R6R7 结果在 45H、46H、
                                47H 中
        MOV     A, 47H
        SUBB    A, 2AH        ; 作 A−｜Y_a｜判别处理
        MOV     4AH, A
        MOV     A, 46H
        SUBB    A, 29H
        MOV     49H, A
        MOV     A, 45H
        SUBB    A, 28H
        MOV     48H, A
        JNC     FXY2
        LCALL   YPD           ; 调走 Y 一步子程序
        LCALL   STXY
        LCALL   MJ
J2:     MOV     A, 57H        ; 终点判别处理
        ORL     A, 58H
        ORL     A, 59H
        JNZ     FX
        AJMP    JF
FXY2:   MOV     6DH, 48H
        MOV     6EH, 49H
        MOV     6FH, 4AH
        LCALL   XPD
        LCALL   YPD
        LCALL   STXY
        LCALL   MJ
```

```
        AJMP    J2
MJ:     CLR     C               ;三字节减1子程序
        MOV     A，59H
        SUBB    A，#1
        MOV     59H，A
        MOV     A，58H
        SUBB    A，#0
        MOV     58H，A
        MOV     A，57H
        SUBB    A，#0
        MOV     57H，A
        RET
STXY:   JNB     TF0，STXY        ;等待定时，查询标注，传送状态子程序
        MOV     TH0，5AH         ;定时到
        MOV     TL0，5BH         ;重置速度常数
        SETB    TR0             ;启动定时器
        CLR     TF0             ;软件清溢出标注
        MOV     P1，55H          ;把新状态往 P1 口送
        RET
JF:     RET
```

4.4.4 数字积分法圆弧插补算法程序设计

根据图 3-23 论述的圆弧 DDA 法数学模型，可以设计 DDA 法顺圆逆圆任意象限插补的程序清单：

```
G02:    SETB    07H             ;置顺圆标志
        AJMP    G23
G03:    CLR     07H             ;置逆圆标志
G23:    PUSH    25H
        PUSH    28H             ;保存 X、Y 符号
        CLR     2FH             ;清 X、Y 符号
        CLR     47H
        MOV     R0，#25H         ;|X|＋|Y|→R
        MOV     R1，#28H
        LCALL   NADD            ;不带符号加法结果在 45H、46H、47H 中
        MOV     77H，45H
        MOV     78H，46H
        MOV     79H，47H         ;R 在 77H、78H、79H 中，已不作计数，他用
        POP     28H
        POP     25H
```

```
        LCALL   VV                  ; 启动速度
        CLR     C                   ; 算 R/2 送 ΣX, ΣY
        MOV     A, 45H              ; R/2 数保存 74H、75H、76H 中
        RRC     A
        MOV     74H, A
        MOV     A, 46H
        RRC     A
        MOV     75H, A
        MOV     A, 47H
        RRC     A
        MOV     76H, A
        AJMP    DD1
DD0:    MOV     7AH, 74H            ; 半加载，R/2→ΣX, ΣY 子程序
        MOV     7DH, 74H
        MOV     7BH, 75H
        MOV     7EH, 75H
        MOV     7CH, 76H
        MOV     7FH, 76H
        RET
DD1:    MOV     A, 20H              ; $\overline{N \oplus Y_f}$→02H（$\Delta X_f$）
        XRL     A, 28H
        MOV     C, ACC.7
        CPL     C
        MOV     02H, C
        MOV     A, 20H
        XRL     A, 25H              ; $N \oplus X_f$→03H（$\Delta Y_f$）
        MOV     C, ACC.7
        MOV     03H, C
        MOV     A, 25H              ; 判有无过象限
        XRL     A, 28H              ; $X_f \oplus Y_f$ 保存在 ACC.7
        PUSH    A
        XRL     A, 21H              ; 21H 的首位 0FH 保存原 $X'_f \oplus Y'_f$
        JNB     ACC.7, DD2
        LCALL   ZB
        LCALL   DD0                 ; 若（$X_f \oplus Y_f$）⊕（$X'_f \oplus Y'_f$）=1 有过象
                                       限，调齿补及半加载
        POP     A
        MOV     C, ACC.7
        MOV     0FH, C
```

```
DD2：  PUSH   25H              ; 修改或保存 $X_f \oplus Y_f \to$ 0FH，为 $X'_f \oplus Y'_f$
       XLR    2FH              ; 求 $\Sigma X + |X|$
       MOV    R0，#7AH
       MOV    R1，#25H
       LCALL  NADD             ; 结果在 45H、46H、47H 中
       MOV    7AH，45H
       MOV    7BH，46H          ; 7AH、7BH、7CH 中放 $\Sigma X$
       MOV    7CH，47H
       MOV    R0，#45H          ; 求 $\Sigma X + |X| - R$
       MOV    R1，#77H
       LCALL  NSUB             ; 结果在 45H、46H、47H 中
       JC     DD3              ; $X + |X| - R < 0$ 跳转
       MOV    7AH，45H          ; 余数送 $\Sigma X$
       MOV    7BH，46H
       MOV    7CH，47H
       POP    25H
       LCALL  YPD              ; 调 $Y$ 分配一步
       LCALL  YAD              ; 调 $Y + \Delta Y$ 修改坐标值及符号
DD3：  PUSH   28H              ; $Y$ 方向积分
       CLR    47H              ; 算 $\Sigma Y + |Y|$
       MOV    R0，#28H
       MOV    R1，#7DH
       LCALL  NADD
       MOV    7DH，45H          ; $\Sigma Y + |Y| \to \Sigma Y$（在 7DH、7EH、7FH 中）
       MOV    7EH，46H
       MOV    7FH，47H
       MOV    R0，#45H          ; 算 $\Sigma Y + |Y| - R$
       MOV    R1，#77H
       LCALL  NSUB
       JC     DD4
       MOV    7DH，45H          ; 修改 $\Sigma Y$，余数送 $\Sigma Y$
       MOV    7EH，46H
       MOV    7FH，47H
       POP    28H
       LCALL  XPD              ; $X$ 分配一步
       LCALL  XAD              ; $X + \Delta X \to X$
DD4：  STXY                    ; 送 $X$、$Y$ 电动机新状态
         ⋮                     ; 终点判别，从略
```

省略部分是动点象限与终点象限相判别及动点坐标与终点坐标相符判别。形式与

G02、G03 程序同，读者可以参考补写。程序中 NADD、NSUB 是不带符号的加减法，其他调用的子程序可参阅前面程序中所列。

思考与练习题

4.1 步进电动机的主要特点是什么?

4.2 步进电动机的主要性能指标有哪些?

4.3 步进电动机绕组的相数与起动转矩 M_q 有何关系。

4.4 何为步进电动机的微步距控制?

4.5 阐述步进电动机的硬件环行分配、软件环行分配工作原理。

4.6 提高开环进给伺服系统精度的措施有哪些?

第5章

闭环进给伺服驱动系统

5.1 闭环伺服驱动系统概述

5.1.1 数控机床伺服系统的组成

  数控机床的伺服系统按其功能可分为进给伺服系统和主轴伺服系统。主轴伺服系统用于控制机床主轴的转动。进给伺服系统是以机床移动部件（如工作台）的位置和速度作为控制量的自动控制系统，通常由伺服驱动装置、伺服电动机、机械传动机构等部件组成。它的作用是：接受数控装置发出的进给速度和位移指令信号，由伺服驱动装置作一定的转换和放大后，经伺服电动机（直流、交流伺服电动机、功率步进电动机等）和机械传动机构，驱动机床的工作台等执行部件实现工作进给或快速运动。数控机床的进给伺服系统与一般机床的进给系统有本质上的差别，它能根据指令信号精确地控制执行部件的运动速度与位置，以及几个执行部件按一定规律运动所合成的运动。如果把数控装置比作数控机床的"大脑"，是发布"命令"的指挥机构，那么伺服系统就是数控机床的"四肢"，是执行"命令"的机构。伺服系统作为数控机床的重要组成部分，其性能直接影响整个数控机床的精度、速度和可靠性等技术指标。发展高性能的数控伺服系统，是提高数控机床的加工精度、表面质量和生产效率的重要途径。

  数控机床闭环进给伺服系统的一般结构如图 5-1 所示。这是一个双闭环系统，内环为速度环，外环为位置环。速度环由速度控制单元、速度检测装置等构成。速度控制单元是一个独立的单元部件，它是用来控制电动机转速的，是速度控制系统的核心。速度检测装置有测速发电机、脉冲编码器等。位置环是由 CNC 装置中的位置控制模块、位置检测及反馈装置等部分组成。由速度检测装置提供速度反馈值的速度环控制在进给驱动装置内完成，而装在电动机轴上或机床工作台上的位置反馈装置提供位置反馈值构成的位置环由数控装置来完成。伺服系统从外部来看，是一个以位置指令输入和位置控制为输出的位置闭环控制系统。但从内部的实际工作来看，它是先把位置控制指令转换成相应的速度信号后，通过调速系统驱动伺服电动机，才实现实际位移的。

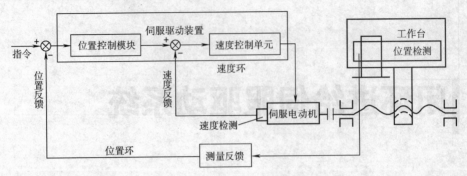

图 5-1　闭环进给伺服系统的结构

5.1.2　数控机床对伺服系统的要求

1. 位移精度高

伺服系统的精度是指输出量能复现输入量的精确程度。伺服系统的位移精度是指指令脉冲要求机床工作台进给的位移量和该指令脉冲经伺服系统转化为工作台实际位移量之间的符合程度。两者误差愈小，位移精度愈高。

2. 稳定性好

稳定性是指系统在给定外界干扰作用下，能在短暂的调节过程后，达到新的或者恢复到原来平衡状态的能力。伺服系统应具有较强的抗干扰能力，保证进给速度均匀、平稳。稳定性直接影响数控加工精度和表面粗糙度。

3. 快速响应

快速响应是伺服系统动态品质的重要指标。它反映了系统跟踪精度。机床进给伺服系统实际上就是一种高精度的位置随动系统，为保证轮廓切削形状精度和低的表面粗糙度，要求伺服系统跟踪指令信号的响应要快，跟随误差要小。

4. 调速范围宽

调速范围是指生产机械要求电动机能提供的最高转速和最低转速之比。在数控机床中，由于所用刀具、加工材料及零件加工要求的不同，为保证在各种情况下都能得到最佳切削速度，就要求伺服系统具有足够的调速范围。

5. 低速大转矩

要求伺服系统有足够的输出转矩或驱动功率，在低速时也能有大的转矩输出。

5.1.3　数控机床的位置控制与速度控制

数控机床的位置控制与速度控制，即位置、速度检测装置，是数控机床伺服系统的重要组成部分。它的作用是检测位移和速度，发送反馈信号，构成半闭环、闭环控制。数控机床工作台位移值是否与指令值一样，误差有多大，与机床驱动机构的精度和位置检测装置的精度均有关，但位置检测装置精度将起主要作用或决定性作用。

检测装置的性能主要体现在它的静态特性和动态特性上。精度、分辨率、灵敏度、测量范围和量程、迟滞、零漂和温漂等属静态特性，动态特性主要指检测装置的输出量对随时间变化的输入量的响应特性。为适应数控机床工作环境，保证机床的加工精度，数控机床的检测装置必须工作可靠，抗干扰能力强；满足精度、分辨率、测量范围的要求；对高速动态信号能实现不失真测量和处理；使用维护方便；易于实现自动化；成本低等。

数控机床伺服系统常用的位置检测装置见表 5-1。按检测信号的类型分，有数字式和模拟式；按检测量的测量基准分，有绝对式和增量式；按被测量和所用检测装置的安装位置关系分，有直接测量和间接测量。对机床的直线位移采用直线型检测装置测量，称为直接测量。其测量精度主要取决于测量元件的精度，不受机床传动精度的直接影响。对机床的直线位移采用回转型检测装置测量，称为间接测量。其测量精度取决于测量元件和机床传动链的精度。

表 5-1　位置检测装置分类

	数 字 式		模 拟 式	
	增量式	绝对式	增量式	绝对式
回转型	增量式光电脉冲编码器、圆光栅	绝对式光电脉冲编码器	旋转变压器、圆形感应同步器、圆形磁尺	多极旋转变压器、三速圆形感应同步器
直线型	计量光栅、激光干涉仪	编码尺、多通道透射光栅	直线式感应同步器、磁尺	三速直线形感应同步器、绝对值式磁尺

数控机床伺服系统常用的速度检测装置有测速发电机、回转式脉冲发生器，脉冲编码器和频率/电压转换器等。

下面重点讨论感应同步器、光栅和脉冲编码器。

1. 感应同步器

（1）结构　感应同步器是一种电磁式的检测传感器，按其结构可分为直线式和旋转式两种。这里着重介绍直线式感应同步器。

直线式感应同步器用于直线位移的测量，其结构相当于一个展开的多极旋转变压器。它的主要部件包括定尺和滑尺。定尺安装在机床床身上。滑尺则安装于移动部件上，随工作台一起移动。两者平行放置，保持 0.2～0.3mm 的间隙，如图 5-2 所示。

标准的感应同步器定尺长 250mm，尺上是单向、均匀、连续的感应绕组；

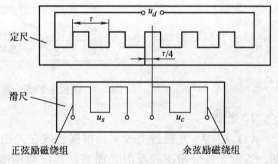

图 5-2　感应同步器的结构

滑尺长 100mm，尺上有两组励磁组，一组称为正弦励磁绕组，另一组称为余弦励磁绕组。定尺和滑尺绕组的节距相同，用 τ 表示。当正弦励磁绕组与定尺绕组对齐时，余弦励磁绕组与定尺绕组相差 1/4 节距。

由于定尺绕组是均匀的，故表示滑尺上的两个绕组在空间位置上相差 1/4 节距，即 $\pi/2$ 相位角。

定尺和滑尺的基极采用与机床床身材料的热膨胀系数相近的低碳钢，上面有用光学腐

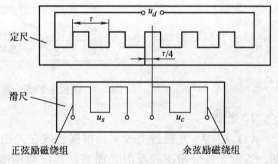

蚀方法制成的铜箔锯齿形的印制电路绕组,铜箔与基板之间有一层极薄的绝缘层。在定尺的铜绕组上面涂一层耐腐蚀的绝缘层,以保护尺面。在滑尺的绕组上面用绝缘的粘结剂粘贴一层铝箔,以防静电感应。

(2) 工作原理 工作时,当在滑尺两个绕组中的任一绕组加上激励电压时,由于电磁感应,在定尺绕组中会感应出相同频率的感应电压,通过对感应电压的测量,可以精确地量出位移量。

图 5-3 所示为滑尺在不同位置时定滑尺上的感应电压。在 a 点时,定尺与滑尺绕组重合,这时感应电压最大;当滑尺相对于定尺平行移动后,感应电压逐渐减小,在错开 1/4 节距的 b 点时.感应电压为零;再继续移至 1/2 节距的 c 点时,得到的电压值与 a 点相同,但极性相反;在 3/4 节距时达到 d 点,又变为零;再移动一个节距到 e 点,电压幅值与 a 点相同。这样,滑尺在移动一个节距的过程中,感应电压变化了一个余弦波形。由此可见,在励磁绕组中加上一定的交变励磁电压,感应绕组中会感应出相同频率的感应电压,其幅值大小随着滑尺移动作余弦规律变化。滑尺移动一个节距,感应电压变化一个周期。感应同步器就是利用感应电压的变化进行位置检测的。

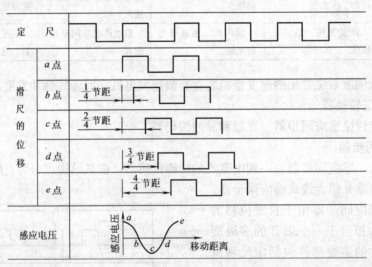

图 5-3 定尺上的感应电压与滑尺的关系

2. 光栅

(1) 结构 光栅种类较多,根据光线在光栅中是反射还是透射分为透射光栅和反射光栅。透射光栅分辨率较反射光栅高,其检测精度可达 $1\mu m$ 以上。从形状上看,又可分为圆光栅和直线光栅。圆光栅用于测量转角位移;直线光栅用于检测直线位移。两者工作原理基本相似,本节着重介绍一种应用比较广泛的透射式直线光栅。

直线光栅通常包括一长、一短两块配套使用,其中长的称为标尺光栅或长光栅,一般固定在机床移动部件上,要求与行程等长。短的为指示光栅或短光栅,装在机床固定部件上。两光栅尺是刻有均匀密集线纹的透明玻璃片,线纹密度为 25 条/mm、50 条/mm、100 条/mm、250 条/mm 等。线纹之间距离相等,该间距称为栅距,测量时它们相互平行放置,并保持 0.05～0.1mm 的间隙。

（2）工作原理　当指示光栅上的线纹与标尺光栅上的线纹成一小角度 θ 放置时，两光栅尺上线纹互相交叉。在光源的照射下，交叉点附近的小区域内黑线重叠，形成黑色条纹，其他部分为明亮条纹，这种明暗相间的条纹称为莫尔条纹。莫尔条纹与光栅线纹几乎成垂直方向排列。严格地说，是与两片光栅线纹夹角 θ 的平分线相垂直。莫尔条纹具有如下特点。

1）放大作用。用 B（mm）表示莫尔条纹的宽度，W（mm）表示栅距，θ（rad）为光栅线纹之间的夹角，如图 5-4 所示，则有

$$B=\frac{W}{\sin\theta}\approx\frac{W}{\theta}$$

莫尔条纹宽度 B 与角 θ 成反比，θ 越小，放大倍数越大。若光栅栅距 $W=0.01\text{mm}$，$\theta=0.01\text{rad}$，由上式可得 $B=1\text{mm}$，即把光栅栅距转化成放大 100 倍的莫尔条纹宽度。虽然光栅栅距很小，但莫尔条纹却清晰可见，便于测量，大大提高了光栅测量装置的分辨率。这种放大作用是光栅的一个重要特点。

2）均化误差作用。莫尔条纹是由光栅的大量刻线共同组成的。例如，对于 200 条/1mm 的光栅，10mm 宽的光栅就有 2000 条线。这样栅距之间的固有相邻误差就被平均化了，消除了栅距之间不均匀造成的误差。

3）莫尔条纹的移动与栅距的移动成比例。当光栅尺移动一个栅距 W 时，莫尔条纹也刚好移动了一个条纹宽度 B。只要通过光电元件测出莫尔条纹的数目，就可知道光栅移动了多少个栅距，工作台移动的距离就可以计算出来。若光栅移动方向相反，则莫尔条纹移动方向也相反（见图 5-4）。因莫尔条纹移动方向与光栅移动方向垂直，可用检测垂直方向宽大的莫尔条纹代替光栅水平方向移动的微小距离。

光栅测量系统如图 5-5 所示，由光源、聚光镜、光栅、光电元件和驱动电路组成。读数头光源采用普通的灯泡，发出辐射光线，经过聚光镜后变为平行光束，照射光栅。

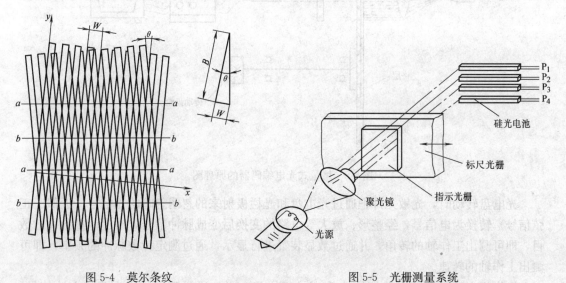

图 5-4　莫尔条纹　　　　　　　图 5-5　光栅测量系统

光电元件（常使用硅光电池）接受透过光栅尺的光强信号，并将其转换成相应的电压信号。由于此信号比较微弱，在长距离传递时，很容易被各种干扰信号淹没，造成传递失

真，驱动电路的作用就是将电压信号进行电压和功率放大。除标尺光栅与工作台一起移动外，光源、聚光镜、指示光栅、光电元件和驱动电路均装在一个壳体内，做成一个单独部件固定在机床上，这个部件称为光栅读数头，又称为光电转换器。其作用是把光栅莫尔条纹的光信号变成电信号。

3. 脉冲编码器

（1）分类　脉冲编码器是一种旋转式脉冲发生器，能把机械转角变成电脉冲，是数控机床上使用很广泛的位置检测装置。脉冲编码器可分为增量式与绝对式两类。

绝对式编码器是一种旋转式检测装置，可直接把被测转角用数字代码表示出来，且每一个角度位置均有其对应的测量代码。它能表示绝对位置，没有累积误差，电源切除后，位置信息不丢失，仍能读出转动角度。绝对式编码器有光电式、接触式和电磁式 3 种。

增量式脉冲编码器也分光电式、接触式和电磁感应式 3 种。就精度和可靠性来讲，光电式脉冲编码器优于其他两种，它的型号用脉冲数/转（p/r）来区分，数控机床常用 2000p/r、2500p/r、3000p/r 等。现在已有每转发 10 万个脉冲的脉冲编码器。脉冲编码器除用于角度检测外，还可以用于速度检测。

（2）增量式光电脉冲编码器　增量式光电脉冲编码器亦称光电码盘、光电脉冲发生器等。

最初的结构就是一种光电盘，如图 5-6 所示。它由光源、聚光镜、光电盘、光栅板、光敏元件、整形放大电路和数显装置等组成。在光电盘的圆周上等分地制成透光狭缝，其数量从几百条到上千条不等。光栅板透光狭缝为两条，每条后面安装一个光敏元件。

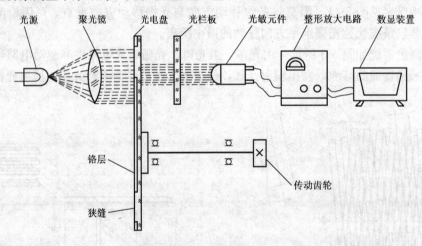

图 5-6　增量式光电编码器的原理图

光电盘转动时，光敏元件把通过光电盘和光栅极射来的忽明忽暗的光信号（近似于正弦信号）转换为电信号，经整形、放大等电路的变换后变成脉冲信号，通过计量脉冲的数目，即可测出工作轴的转角，并通过数显装置进行显示。通过测定计数脉冲的频率，即可测出工作轴的转速。

光栅板上两条狭缝中的信号 A 和 B（相位差 90°），通过整形，成为两相方波信号。脉冲编码器的输出波形如图 5-7 所示。根据先后顺序，即可判断光电盘的正反转，若 A 相超前于 B 相，对应电动机正转；若 B 相超前于 A 相，对应电动机反转。若以该方波的前沿或后沿产生计数脉冲，可以形成代表正向位移和反向位移的脉冲序列。除此之外，光电脉冲编码器还输出每转一个脉冲的信号，可用做加工螺纹时的同步信号。

在应用时，从脉冲编码器输出的 A 和经反相后的 $\overline{A}$、B 和经反相后的 $\overline{B}$ 4 个方波被引入位置控制回路，经辨向和乘以倍率后，形成代表位移的测量脉冲；经频率—电压变换器变成正比于频率的电压，作为速度反馈信号，供给速度控制单元，进行速度调节。

提高光电脉冲编码器分辨率的方法有提高光电盘圆周的等分狭缝的密度、增加光电盘的发信通道。

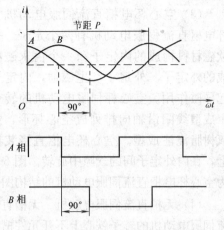

图 5-7　光电脉冲编码器的输出波形

第 1 种方法，实际上是使光电盘的狭缝变成了圆光栅线纹。

第 2 种方法，盘上不仅只有一圈透光狭缝，而且有若干大小不等的同心圆环狭缝（又称码道），光电盘回转一周发出的脉冲信号数增多，使分辨率提高。

5.2　闭环直流伺服驱动系统

5.2.1　直流伺服电动机

1. 直流伺服电动机的结构

直流伺服电动机的控制电源为直流电压。根据其功能可分为普通型直流伺服电动机、盘形电枢直流伺服电动机、空心杯直流伺服电动机和无槽直流伺服电动机等几种。

（1）普通型直流伺服电动机　普通型直流伺服电动机的结构与他励直流电动机的结构相同，由定子和转子两大部分组成。根据励磁方式又可分为电磁式和永磁式两种。电磁式伺服电动机的定子磁极上装有励磁绕组，励磁绕组接励磁控制电压产生磁通；永磁式伺服电动机的磁极是永磁铁，其磁通是不可控的。与普通直流电动机相同，直流伺服电动机的转子一般由硅钢片叠压而成，转子外圆有槽，槽内装有电枢绕组，绕组通过换向器和电刷与外边电枢控制电路相连接。为提高控制精度和响应速度，伺服电动机的电枢铁心长度与直径之比比普通直流电动机大，气隙也较小。

当定子中的励磁磁通和转子中的电流相互作用时，就会产生电磁转矩驱动电枢转动。若控制转子中电枢电流的方向和大小，就可以控制伺服电动机的转动方向和转动速度。普通的电磁式和永磁式直流伺服电动机性能接近，它们的惯性较其他类型伺服电动机大。

（2）盘形电枢直流伺服电动机　盘形电枢直流伺服电动机的定子由永久磁铁和前后铁轭共同组成，磁铁可以在圆盘电枢的一侧，也可在其两侧。盘形伺服电动机转子电枢由线圈沿转轴的径向圆周排列，并用环氧树脂浇注成圆盘形。盘形绕组通过的电流是径向电流，而磁通为轴向的，径向电流与轴向磁通相互作用产生电磁转矩，使伺服电动机旋转。图 5-8 所示为盘形电枢直流伺服电动机的结构示意图。

（3）空心杯电枢直流伺服电动机　空心
杯电枢直流伺服电动机有两个定子，一个由
软磁材料构成的内定子和一个由永磁材料构
成的外定子。外定子产生磁通，内定子主要
起导磁作用。空心杯伺服电动机的转子由单
个成型线圈沿轴向排列成空心杯形，并用环
氧树脂浇注成型。空心杯电枢直接装在转轴
上，在内外定子间的气隙中旋转。图 5-9 所示
为空心杯电枢直流伺服电动机的结构图。

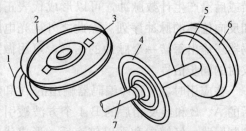

图 5-8　盘形电枢直流伺服电动机结构
1—引线　2—前盖　3—电刷　4—盘形电枢
5—磁钢　6—后盖　7—轴

（4）无槽直流伺服电动机　无槽直流伺服电动机与普通伺服电动机的区别是，无槽直
流伺服电动机的转子铁心上不开元件槽，电枢绕组元件直接放置在铁心的外表面，然后用
环氧树脂浇注成形。图 5-10 所示为无槽直流伺服电动机的结构图。

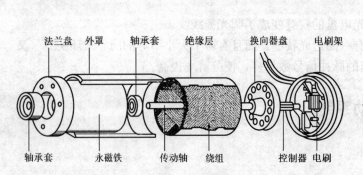

图 5-9　空心杯电枢直流伺服电动机结构

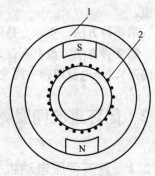

图 5-10　无槽直流伺服
电动机结构
1—定子　2—转子电枢

后 3 种伺服电动机与普通伺服电动机相比，由于转动惯量小，电枢等效电感小，因此
其动态特性较好，适用于快速系统。

2. 直流伺服电动机的运行特性

在忽略电枢反应的情况下，直流伺服电动机的电压平衡方程如下

$$U = E_a + R_a I_a$$

式中　U——电枢电压；

　　　E_a——电枢电动势；

　　　R_a——电枢电阻；

　　　I_a——电枢电流。

当磁通恒定时，电枢反电动势为

$$E_a = C_e \Phi n$$

式中　C_e——电动势常数；

　　　Φ——每极磁通；

　　　n——电动机转速。

直流伺服电动机的电磁转矩为

$$T_{em}=C_T \Phi I_a$$

式中　T_{em}——电磁转矩；

　　　C_T——电磁转矩常数。

将上述 3 式联立求解可得直流伺服电动机的转速关系式为

$$n=\frac{U}{k_e}-\frac{R_a}{k_e k_t}T_{em}$$

式中　$k_e=C_e\Phi$；$k_t=C_t\Phi$。

根据上式可得直流伺服电动机的机械特性和调节特性。

（1）机械特性　机械特性是指在控制电枢电压保持不变的情况下，直流伺服电动机的转速随转矩变化的关系。当电枢电压为常值时，上式可写成

$$n=n_0-kT_{em}$$

式中　$n_0=\dfrac{U}{k_e}$；$k=\dfrac{R_a}{k_e k_t}$。

对上式应考虑两种特殊情况：

当转矩为零时，电动机的转速仅与电枢电压有关，此时的转速为直流伺服电动机的理想空载转速，理想空载转速与电枢电压成正比，即

$$n=n_0=\frac{U}{k_e}$$

当转速为零时，电动机的转矩仅与电枢电压有关，此时的转矩称为堵转转矩，堵转转矩与电枢电压成正比，即

$$T_D=\frac{U}{R_a}k_t$$

图 5-11 所示为给定不同的电枢电压得到的直流伺服电动机的机械特性。从机械特性曲线上看，不同电枢电压下的机械特性曲线为一组平行线，其斜率为 k。从图中可以看出，当控制电压一定时，不同的负载转矩对应不同的机械转速。

（2）调节特性　直流伺服电动机的调节特性是指负载转矩恒定时电动机转速与电枢电压的关系。当转矩一定时，转速与电压的关系也为一组平行线，如图 5-12 所示。其斜率为 $1/k_e$。当转速为零时，对应不同的负载转矩可得到不同的起动电压 U。当电枢电压小于起动电压时，伺服电动机将不能起动。

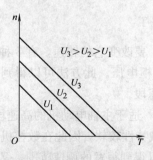
图 5-11　电枢控制的直流伺服电动机机械特性

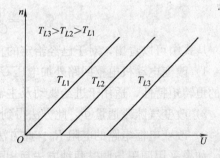
图 5-12　直流伺服电动机调节特性

5.2.2　晶闸管直流伺服驱动装置

电动机的调速是电动机驱动的关键，其中心问题是电动机转速的自动调节和稳定。直

流电动机不仅具有良好的起动、调速、制动性能，而且直流调速系统的分析是理解交流调速系统的重要基础。直流伺服电动机用直流供电，要实现直流电动机的转速控制，只要灵活控制加在直流电动机电枢上的电压即可，而其中最常用的就是由晶闸管组成的直流驱动调速系统。

1. 直流电动机的调速控制

对于直流电动机来说，控制速度的方法可以从直流电动机的电路原理入手来进行分析。现以他励直流电动机为例加以说明。图 5-13 所示为他励直流电动机的电路原理图。

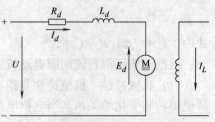

图 5-13　他励直流电动机电路原理图

他励直流电动机电枢电路的电动势平衡方程式为

$$U = E_d + I_d R_d$$

感应电动势为

$$E_d = C_e \Phi n$$

由以上两个方程可以得到电动机转速特性为

$$n = \frac{U - I_d R_d}{C_e \Phi} = \frac{U}{C_e \Phi} - \frac{R_d}{C_e \Phi} I_d = \frac{U}{k_v} - \frac{R_d}{k_v} I_d$$

式中　n——电动机转速；

U——电动机电枢回路外加电压；

R_d——电枢回路电阻；

I_d——电枢回路电流；

C_e——反电动势系数；

Φ——气隙磁通量；

k_v——反电动势常数。

而电动机的电磁转矩为

$$T = C_T \Phi I_d$$

式中　C_T——转矩系数。

由以上两式可以得到机械特性方程式为

$$n = \frac{U}{C_e \Phi} - \frac{R_d}{C_e C_T \Phi^2} T$$

从式中可以看出，对于已经给定的直流电动机，要改变它的转速，有 3 种方法。

1）改变电动机电枢回路外加电压 U，即改变电枢电压。此方法可以得到调速范围较宽的恒转矩特性，适用于进给驱动及主轴驱动的低速段。

2）改变气隙磁通量 Φ。此方法得到恒功率特性，适于主轴电动机的高速段。

3）改变电枢电路的电阻 R_d。此方法得到的机械特性较软，因此在数控机床上少用。

如果采用调压与调磁两种方法互相配合，既可以得到很宽的调速范围，又可以充分利用电动机的容量。

对于数控机床、工业机器人等要求能连续改变转矩的机械，要求电动机转速调节的平滑性好，即无级变速，而改变电阻只能有级调速。减弱磁通虽然能够平滑调速，但只能在基速以上作小范围的升速。因此，直流电动机的调速都是以改变电枢电压调速为主，而在调压调速方案中，常用的可控直流电源于要有 3 种。

1）旋转变流机组。交流电动机拖动直流发电机，直流发电机向直流电动机供电，控制发电机励磁电流可改变发电机的输出电压，从而达到调节直流电动机的转速的目的，称为 G-M 系统。

2）静止可控整流装置。当前主要采用晶闸管整流装置，通过调节触发装置的控制电压，来移动晶体管触发脉冲的相位以改变输出电压，从而达到调节直流电动机转速的目的，简称 V-M 系统。

3）脉宽调制变换器。改变主晶闸管的导通/关断时间以调节直流输出的平均电压，从而调节直流电动机的转速，称为 PWM 系统。直流电动机的电源除了采用直流发电机以外，现在广泛采用晶闸管整流电路。

2. 晶闸管直流调速系统

晶闸管是一种大功率半导体器件，由阳极 A、阴极 K 和控制极 G（又称门极）组成。当阳极与阴极间施加正电压，控制极出现触发脉冲时，晶闸管导通。触发脉冲出现的时刻称为触发角 α。控制触发角即可控制晶闸管的导通时间，从而达到控制电动机的目的。

只通过改变晶闸管触发角，电动机进行调速的范围很小。为了满足数控机床的调速范围需求，可以采用带有速度反馈的闭环系统。为了增加调速特性的硬度，需再加一个电流反馈环节，实现双环调速系统。

（1）开环晶闸管直流调速系统　当对生产机械调速性能要求不高时，可以采用开环调速系统。图 5-14 所示为开环晶闸管直流驱动电路示意图。

图中电动机驱动的主回路由晶闸管整流装置、平波电抗器等组成。控制回路则由参考电压 U_g 可变的触发电路组成。

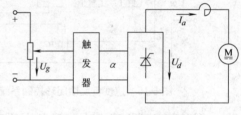

图 5-14　开环系统示意图

他励直流电动机的机械特性方程：

$$n=\frac{U_d-I_aR}{C_e\varPhi}$$

式中　R——电枢回路总电阻，包括晶闸管整流电源的等效电阻和电枢电阻；

　　　U_d——电枢电压；

　　　I_a——电枢电流；

　　　C_e——电势常数；

　　　$\varPhi$——每极磁通。

对于不同形式的整流电路可以得到不同的 U_d 值：$U_d=AU_2\cos\alpha$

式中　A——整流系数，单相全桥时取 0.95，三相全桥时取 2.34；

　　　U_2——整流变压器副边相电压有效值；

　　　α——晶闸管触发角。

根据晶闸管的特性，改变参考电压 U_g 的大小，即可以改变晶闸管触发角的大小，从而使整流电压 U_d 变化，进而改变电动机转速。

（2）带速度反馈的闭环调速系统　对于工作系统来说，额定转矩下转速与空载转速是不一致的，会出现转速差，被称作转速速降，用 Δn_N 表示。其调速范围为

$$D = \frac{n_0 - \Delta n_N}{n_{\min}}$$

式中　n_0——额定转速；

　　　$n_{\min}$——最低转速。

图 5-15 所示为速度负反馈闭环控制系统图。与开环系统相比，多了一个转速取样环节，另外加上了一个差分放大器。当负载增加时，I_a 上升，$I_a R$ 增加，使电动机转速下降，故 Δn_N 上升。如果能够做到 I_a 上升时调整晶闸管的触发角 α 使 U_d 上升，那么根据机械特性方程式，转速可以不变或者变化不大，速度反馈系统正是基于这一原理而工作的。

工作原理：对于一个给定的电压 U_g，电动机在某一转速下运行，电流为 I_{a1}，如图5-16所示的 A 点。当负载增加引起转速下降时，I_{a1} 变到 I_{a2}，若在开环系统，转速会下降到 B' 点。然而，在闭环系统中，I_a 上升引起转速下降时，测速发电机的电压 U_{TG} 下降，分压后的速度负反馈电压 U_f 下降。它与参考电压的差值上升，引起晶闸管触发角减小，使整流电压 U_d 上升，电动机实际上工作在 B 点。反过来，当负载减小，电流 I_a 下降时，U_{TG} 上升，U_f 上升，它与参考电压的差值减小，引起晶闸管触发角增大，同样可以使转速基本不变。

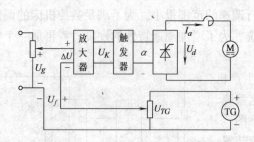

图 5-15　速度负反馈闭环控制系统

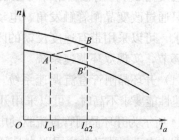

图 5-16　机械特性

单闭环直流调速系统是一种基本的反馈控制系统，能实现一定的静态和动态性能要求。在该系统中，负载的变化、交流电源电压波动、放大器放大系数的漂移、电动机励磁变化等加在前向通道上的扰动，系统都可以检测出来，通过反馈控制，可以减少其对稳态转速的影响。但是，对反馈回路中的扰动系统无法抑制和消除。例如，测速发电机的励磁变化等因素都会对系统产生影响。因此，高精度的调速系统必须具有高精度的检测装置。

单闭环直流调速系统虽然解决了转速调节问题，但当系统突然输入给定电压时，由于系统的惯性，电动机的转速为零，当电动机全压起动时，若没有限流措施，起动电流会过高，对系统十分不利，严重时会烧坏晶闸管。同时，在工作过程中机械往往会出现短时超载和卡死现象，此时电动机的电流将大大超过允许值，从而导致系统无法正常工作。因此，系统中一般设置有自动限制电枢电流过大的装置，在起动和堵转时引入电流负反馈以保证电枢电流不超过允许值，而正常运行时电流负反馈不产生作用以保持系统的机械特性硬度，这种装置称为截流反馈装置。

如果要求能在充分利用电动机过载能力条件下得到最快的动态响应（如快速起动和制动），突然增加负载而又要求动态转速下降很小，则单闭环系统就难以满足要求，解决该问题的唯一途径就是采用双闭环直流调速系统。

（3）双环反馈调速系统　双环反馈调速系统实际就是分别使用转速和电流两种反馈来对系统进行调节和控制。图 5-17 所示为双闭环调速系统。

可以看出，在系统中设置了速度调节器 AS 和电流调节器 AC，分别调节速度和电流，二者之间实行串联。

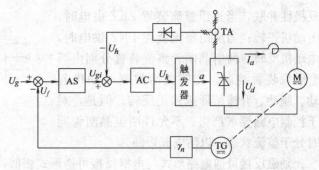

图 5-17　双闭环调速系统

其速度反馈信号由测速发电机取出，加到速度调节器 AS 的输入端，与单闭环一样，称为外环。电流反馈信号由电流互感器 TA 取出，与 AS 输出信号 U_{gi} 混合后送入电流调节器 AC。经比例积分环节处理后产生 U_k 去触发晶闸管，叫做内环。

两个调节器实际上都是带限幅的 PI 调节器，其中 AS 输出限幅电压为 U_m，它决定了电流调节器 AC 输入给定电压的最大值；AC 的输出限幅电压是 U_k，它限制了晶闸管整流输出的电压最大值。

双闭环直流调速具有满意的动态性能：

1）具有良好的动态跟随性能。在起动和升速过程中，能够在电动机允许的过载能力下工作，表现出很快的动态跟随性能。但由于主电路是不可逆的，所以在降速过程中跟随性变差。

2）抗干扰能力强。一是通过转速调节器 AS 的设计来产生抗负载扰动作用，以解决突加（减）负载引起的动态转速变化；二是通过电流反馈作用，提高抗电网电压扰动的作用。

双闭环调速系统的主要优点是调速性能好，静态特性硬，基本无静差；动态响应快，起动时间短；系统抗干扰能力强，两个调节器可以分别调整，整定容易。

（4）可逆直流调速系统　在生产实践中，要求直流电动机不仅能够调速，还要求能实现正、反转和快速制动。例如，龙门刨床工作台的往返运动、数控机床进给系统中的进刀与退刀等，都必须使用可逆调速系统。

要改变直流电动机的转动方向，就必须改变电动机的电磁转矩方向。根据直流电动机的电磁转矩基本公式 $T = C_T \Phi I_d$，可知电磁转矩方向由 I_d 和 Φ（励磁磁通的方向）决定。电枢电压的供电极性不变，通过改变励磁磁通的方向实现可逆运行的系统，称为磁场可逆调速系统；磁场方向不变，通过改变电枢电压的极性来改变电动机转向的系统称为电枢可逆调速系统。因此，对应的晶闸管-直流电动机可逆直流调速系统就有两种。

用晶闸管整流装置给直流电动机的电枢供电时，电枢反接可逆电路的形式有多种形式，常见的有采用接触器切换的可逆电路、采用晶闸管切换的可逆电路和两组晶闸管反并联的可逆电路等。

接触器切换的可逆电路方案简单、经济，但是缺点是接触器切换频繁，动作噪声大，寿命低，切换时间长（0.2～0.5s），使电动机正、反转切换中出现死区，所以常用于不经常正反转的生产机械中；晶闸管切换的可逆电路方案简单、工作可靠、调整维护方便，但是对晶闸管开关的耐压及电路容量要求较高，故适用于几十千瓦以下的中小容量系统；两组晶闸管反并联的可逆电路方案只需一个电源，变压器利用率较高，接线简单，适用于要求频繁正反转的生产机械。图 5-18 所示为其电路图。在电路图中，两组晶闸管整流装置反极性并联，当正组整流装置 ZKZ 供电时，电动机正转；当反组整流装置 FKZ 供电时，电动机反转。两组晶闸管整流装置分别由两套触发装置控制，能够灵活控制电动机起动、制动、升速、降速和正反转。但是，对于控制电路要求严格，不允许两组晶闸管同时处于整流状态，以防电源短路。

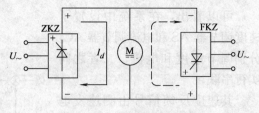

图 5-18　反并联的可逆线路

励磁反接可逆电路形式与电枢反接可逆形式相似，但是励磁绕组的电感量大，回路的时间常数较大，响应时间慢。同时在励磁反向切换过程中，使励磁电流变为 0 时，若不切断电枢电压，电动机会出现弱磁升速，会产生与原来方向相同的转矩而阻碍反向或发生"飞车"，势必增加控制系统的复杂性。因此，从考虑控制回路的简单以及响应速度角度出发，大多数生产设备都采用电枢可逆调速系统。

5.2.3　直流脉宽调制伺服驱动装置

在直流电动机驱动调速系统中，晶闸管电路应用十分广泛，但是它们也存在一些致命的缺陷：

1）存在着电流谐波分量，在低速时转矩脉动大，限制了调速范围。

2）低速时电网的功率因数低。

3）平波电抗器的电感量较大，影响了系统的快速响应。

随着全控型电力电子器件性能的发展和不断完善，由可关断晶闸管（GTO）、电力晶体管（GTR）、功率场效应管（P-MOSFET）等器件构成的各种功率变换装置也随之发展，直流电动机的调速装置和种类不断增加，性能不断完善。特别是大功率晶体管工艺上的成熟和高反压、大电流的模块型功率晶体管的商品化，晶体管脉宽调制（PWM）系统受到普遍重视，并得到迅速的发展。目前，输出功率在 1kW 以下的多采用晶体管脉宽调制方式；1kW 以上的多采用晶闸管驱动方式。

主要特点：在 PWM 控制中，晶体管的频率远比转子能跟随的频率高得多，避开了机械的共振；电枢电流的脉动小，电动机在低频时工作也十分平滑、稳定；调速比可以很大；电流波形系数较小，热变形小；功率损耗小；频率宽动态硬度好，响应很快。

晶体管 PWM 脉宽控制方式虽有上述优点，但与晶闸管相比，晶体管还有一些缺点。例如，不能承受高的峰值电流，一般都是将峰值电流限制到二倍有效电流。另外，还有大功率晶体管性能不够稳定，价格较贵等缺点。

基本原理：所谓脉宽调速，其原理是利用脉宽调制器对大功率晶体管开关时间进行控制，将直流电压转换成某一频率的方波电压，加到直流电动机电枢两端，通过对方波脉冲宽度的控制，改变电枢两端的平均电压，从而达到调节电动机转速的目的。

脉宽调制控制的核心由两部分构成：一是主回路，即脉宽调制的开关放大器；二是脉宽调制器。这两部分是 PWM 控制的核心。

1. PWM 主回路

主回路（也称脉冲功率放大器）可分成双极性和单极性工作方式。图 5-19 所示为 H 型双极性开关电路。

下面介绍常见 H 型驱动回路 PWM 调速系统的核心部分——脉宽调制式开关放大器的基本原理。它的电路原理如图 5-19 所示。图中 VD_1、VD_2、VD_3、VD_4 为续流二极管，用于保护功率晶体管 VT_1、VT_2、VT_3、VT_4，并起续流作用，SM 为直流伺服电动机。

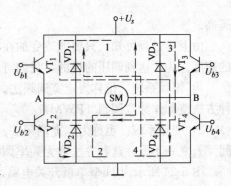

图 5-19 H 型驱动回路的工作原理图

4 个功率晶体管的基极驱动电压分为两组：$U_{b1}=U_{b4}$，$U_{b2}=U_{b3}$。加到各晶体管基极上的电压波形如图 5-20 所示。

当 $0{\leqslant}t<t_1$ 时，$U_{b1}=U_{b4}$ 为正电压，$U_{b2}=U_{b3}$ 为负电压。因此 VT_1 和 VT_4 饱和导通，VT_2 和 VT_3 截止，加在电枢端的电压 $U_{AB}=U_S$（忽略 VT_1 和 VT_4 的饱和压降），电枢电流 I_a 沿回路 1 流动，形成 I_{a1}。

当 $t_1{\leqslant}t<T$ 时，$U_{b1}=U_{b4}$ 为负电压，$U_{b2}=U_{b3}$ 为正电压。使 VT_1 和 VT_4 截止，但 VT_2 和 VT_3 并不能立即导通。这是因为在电枢电感反电动势的作用下，电枢电流 I_a 需经 VD_2 和 VD_3 续流，沿回路 2 流通，形成 I_{a2}，此时 $U_{AB}=-U_S$。由于 VD_2 和 VD_3 的压降使 VT_2 和 VT_3 承受反压，VT_2 和 VT_3 能否导通，取决于续流电流的大小。此时，VT_2 和 VT_3 没来得及导通，下一个周期即到来，又使 VT_1 和 VT_4 导通，电枢电流又开始上升，使 I_a 维持在一个正值附近波动，如图 5-20b 所示。若 I_a 较小时，在 t_1 至 T 时间内，续流可能降到零，于是 VT_2、VT_3 导通，I_a 沿回路 3 流通，方向反向，电动机处于反接制动状态。直到下一个周期 VT_1 和 VT_4 导通，I_a 才开始回升，如图 5-20c 所示。

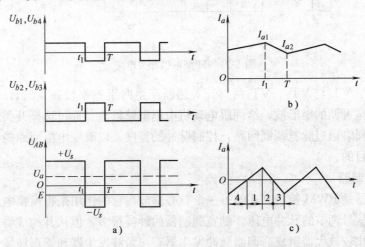

图 5-20 H 型驱动回路中工作电压与电流的波形

由此可知，直流伺服电动机的转向取决于电枢两端电压平均值的正负。

若在一个周期 T 内，$t_1=T/2$，则加在 VT_1 和 VT_4 基极上的正脉冲宽度和加在 VT_2 和 VT_3 基极上的正脉冲宽度相等，VT_1、VT_4 与 VT_2、VT_3 的导通时间相等，电枢电压平均值为零，电动机静止不动。

若 $t_1>T/2$，电枢平均电压大于零，则电动机正转。平均值越大，转速越高。

若 $t_1<T/2$，电枢平均电压小于零，则电动机反转。平均值的绝对值越大，反转速度

越高。

由上述过程可知，只要能改变加在功率放大器上的控制脉冲的宽度，就能控制电动机的速度。为了达到调压的目的，我们可以采用下面的两种方法之一：

1）恒频系统。也称为定宽调频法。保持斩波周期 T 不变，只改变 t_1 的导通时间，这种方法就称作脉宽调制（PWM）。

2）变频系统。也称为调宽调频法。改变斩波的周期，同时保持导通时间 t_1 或关断时间 $T-t_1$ 之一不变，这种方法称为频率调制。

图 5-21 所示为 H 型单极开关电路，将两个相位相反的脉冲控制信号分别加在 VT_1 和 VT_2 的基极，而 VT_3 的基极施加截止控制信号，VT_4 的基极施加饱和导通的控制信号。在 $0 \leqslant t < t_1$ 区间内，VT_1 导通，VT_2 截止，由于 VT_4 始终处于导通状态，所以在电动机电枢两端 BA 间的电压为 $+E_d$。在 $t_1 \leqslant t < T$ 的时间区间内，VT_1 截止而 VT_2 导通，但由于 VT_3 始终处于截止状态，所以电动机处于无电源供电的状态，电枢电流只靠 VT_4 和 VD_2 通道，将电枢电感能量释放而继续流通，电动机只能产生一个方向的转动。若要电动机反转，只要将 VT_3 基极加上饱和导通的控制电压，VT_4 基极加上截止控制电压即可。

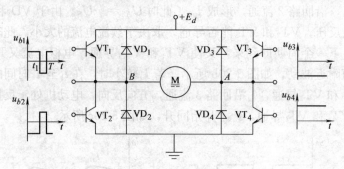

图 5-21　H 型单极开关电路

利用 VT_1、VT_4 与 VT_2、VT_3 两对开关通断产生两组频率较高（2kHz）、幅值不变、相位相反且脉宽可调的矩形波，给伺服电动机电枢电路供电。通过选择开关组别来改变电枢电流方向，同时通过脉宽调制回路，控制脉冲的宽度，以改变电枢回路的平均电压，从而达到调速的目的。

2. 脉宽调制器

脉宽调制器是 PWM 控制方式的另一个核心部分。它的作用是将模拟电压转换成脉冲宽度可由控制信号调节的脉冲电压。脉宽调制器的种类很多，但从其构成看，都是由调制脉冲发生器和比较放大器组成。调制脉冲发生器有三角波发生器和锯形波发生器。

1）三角波发生器。图 5-22a 左部分图为一种三角波的方案。其中，运算放大器 Q_1 构成方波发生器，亦即是一个多谐振荡器，在它的输出端接上一个由运算放大器 Q_2 构成的反相积分器。它们共同组成正反馈电路，形成自激振荡。

工作过程如下：设在电源接通瞬间 Q_1 的输出电压 u_B 为 $-V_d$（运算放大器的电源电压），被送到 Q_2 的反相输入端。由于 Q_2 的反相作用，电容 C_2 被正向充电，输出电压 u_O 逐渐升高，同时又被反馈至 Q_1 的输入端使得 u_A 升高。当 $u_A > 0$ 时，比较器 Q_1 就立即翻转（因为 Q_1 由 R_2 接成正反馈电路，即 Q_1 处于非线性状态），u_B 电位由 $-V_d$ 变为 $+V_d$。此时，

数控原理与系统

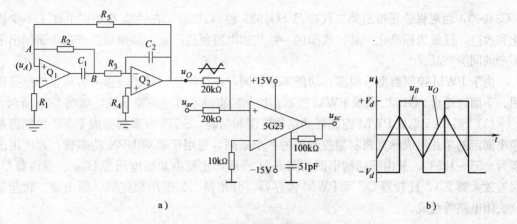

图 5-22　三角波脉冲宽度调制器

a) 电路图　b) 波形图

$t=t_1$，$u_O=(R_5/R_2)V_d$。而在 $t_1 \leqslant t < T$ 的区间，Q_2 的输出电压 u_O 线性下降。当 $t=T$ 时，u_O 略小于零，Q_1 再次翻转至原态。此时 $u_B=-V_d$ 而 $u_O=-(R_5/R_2)V_d$。如此周而复始，形成自激振荡，在 Q_2 的输出端得到一串三角波电压，各点波形如图 5-22b 所示。

2) 比较放大器。在晶体管 VT_1 的调制器中设有比较放大器，其电路如图 5-22a 右部分图所示。三角波电压 u_O 与控制电压 u_{sr} 叠加后送入运算放大器的输入端，工作波形如图 5-23 所示。当 $u_{sr}=0$ 时，运算放大器 Q 输出电压的正负半波脉宽相等，输出平均电压为零。当 $u_{sr}>0$ 时，比较放大器输出脉冲正半波宽度大于负半波宽度，输出平均电压大于零。而当 $u_{sr}<0$ 时，比较放大器输出脉冲正半波宽度小于负半波宽度，输出平均电压小于零。如果三角波线性度好，则输出脉冲宽度可正比于控制电压 u_{sr}，从而实现了控制电压到脉冲宽度之间的转换。

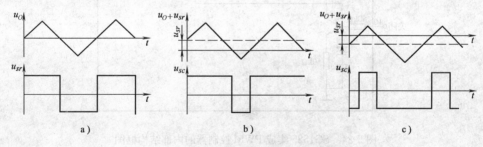

图 5-23　三角波脉冲宽度调制器工作波形图

a) $u_{sr}=0$　b) $u_{sr}>0$　c) $u_{sr}<0$

与晶闸管调速系统相比，基本上只是把触发器换成了 PWM 控制器及功放电路。

直流电动机的 PWM 控制可以用不同的控制手段来实现，可以使用分立元件、专用集成 PWM 控制器，或者使用微机进行控制，也可以使用集成 PWM 控制器与微机配合的方法等。

过去多采用分立元件和单元集成电路组成，近几年已经研制出各种专用的集成 PWM 控制器。在国外市场上，最先出现的是摩托罗拉公司的 MC3420 和西尼肯公司的 SG3524 以及德州仪器公司推出的 SG3524 改进型 TL494 等。近几年，摩托罗拉公司又推出了

MC34060，西尼肯公司推出第二代产品 SG1525 和 SG1527，在性能及功能上作了不少优化和改进，已成为标准化产品。我国的一些集成电路制造厂家，参照国外产品也研制出了国产的同类产品。

由于 PWM 控制器型号很多，功能不尽相同，在实际使用时还应参考各厂家的产品说明。下面讨论由 SG1525 集成 PWM 控制器控制的直流不可逆调速系统，如图 5-24 所示。

（1）SG1525 集成 PWM 控制器的结构框图和功能 SG1525 系列集成 PWM 控制器是频率固定的单片集成脉宽调制型控制器的一个系列，适用于驱动 NPN 功率管，其使用温度为 $-55 \sim 125$℃，其内部结构框图如图 5-24 所示，主要由基准电压源 U_{REF}、振荡器 G、误差放大器 EA、比较器 DC 及 PWM 锁存器、分相器、欠电压锁定器、输出级、软起动及关闭电路等组成。

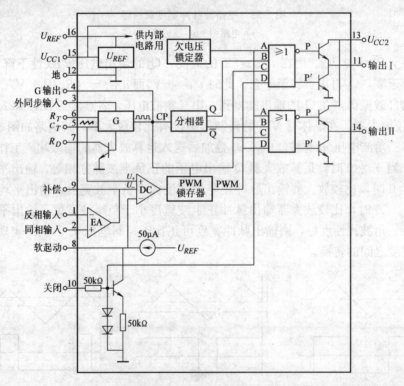

图 5-24 SG1525 集成 PWM 控制器的内部结构框图

1）基准电压源 U_{REF}。基准电压源是一个典型的三端稳压器，供内部电源使用，也可以通过 16 脚输出（40mA 电流）向芯片外围电路提供基准电压，有过电流保护功能。它的输入电压 $U_{\alpha1}$ 可以在 8～35V 变化，通常可用 15V，从 15 脚和 12 脚引入。采用温度补偿，可达 5.1V（±1%）。

2）振荡器 G。振荡器 G 由一个双门限比较器、一个恒流电源及电容充放电电路组成。C_T 恒流充电，产生一个锯形波，脚 5、6、7 外部接线图及产生的锯形波如图 5-25 所示。锯形波的峰点电平为 3.3V，谷点电平为 0.9V，此两值由双门限比较器决定，锯形波的上升边对应 C_T 充电，充电时间 t_1 决定 $R_T C_T$；锯形波的下降边对应 C_T 放电，放电时间决定于 $R_D C_T$。锯形波的频率由下式决定：

$$f = \frac{1}{t_1 + t_2} = \frac{1}{C_T \ (0.67R_T + 1.3R_D)}$$

由于双门限比较器门限电平由基准电压分别取得，并且给 C_T 充电的恒流源对电压及温度变化的稳定性较好，故当 U_{CC1} 在 8～35V 范围变化时，锯形波的频率稳定度可达 1%；当温度在 −55～125℃ 变化时，其稳定度可达 3%。

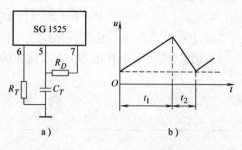

图 5-25　外部接线图及波形

在双极性 PWM 电路中，两组晶体管是不能同时导通的，否则会造成短路。而晶体管关断需要时间，因此有必要在一小段时间内同时关断两组晶体管，这段时间叫做死区时间。振荡器 G 对应于锯齿波下降边输出一时钟信号（CP 脉冲，见图 5-26b），其宽度为 t_2。故调节 R_D 即可调节 CP 脉冲的宽度，同时也就调节了死区时间，R_D 越大，死区时间越长。振荡器还设有外同步输入端 3 脚，在 3 脚加直流或高振荡频率的脉冲信号，可实现振荡与其外同步。

3）误差放大器 EA。其直流开环增量为 70dB。同相输入端按基准电压或其分压值，反馈电压信号接反相输入端。根据系统动态、静态特性要求，可在 9 脚和 1 脚之间接入适当的反馈电路网络，如积分电路等。

4）比较器 DC 与 PWM 锁存器。误差放大器输出电压 U_- 加至比较器 DC 的反相端；振荡器输出的锯齿波电压 U_+ 加于同相端，由比较器进行比较（见图 5-26a），比较器 DC 输出一个 PWM 信号（见图 5-26c），该 PWM 信号经锁存器锁存，以保证在锯形波的一个周期内只输出一个 PWM 脉冲信号。比较器 DC 的反相输入端还设有软起动及关闭 PWM 信号的电路。在 8 脚与地之间接一微法数值的电容，即可在起动时使输出端的脉冲由窄逐步变宽，实现软起动功能。

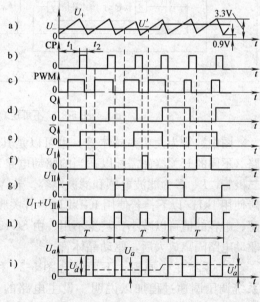

图 5-26　SG1525 各点波形与
PWM 斩波调压波形图

在 10 脚可加各种故障保护信号，如过电流、过电压、短路、接地等故障信号，故障输入信号时使内部晶体管导通，从而封锁输出。

5）分相器。这是一个 T 触发器，每输入一个 CP 脉冲，则 Q、$\overline{Q}$ 翻转一次。因此，分相器的输出是一个方波信号，其频率为 CP 脉冲频率的 1/2，也就是锯形波频率的 1/2。此方波信号加到两组门电路的输入端 B。

6）欠电压锁定器。当电源电压 $U_{CC1} \leqslant 7V$ 时，欠电压锁定器输出一高电平，加至输出门电路的输入端 A，同时也加到关闭门电路的输入端 A，以封锁输出。

7）输出级。两组输出级结构相同。每一组的上侧为"或非"门，下侧为"或"门，有 A、B、C、D 四个输入端，D 端输入 PWM 脉冲信号，B 端输入分相器输出的 Q（或

$\overline{Q}$）信号，C 端输入 CP 脉冲信号，A 端输入欠电压锁定信号。设输出信号为 P 和 P′，分别驱动输出级上、下两个晶体管，则

$$P=\overline{A+B+C+\overline{D}} \qquad P'=A+B+C+D$$

（2）PWM 直流不可逆调速系统

1）图 5-27 所示为利用 SG1525 构成的不可逆直流调速系统的原理图。

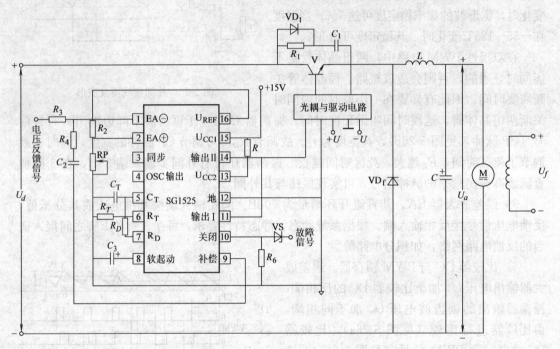

图 5-27　不可逆直流调速系统原理图

图中，V 为大功率晶体管，也可以是其他开关器件，R_1、C_1、VD_1 为过电压吸收电路（不同的开关器件需配以适当的驱动电路）。M 为他励直流电动机，VD_f 为续流用快速二极管，L、C 为滤波电感和滤波电容。若 V 为大功率晶体管（BJT）时，其开关频率一般使用 1kHz 以下；若使用 IGBT 时，开关频率可达到 10kHz 左右。开关频率高，滤波电感、电容的值可以减小，甚至不用。由 SG1525 集成 PWM 控制器产生的 PWM 信号，经驱动电路隔离放大后，驱动晶体管。

2）系统工作原理。下面结合图 5-24 和图 5-26 对图 5-27 所示的直流不可逆调速系统调压调速过程加以说明。设主电路的开关器件 V 使用的是 BJT 模块，其开关频率 f 选定为 1kHz。在脚 5 与脚 7 之间跨接电阻 R_D，以形成死区时间。根据开关频率 f 和电阻 R_D，选定 R_T、C_T。C_T 上形成锯形波电压 U_+ 的频率为 1kHz，此锯形波电压 U_+ 加在 PWM 比较器 DC 的同相输入端。基准电压 +5V 经 R_2、RP 分压后加于误差放大器 EA 的同相输入端，而由输出电压采样电路来的电压反馈信号加于 EA 的反相输入端。

设这时 EA 的输出电压为 U_-，它加于比较器 DC 的反相输入端。在 U_-、U_+ 的共同作用下，比较器 DC 和 PWM 锁存器输出 PWM 信号，加于"或非"（"或"）门的输入端 D。振荡器输出的 CP 脉冲加于"或非"（"或"）门的输入端 C。分相器输出的 Q、$\overline{Q}$ 脉冲

分别加于两组输出级"或非"("或")门的输入端 B。设这时 SG1525 电源电压正常，欠电压锁定器输出低电平，加于"或非"("或")门的输入端 A，于是，对于输出口 I，根据 $P=\overline{A+B+C+D}$ 及 $P=A+B+C+D$ 的逻辑关系，获得如图 5-26g 所示的脉冲列。现在，I 口（11 脚）、II 口（14 脚）并联使用，故其输出脉冲波形如图 5-26h 所示。此脉冲经光隔离、放大后驱动开关元件 V，则电动机 M 获得同样波形的电压 U_a，如图 5-26i 所示。图中画出了当调压为 U_- 时电动机端电压平均值的变化情况，由此可达到 PWM 斩波调压的目的。

3. FANUC PWM 直流进给驱动

FANUC 公司所用的进给伺服系统和主轴伺服系统按其使用的电动机来分，有直流伺服系统和交流伺服系统两大类。20 世纪 70 年代至 80 年代末，用的最多的是直流伺服系统。而直流伺服系统中又分为晶闸管整流方式（SCR 速度控制）和晶体管脉宽调制方式（PWM 速度控制系统）两种。FANUC 公司的直流进给伺服系统在一开始时采用晶闸管整流方式，在 20 世纪 80 年代中期被晶体管脉宽调制方式所代替。

FANUC 公司的 PWM 型速度控制系统也是基于前面所述原理设计而成的。其系统框图随所用的检测元件不同（如测速发电机、脉冲编码器、旋转变压器及感应同步器等多种）而稍有差异。图 5-28 所示为利用脉冲编码器作为检测元件的 PWM 直流伺服系统框图。

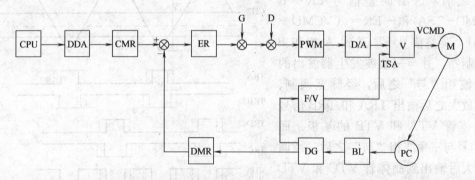

图 5-28　FANUC PWM 直流伺服系统

该系统是一个相位控制系统，结构简单、调整方便、频率响应高、抗干扰能力强。其工作过程为数控系统中的 CPU（微处理器）发出控制信号经过数值积分器（DDA，即为插补器）输出一系列的均匀脉冲，然后经过指令倍率器 CMR 之后，与位置反馈脉冲比较之后的差值，送到误差寄存器 ER，随后与位置增益（G）、偏移量补偿（D）运算之后送到脉宽调制器（PWM）进行脉宽调制。被调制的脉冲经 D/A 变换器转换成模拟电压，作为速度控制单元（V）的控制指令 VCMD。电动机旋转后，由检测件——脉冲编码器（PC）发出脉冲，经断线检查器（BL）确认无信号断线之后，送到鉴相器（DG），用以确定电动机的旋转方向。从鉴相器再分二路输出，一路经 F/V 变换器，将脉冲变换成电压（TSA），送到速度控制单元，并与 VCMD 指令进行比较，从而完成速度控制。另一路输出到检测倍率器（DMR），经倍率器送到比较器完成位置环控制。设置 CMR 和 DMR 的目的，是为了使指令的每个脉冲的移动量和实际的每个脉冲移动量一致，从而使控制系统适合各种丝杠导程的场合。

速度控制单元 V 的框图如图 5-29 所示。

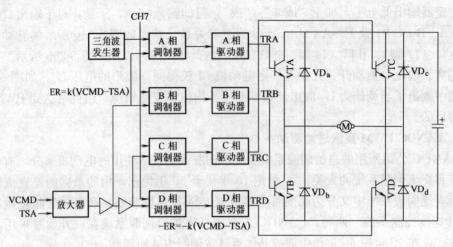

图 5-29　PWM 速度控制单元

可以看出，指令电压 VCMD 与测速反馈信号 TSA 在电流放大器中经过比较之后，送出误差信号 ER ＝ K（VCMD－TSA）和－ER ＝（VCMD－TSA）。误差信号 ER 送到 A 相和 B 相调制器，并与三角波发生器发出的三角波相 "与" 之后，经脉宽调制、驱动放大之后输出 TRA 和 TRB 信号到晶体管 VTA 和 VTB 的基极。而 ER信号与三角波相 "与" 之后，经调制放大后输出到晶体管 VTC 和 VTD 的基极。它们的波形如图 5-30 所示。

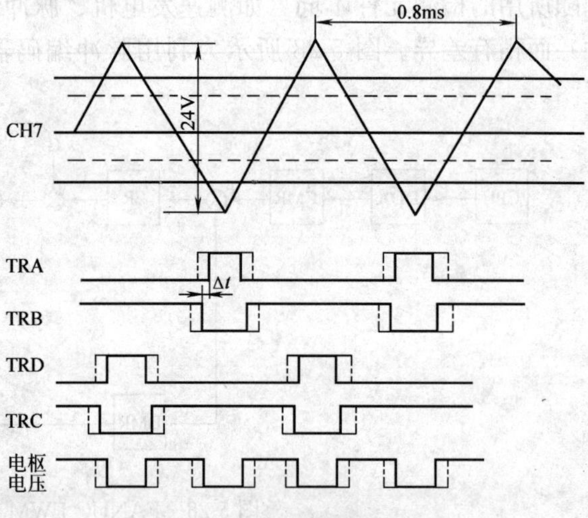

图 5-30　PWM 脉宽调制波形

该波形图是电动机正转时的情况。此时电动机电枢的供电情况可分为 4 个区域：

（1）VTB 和 VTC 晶体管导通　这时电流方向从直流电源的 "＋" 端，经过 VTC、电枢 M、VTB 到电源的 "－" 端。

（2）VTC 和 VTA 导通　此时电枢电感释放能量，电流从电枢 M 经二极管 VD_d、晶体管 VTC 回到电枢 M。

（3）VTA 与 VTD 导通　其过程同第一区域。

（4）VTB 利 VTD 导通　此时电流方向从电枢 M 经 VTB、续流二极管 VD_d 回到电枢 M。

按上述 4 步顺序周而复始地工作，从而形成电动机连续地按正方向旋转。波形图中的 Δt 是死区，该值大于晶体管的关断时间，确保两个桥臂的晶体管不会同时导通，从而造成短路而损坏。

5.3　闭环交流伺服驱动系统

5.3.1　交流伺服电动机

1. 交流伺服电动机的工作原理

交流伺服电动机一般是两相交流电动机，由定子和转子两部分组成。交流伺服电动机的转子有笼型和杯型两种，无论哪一种转子，它的转子电阻都比较大，其目的是使转子在转动时产生制动转矩，使它在控制绕组不加电压时，能及时制动，防止自转。交流伺服电动机的定子为两相绕组，并在空间相差90°电角度。两个定子绕组结构完全相同，使用时一个绕组做励磁用，另一个绕组做控制用，图5-31所示为交流伺服电动机的工作原理图，在图中U_f为励磁电压，U_c为控制电压；这两个电压均为交流，相位互差90°，当励磁

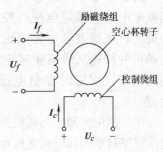

图5-31　交流伺服电动机
的工作原理图

绕组和控制绕组均加交流互差90°电角度的电压时，在空间形成圆旋转磁场（控制电压和励磁电压的幅值相等）或椭圆旋转磁场（控制电压和励磁电压幅值不等），转子在旋转磁场作用下旋转。当控制电压和励磁电压的幅值相等时，控制二者的相位差也能产生旋转磁场。

与普通两相异步电动机相比，伺服电动机有宽的调速范围；当励磁电压不为零，控制电压为零时，其转速也应为零；机械特性为线性并且动态特性好。为达到上述要求，伺服电动机的转子电阻应当大，转动惯量应当小。

由电机学原理可知，异步电动机的临界转差率S_m与转子电阻有关，增大转子电阻可使临界转差率S_m增大，转子电阻增大到一定值时，可使$S_m \geqslant 1$，电动机的机械特性曲线近似为线性，这样可让伺服电动机的调速范围增大，在较大范围内能稳定运行。增大转子电阻还可以防止自转现象的发生。当励磁电压不为零，控制电压为零时，伺服电动机相当于一台单相异步电动机，若转子电阻较小，则电动机还会按原来的运行方向转动，此时的转矩仍为拖动性转矩，此时的机械特性如图5-32a所示，当转子电阻增大时，如图5-32b所示，拖动性转矩将变小；当转子电阻大到一定程度时，如图5-32c所示，转矩完全变成制动性转矩，这样可以避免自转现象的产生（图中，

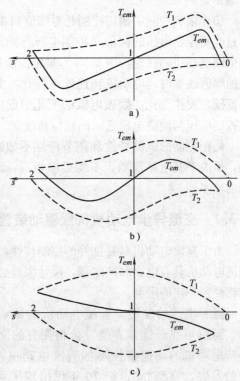

图5-32　转子绕组对交流电动机机械特性的影响
a）机械特性图　b）转子电阻增大图
c）转矩完全变成制动性图

T_{em} 为电磁转矩，T_1 和 T_2 为电磁转矩的两个分量）。

2. 交流伺服电动机的控制方式

交流伺服电动机的控制方式有 3 种，分别是幅值控制、相位控制和幅相控制。

（1）幅值控制　控制电压和励磁电压保持相位差 90°，只改变控制电压幅值，这种控制方法称为幅值控制。

当励磁电压为额定电压，控制电压为零时，伺服电动机转速为零，电动机不转；当励磁电压为额定电压，控制电压也为额定电压时，伺服电动机转速最大，转矩也为最大；当励磁电压为额定电压，控制电压在额定电压与零电压之间变化时，伺服电动机的转速从最高转速至零转速间变化。图 5-33 即为幅值控制时伺服电动机的控制接线图，使用时控制电压 U_c 的幅值在额定值与零之间变化，励磁电压保持为额定值。

（2）相位控制　与幅值控制不同，相位控制时控制电压和励磁电压均为额定电压，通过改变控制电压和励磁电压相位差，实现对伺服电动机的控制。

设控制电压与励磁电压的相位差为 β，$\beta=0\sim90°$，根据 β 的取值可得出气隙磁场的变化情况。当 $\beta=0°$ 时，控制电压与励磁电压同相位，气隙总磁通势为脉振磁通势，伺服电动机转速为零不转动；当 $\beta=90°$ 时，为圆形旋转磁通势，伺服电动机转速最大，转矩也为最大；当 $\beta=0°\sim90°$ 变化时，磁通势从脉振磁通势变为椭圆形旋转磁通势，最终变为圆形旋转磁通势，伺服电动机的转速由低向高变化。β 值越大越接近圆形旋转磁通势。

（3）幅相控制　幅相控制是对幅值和相位差都进行控制，通过改变控制电压的幅值及控制电压与励磁电压的相位差控制伺服电动机的转速。图 5-33 为幅相控制接线图，当控制电压的幅值改变时，电动机转速发生变化，此时励磁绕组中的电流随之发生变化，励磁电流的变化引起电容的端电压变化使控制电压与励磁电压之间的相位角改变。

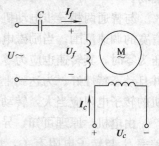

图 5-33　幅相控制接线图

幅相控制的机械特性和调节特性不如幅值控制和相位控制，但由于其电路简单，不需要移相器，因此在实际应用中用的较多。

5.3.2　交流异步电动机伺服驱动装置

由于直流电动机具有良好的控制特性，因此在工业生产中一直占据主导地位。但是，直流电动机具有电刷和换向器，尺寸大且必须经常维修，单机容量、最高转速以及使用环境都受到一定的限制。

随着生产的发展，直流电动机的缺点越来越突出，于是人们将目光转向结构简单、运行可靠、维修方便、价格便宜的交流电动机，特别是交流异步电动机。但是，异步电动机的调速特性不如直流电动机，使其应用受到极大限制。随着电力电子技术的发展，直到 20 世纪 70 年代出现了可控电力开关器件（如晶闸管、GTR、GTO 等），为交流电动机的控制提供了高性能的功率变换器，从此交流变频驱动技术得到了飞速发展。

在变频技术发展的同时，交流电动机的控制理论也得到很大发展，1971 年德国科学家 F. Blaschke 等人提出了矢量控制理论。1985 年德国科学家 M. Depenbrok 又提出直接转矩控制论理论，免去了矢量变换的复杂计算，控制结构更加简单化。各种交流电动机的驱动控制装置不断出现，交流调速进入同直流调速相媲美的时代，使交流电动机获得了和直流电动机一样优良的静、动态特性，在高速、大功率场合有取代直流调速的趋势。

对交流电动机实现变频调速的装置称为变频器，其功能是将电网提供的恒压恒频 CVCF（Constant Voltage Constant Frequency）交流电变换为变压变频 VVVF（Variable Voltage Variable Frequency）交流电，变频伴随变压，对交流电动机实现无级调速。变频器有交-直-交与交-交变频器两大类。交-交变频器没有明显的中间滤波环节，电网交流电被直接变成可调频调压的交流电又称为直接变频器。而交-直-交变频器先把电网交流电转换为直流电，经过中间滤波环节后，再进行逆变才能转换为变频变压的交流电，故称为间接变频器。

异步电动机的变频调速所要求的变频变压功能（VVVF）是通过变频器完成的。变频器实现 VVVF 控制技术有脉冲幅度调制 PAM 和脉宽调制 PWM 两种方式。PWM 控制技术分为等脉宽 PWM 法、正弦波 PWM 法（SPWM）、磁链追踪型 PWM 法和电流跟踪型 PWM 法 4 种。

目前，在数控机床上，一般多采用交-直-交的正弦波脉宽调制（SPWM）变频器和矢量变换控制的 SPWM 调速系统。

1. 交流调速的基本概念

由电机学基本原理可知，交流异步电动机（感应电动机）的转速公式为

$$n = \frac{60f}{P}(1-s)$$

式中　　f——定子电源频率；

　　　　s——转差率；

　　　　P——极对数。

根据公式，改变交流电动机的转速有 3 种方法，即变频调速、变极调速和变转差率调速。变极调速通过改变磁极对数来实现电动机调速，这种方法是有级调速且调速范围窄。变转差率调速可以通过在绕组中串联电阻和改变定子电压两种方法来实现。无论是哪种改变转差率的方法，都存在损耗大的缺陷，不是理想的调速方法。

变频调速范围宽、平滑性好、效率高，具有优良的静态和动态特性，无论转速高低，转差功率的消耗基本不变。变频调速可以构成高动态性能的交流调速系统，取代直流调速，所以，目前高性能的交流变频调速系统都是采用变频调速技术来改变电动机转速的。

在异步电动机的变频调速中，希望保持磁通不变。磁通减弱，铁心材料利用不充分，电动机输出转矩下降，导致带负载能力减弱。磁通增强，引起铁心饱和、励磁电流急剧增加，电动机绕组发热，可能烧毁电动机。

根据电机学知识，异步电动机定子每相绕组的感应电动势为

$$E = 4.44fNK\Phi_m$$

式中　　N——定子绕组每相串联的匝数；

　　　　K——基波绕组系数；

　　　　Φ_m——每极气隙磁通；

　　　　f——定子频率。

为了保持气隙磁通 Φ_m 不变，则应满足 $E/f=$ 常数。但实际上，感应电动势难以直接控制。如果忽略了定子漏阻抗压降，则可以近似地认为定子相电压和感应电动势相等，即 $U \approx E = 4.44fNK\Phi_m$。实现恒磁通调速，则应满足 $E/f=$ 常数。在交流变频调速装置中，同时兼有调频调压功能。

2. 正弦波脉宽调制（SPWM）

SPWM 法是变频器中使用最为广泛的 PWM 调制方法，属于交-直-交型静止变频装置，可以用模拟电路和数字电路等硬件电路实现，也可以用微机软件以及软件和硬件结合的办法实现。

用硬件电路实现 SPWM 法，就是用一个正弦波发生器产生可以调频调幅的正弦波信号（调制波），用三角波发生器生成幅值恒定的三角波信号（载波），将它们在电压比较器中进行比较，输出 PWM 调制电压脉冲，图 5-34 所示为 SPWM 法调制 PWM 脉冲的原理图。

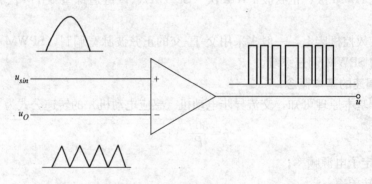

图 5-34　SPWM 法调制 PWM 脉冲原理图

三角波电压和正弦波电压分别接在电压比较器的"一"、"+"输入端。当 $u_O <$ u_{sin} 时，电压比较器输出高电平；反之则输出低电平。PWM 脉冲宽度（电平持续时间长短）由三角波和正弦波交点之间的距离决定，两者的交点随正弦波电压的大小而改变。因此，在电压比较器输出端就输出幅值相等而脉冲宽度不等的 PWM 电压信号。

当逆变器输出电压的每半周由一组等幅而不等宽的矩形脉冲构成时，其近似等效于正弦波。这种脉宽调制波是由控制电路按一定规律控制半导体开关元件的通断而产生的，这一定的规律就是指 PWM 信号。生成 PWM 信号的方法有很多种，最基本的方法就是利用正弦波与三角波相交来产生 PWM 信号，三角波与正弦波相交交点与横轴包围的面积用幅值相等，脉宽不同的矩形来近似，模拟正弦波。图 5-35 所示为 SPWM 调制波示意图。

可以看到，由于各脉冲的幅值相等，所以逆变器由恒定的直流电源供电工作时，驱动相应开关器件通断产生的脉冲信号与此相似。

矩形脉冲作为逆变器开关元件的控制信号，在逆变器的输出端输出类似的脉冲电压，与正弦电压相等效。工程上借用通信技术中调制的概念，获得 SPWM 调制波的方法是根据三角波与正弦波的交点时刻来确定逆变器功率开关的工作时刻。调节正弦波的频率和幅值便可以相应地改变逆变器输出电压基波的频率和幅值。

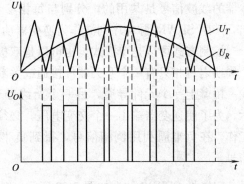

图 5-35　SPWM 调制波

图 5-36 所示为 SPWM 变频的主电路，图中 $VT_1 \sim VT_6$ 是逆变器的 6 个功率开关器件，各有一个续流二极管反并联结。将 50Hz 交流电经三相整流变压器变到所需电压，经二极管整流和电容滤波，形成定直流电压 U_s，再送入 6 个大功率晶体管构成的逆变器主电路，输出三相频率和电压均可调整的等效正弦波的脉宽调制波（SPWM 波）。在输出的半个周期内，上下桥臂的两个开关元件处于互补工作状态，从而在一个周期内得到交变的正弦电压输出。

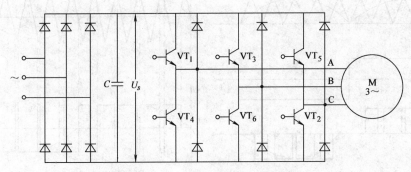

图 5-36　SPWM 变频主电路

图 5-37 是六路 SPWM 控制信号产生原理的示意图，一组三相对称的正弦参考电压信号 u_a、u_b、u_c 由基准信号发生器提供，其频率决定逆变器输出的基波频率，在所要求的输出频率范围内可调。其幅值也可以在一定范围内变化，以决定输出电压的大小。三角波发

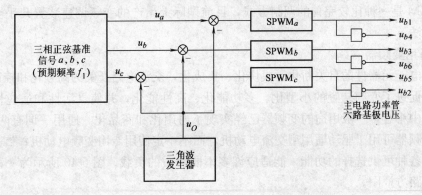

图 5-37　六路 SPWM 控制信号产生原理示意图

生器的载波信号是共用的，分别与每相参考电压比较后，给出"正"或"零"的饱和输出，产生 SPWM 脉冲序列波作为逆变器功率开关器件的驱动控制信号。

控制方式可以是单极式，也可以是双极式的。采用单极式控制时，在每个正弦波的半个周期内每相只有一个开关器件接通或关断，即在逆变器输出波形的半个周期内，逆变器同一桥臂上一个元件导通，另一个始终处于截止状态。单极性 SPWM 波形如图 5-38 所示，为了使逆变器输出一个交变电压，必须是一个周期内的正负半周分别使上下桥臂交替工作，在负半周利用倒相信号，得到负半周的触发脉冲，作为驱动下桥臂开关元件的信号。

双极性 SPWM 波形如图 5-39 所示。其调制方式和单极式相同，输出基波电压的大小和频率也是通过改变正弦参考信号的幅值和频率而改变的，只是功率开关器件的通断情况不一样。双极式调制时逆变器同一桥臂上、下两个开关器件交替通断，处于互补的工作方式。

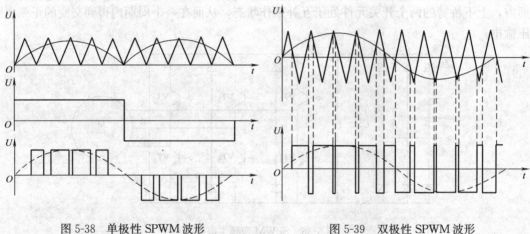

图 5-38　单极性 SPWM 波形　　　图 5-39　双极性 SPWM 波形

由图中可以看出，三角波双极性变化时，逆变器输出相电压的基波分量要比单极性要大，因此双极性 SPWM 利用率高，谐波分量也比单极性大，有利于交流电动机低速运行的稳定。缺点是双极性控制在半个周期内的开关次数是单极性的 2 倍，开关损耗增加。

SPWM 是一种比较完善的调制方式，目前国际上生产的变频调速装置几乎全部采用这两种方法。

3. 通用变频器

电力电子元器件的自关断化、模块化、集成化，交流电路开关的高频化和控制手段的数字化，促进了变频装置的小型化、多功能化、高性能化，并使灵活性和适应性不断增强。目前中小容量一般用途的变频器已经实现了通用化和商品化。通用一词有两个含义：一是这种变频器可用于驱动通用型交流电动机，而不一定使用专用变频电动机；二是通用变频器具有各种可供选择的功能，能适应许多不同性质的负载。图 5-40 所示为一种通用变频器的电路方框图。

通用变频器采用先进的电子技术，设计了 16 位元高速主处理器及界面通信辅助 8 位元处理器，开发超大型专用集成电路，内部结构简单、操作简便、功能完备，电气特性

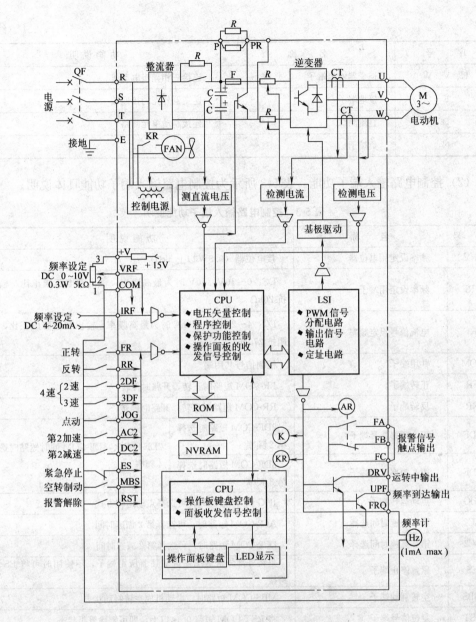

图 5-40　一种 PWM 通用变频器电路框图

稳定。

　　它采用数字键盘面板设计，具有电流限定功能，瞬间电源故障恢复后，可设定为自动重新起动模式。该变频器还具有各种短路、过电流、过电压、过热、失速以及过载等保护电路，还可显示故障并进行诊断。

　　（1）主电路端子功能　表 5-2 所示为主电路端子功能的具体说明。

表 5-2　主电路端子功能说明

序　号	名　称	功能说明
R、S、T	交流电输入端子	连接外部电源，AC380V/50Hz

序　号	名　　称	功 能 说 明
U、V、W	逆变器输出端子	连接三相异步电动机
E	接地端子	逆变器外壳的接地端
D	直流测试	连接制动单元回路
N	负端子	

（2）控制电路输入端子功能　表5-3所示为控制电路输入端子功能具体说明。

表5-3　控制电路输入端子功能说明

序　号	名　　称	功 能 说 明	
+V	频率设定用电位器	接电位器（0.5W以上5kΩ）	
VRF	频率设定用端子	DC：0～10V，10V时为最高频率，输出和电压成正比。输入阻抗20kΩ	
IRF	电流信号设定频率	DC：4～20mA，20mA时为最高频率，输出和电流成正比，输入阻抗270Ω	
COM	共用端子	控制信号共用端	
FR	正转端子	FR-COM短路时正转，开路时停转	
RR	反转端子	RR-COM短路时反转，开路时停转	
2DF	第2频率选择端子	2DF-COM短路时选择第2频率	2DF-COM、3DF-COM同时短路时选择第4频率
3DF	第3频率选择端子	3DF-COM短路时选择第3频率	
JOG	点动运转端子	JOG-COM短路时，可选择点动运转方式	
AC2	第2加速时间选择	AC2-COM短路时，可选择第2加速时间	
DC2	第2减速时间选择	DC2-COM短路时，可选择第2减速时间	
ES	紧急停止端子	是将外部异常情况输进变频器所用端子，不使用时可将ES-COM跨接	
MBS	空转制动端子	MBS-COM短路时，电动机成空转制动状态	
RST	复位信号端子	将RST-COM短路0.1s以上，即可解除警报状态	
DRV	逆变器运转中的输出端子	开路集电极24V、50mA（DC制动动作时无输出）	
UPF	频率到达输出端子	开路集电极24V、50mA	
FRQ	频率表用端子	DC：0～1mA，最高频率时为1mA	
FA		逆变器内部保护功能导致	
FB	异常警报信号输出端子	停机时继电器动作，正常时FA-FC断开、FB-FC闭合	
FC		异常时FA-FC闭，FB-FC断开，IC接点，接点容量AC250V/0.3A	

（3）控制面板　图5-41所示为操作键盘示意图。按键设定频率，可以用数字键、步进键和功能码3种方式设定。

功能操作键盘已有注明，具体功能的设定按以下步骤进行：

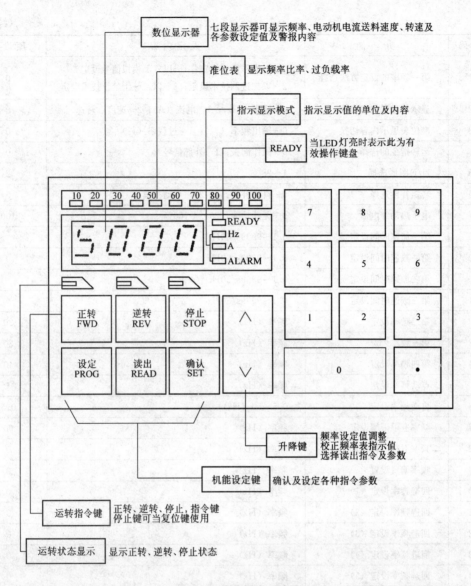

图 5-41　操作键盘示意图

1）按设定键 PROG，再按功能指令码中的指令代码，显示功能指令号码。

2）按读出键 READ，显示现在设定值。

3）按数字键输入新的设定值。

4）按功能指令码中的数值内容值，交叉显示 5s。

5）按确认键 SET，5s 后恢复到操作前的显示。

（4）功能指令码及设定　表 5-4 为功能指令代码及设定内容。

表 5-4　功能指令代码及设定内容

指令码	功　　能	设　定　内　容	预 设 值
00	第一频率的设定	频率	0

指令码	功　能	设　定　内　容	预设值
01	第一频率的设定方法选择	0—以操作面板设定；1—以外部模拟信号设定 2—以二进制技术设定；3—以二～十禁止技术设定	0
02	显示器显示内容切换	0—频率（Hz）；1—电流（A）；2—速度、转速	0
03	准位表显示内容切换	0—输出频率（%）；1—过载率（%）	0
04	运转指令的选择	0—操作面板；1—外部信号	0
05	U/F 图形选择	1～28	2
06	转矩补偿选择	0—自动补偿；1～25—手动补偿	5
07	电子热动继电器	0—无此功能；25%～100%	100
08	第一加速时间设定	0.1～9999s/50Hz	
09	第一减速时间设定	0.1～9999s/50Hz	
10	第二加速时间设定	0.1～9999s/50Hz	
11	第二减速时间设定	0.1～9999s/50Hz	
12	第二频率设定	频率（Hz）	20
13	第三频率设定	频率（Hz）	30
14	第四频率设定	频率（Hz）	40
15	点动频率设定	频率（Hz）	5
16	自动频率设定	0.5～50（Hz）	0.5
17	频率上限限幅设定	频率（Hz）	60
18	频率下限限幅设定	频率（Hz）	0
19	频率偏置设置	频率（Hz）	0
20	回避频率设定（1）	频率（Hz）	0
21	回避频率设定（2）	频率（Hz）	0
22	回避频率设定（3）	频率（Hz）	0
23	回避频率设定（4）	频率（Hz）	0
24	回避频率设定（5）	频率（Hz）	0
25	DC 制动量的设定	0—DC 制动功能不动作；1—7DC 制动量调整	0
26	DC 制动时间的设定	1～200s	1
27	最高频率截止点	0—无截止点；1—截止点位 120Hz	1
28	过电流防失速模式切换	0—防失速功能不动作；1—加速时间延长 2 倍恒速 时以 4 倍减速时间减速；2—加速时间延长 4 倍恒速时 以 2 倍减速时间减速；3—加速时使频率加速停止、恒 速时以减速时间下降频率	0
29	防失速功能切换	0—仅加速时有效；1—仅恒速运转时有效；2—加 速、恒速正转有效	0
30	转速跟踪再起动	0—此功能不动作；1—此功能动作	0
31	频率表偏差的校正	0—通常时；1—校正时	0
32	警报跳脱后自动复位功能	0—此功能不动作；1—此功能动作	0

指令码	功　能	设　定　内　容	预设值
33	停电时的警报信号输出	0—此功能不动作；1—此功能动作	0
34	加减速模式切换	0—现行变化	0
35	操作面板控制功能本机外设两地转移	0—控制功能转移外设	—
36	数据的初始化	1—数据还原出厂设置	—
37	电子热动继电器同电动机对应功能	0—通用电动机；1—逆变器专用电动机	0
38	制动电阻的选择	1—通常外加专用电阻	1
39	电动机转向固定功能	0—正反转；1—正转；2—反转	0
40	数据锁定功能	0—可改数据；1—不可更改数据	0
41	以外部信号运转时面板的停止键有效	0—停止键无效；1—停止键有效	0
42	频率的增益设定	20%～200%	100
43	瞬停再起动模式选择	0—不再起动；1—转速跟踪再起动；2—由始动频率再起动	0
44	速度倍率的设定	0.01～500	1
45	偏置极性的设定	0—正偏置；1—负偏置	0
46	异常内容的存储	OC-A 加速中过电流	
47	异常内容的存储（前1次）	-OE-OC 过电压	None
48	异常内容的存储（前2次）	OC-d 减速中过电流	
49	异常内容的存储（前3次）	PO—停电、欠电压；OC-n—恒速时过电流；OH—变频器过热；OC-S—输出短路或接地；OL-E—电动机过热；Fb—熔丝断；OL—过载	
50	消除存储异常内容	1—消除	—
51	警报跳脱自动复位时继电器输出选择	0—继电器无输出；1—继电器输出信号	0

设定实例如下：

1）始动动频率设定。可在 0.5～50Hz 进行 0.01Hz 档次的设定。

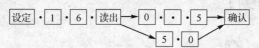

2）过电流的防失速模式切换设定。可在加速、恒速、加速时间变化及频率下降时进行可变设定。

4. 矢量变换变频调速

直流电动机之所以具有良好的调速性能，原因在于以下几个方面：

1）直流电动机的磁极固定在定子机座上，产生稳定的直流磁场。

2）电枢绕组固定在转子铁心槽内，在空间产生一个稳定的、与磁场保持垂直的电枢磁势，电枢磁势用于产生转矩。

3）他励电动机激励磁电流和电枢电流可以分别控制。

异步电动机上产生的磁场是旋转的，旋转磁场和转子磁势没有互相垂直的关系，同时其励磁电流和工作电流不能独立控制。

交流异步电动机的转矩 M 与转子电流 I 的关系为

$$M = C_M \Phi I \cos\varphi$$

式中　Φ——气隙磁通（Wb）；

　　　I——转子电流（A）；

　　$\cos\varphi$——转子功率因数。

Φ、I、$\cos\varphi$ 都是转差率 s 的函数，难以直接控制。比较容易控制的是定子电流 I_1，而定子电流 I_1 又是转子电流折合值与激磁电流 I_0 的矢量和。因此要准确地控制电磁转矩显然比较困难。

矢量变换控制系统（Transvector Control System）又称矢量控制系统，它是通过对电流的空间矢量进行坐标变换实现的控制系统。这种方法把异步电动机经过坐标变换等效成直流电动机，设法在交流电动机上模拟直流电动机控制转矩的规律，以使交流电动机具有同样产生电磁转矩的能力。矢量控制原理的基本思路就是按照产生同样的旋转磁场这一等效原则建立起来的。

三相固定的对称绕组 A、B、C，通以三相正弦平衡交流电流 i_a、i_b、i_c 时，即产生转速为 ω_0 的旋转磁场 Φ，如图 5-42a 所示。产生旋转磁场不一定非要三相不可，除单相以外，二相、三相、四相等任意的多相对称绕组，通以多相平衡电流，都能够产生旋转磁场。图 5-42b 所示为两相固定绕组 α 和 β（位置上差 90°），通以两相平衡交流电流 i_α 和 i_β（时间上差 90°）时，所产生的旋转磁场 Φ。图 5-42c 中有两个匝数相等、互相垂直的绕组 M 和 T，分别通以直流电流 i_M 和 i_T，产生固定的磁通 Φ。如果使两个绕组以同步转速旋转，磁场 Φ 自然随着旋转起来，也可以与图 5-42a 和图 5-42b 等效。当观察者站在铁心上和绕组一起旋转时，在观察者看来，是两个通以直流电流的互相垂直的固定绕组。如果取磁通的位置和绕组的平面正交，就和等效的直流电动机绕组没有差别了。

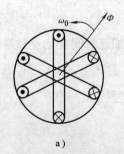 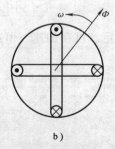 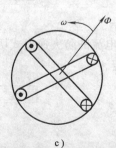

a)　　　　　　　　　b)　　　　　　　　　c)

图 5-42　等效的交流电动机绕组和直流电动机绕组

a）三相固定的对称绕组　b）两相固定绕组　c）两个匝数相等、互相垂直的绕组如图 5-43 所示，其中 F_a 是电枢磁通，F_1 是激磁磁势。此时，图 5-42c中的 M 绕组相当于激磁绕组，T 绕组相当于电枢绕组。这样以产生旋转磁场为准则，图 5-42a 中三相绕组，图 5-42b 中的两相绕组与图5-42c 中的直流绕组等效。i_a、i_b、i_c 与 i_M 和 i_T 之间存在着确定的关系，即矢量变换关系。要保持 i_M 和 i_T 为某一定值，则 i_a、i_b、i_c 必须按一定规律变化。只要按照这个规律去控制三相电

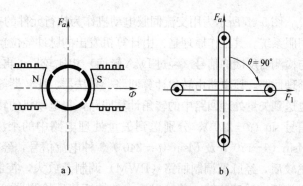

图 5-43 直流电动机的磁通和电枢磁势
a) 电磁结构图 b) 磁通和电枢磁势图

流，就可以等效地控制 i_M 和 i_T，达到所需控制转矩的目的，从而得到和直流电动机一样的控制性能。

将交流电动机模拟成直流电动机加以控制，其控制系统也可以完全模拟直流电动机的双闭环调速系统。所不同的是其控制信号要从直流量变成交流量，而反馈信号则必须从交流量换成直流量。

图 5-44 所示为利用矢量变换进行控制的结构框图。图中给定和反馈信号经过与直流调速系统所用相类似的控制器，产生励磁电流的给定信号 i_{m1}^* 和电枢电流的给定信号 i_{t1}^*，经过反旋转变换 VR^{-1} 得到 $i_{\alpha1}^*$ 和 $i_{\beta1}^*$，再经 2/3 变换得到 i_A^*、i_B^* 和 i_C^*。把这 3 个电流控制信号和由控制器直接得到的频率控制信号 ω_1 加到带电流控制的变频器上，就可输出异步电动机调速所需的三相变频电流。

在设计矢量控制系统时可以认为，在控制器后面引入的反旋转变换器 VR^{-1} 与电动机内部的旋转变换环节 VR 抵消，2/3 变换器与电动机内部的 3/2 变换环节抵消，如果再忽略变频器中可能产生的滞后，则图 5-44 中点画线框内的部分可以完全删去，剩下的部分和直流调速系统非常相似。

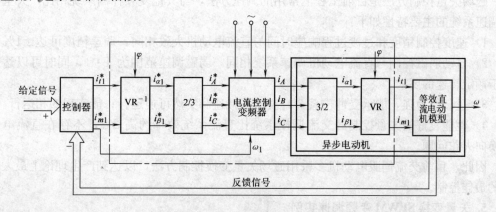

图 5-44 矢量控制系统的数学模型

矢量变换 SPWM 调速系统，是将通过矢量变换得到相应的交流电动机的三相电压控制信号，作为 SPWM 系统的给定基准正弦波，即可实现对交流电动机的调速。

图 5-45 所示为用交流伺服电动机作为执行元件的一种矢量变换 SPWM 变频控制的交流伺服系统。其工作原理是：由计算机发出的脉冲经位置控制回路发出速度指令，在比较器中与检测器反馈的信号（经过 D/A 转换）相比较后，再经过放大器送出转矩指令 M，至矢量处理回路，该电路由转角计算回路、乘法器、比较器等组成。另一方面，检测器的输出信号也送到矢量处理回路中的转角计算回路，将电动机的转角位置 θ 变成 $\sin\theta$、$\sin(\theta-120°)$ 及信号 $\sin(\theta-240°)$，分别送到矢量处理电路中的乘法器，由矢量处理电路再输出 $M\sin\theta$、$M\sin(\theta-120°)$ 及 $M\sin(\theta-240°)$ 3 种电流信号，经放大并与电动机回路的电流检测信号比较后，经脉宽调制回路（PWM）调制及放大，控制三相桥式晶体管电路，使伺服电动机按规定转速旋转，并输出要求的转矩值。检测器检测的信号还要送到位置控制回路中，与计算机的脉冲进行比较，完成位置环控制。

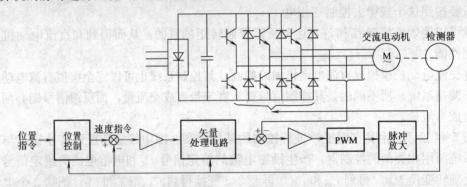

图 5-45　矢量变换 SPWM 变频控制系统框图

该系统实现了转矩与磁通的独立控制，控制方式与直流电动机相同，可以获得与直流电动机相同的调速控制特性，满足了数控机床进给驱动的恒转矩、宽调速的要求，也可以满足主轴驱动中恒功率调速的要求，在数控机床上得到了广泛的应用，并有取代直流驱动之势。

磁场矢量控制方法是目前工程上常用的调速方法，与其他变频控制系统相比，矢量变换调速系统的主要特性如下：

1）速度控制精度和过渡过程响应时间与直流电动机大致相同，调速精度可达 ±1%。

2）自动弱磁控制与直流电动机调速系统相同，弱磁调速范围为 4∶1，同时可以达到高于额定转速的要求。

3）过载能力强，能承受冲击载荷，突然加减速和突然可逆运行；能实现四相运行。

4）性能良好的矢量控制的交流调控系统比直流系统效率约高 2%，不存在直流电动机换向火花问题。

因此，目前交流伺服电动机多采用磁场矢量变换控制方法，以达到产生理论上最大转矩的最佳控制。

5. 矢量变换 SPWM 变频调速实例

机床以前是采用带轮、齿轮等切换进行机械式调速。20 世纪 60 年代到 70 年代主要采用直流主轴驱动。为了解决电动机存在的维修和维护问题，伴随着电力电厂技术的发展，20 世纪 80 年代初期开始普遍采用交流主轴驱动，目前国际上新生产的数控机床已经有大约 85% 采用交流主轴驱动系统。对于高精度的主轴，从调速范围、加减速性能、速度控制精度等方面来看，多采用矢量控制的变频技术。

目前，加工中心主传动系统所用的主轴电动机有交流电动机和直流电动机两种。其中，用来控制交流主轴电动机的交流主轴控制单元，大多是一套异步电动机矢量变换控制系统，变流多采用 SPWM 技术，功率器件多采用 GTO、GTR、IGBT 以及智能模块 IPM。开关速度快，驱动电流小，控制驱动简单，故障率降低，干扰得到了有效的控制，保护功能进一步完善。目前常见的国外生产交流主轴电动机控制单元的厂家有日本的 FANUC、德国的西门子公司和美国的 A-B 公司等；国内生产厂家主要有兰州电动机厂、上海机床研究所等。

下面我们来看两个应用实例。

实例 1　西门子 6SC650 系列交流主轴驱动装置。

图 5-46 所示为西门子 6SC650 系列交流主轴驱动装置原理图，由晶体管脉宽调制变频器、IPH 系列交流主轴电动机、编码器等组成，可实现主轴的自动变速、主轴定位控制。其中，电网端逆变器采用三相全控桥式变流电路，既可工作在整流方式，向中间电路直接供电，也可工作于逆变方式，实现能量回馈。

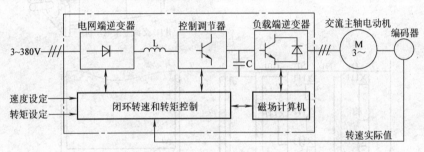

图 5-46　西门子 6SC650 系列交流主轴驱动装置原理图

控制调节器可将整流电压从 535V 提高到（575V＋575V×2%），提供足够的恒定磁通变频电压源；并在变频器能量回馈工作方式时，实现能量回馈的控制。

负载端逆变器是由带反并联续流二极管的 6 只功率晶体管组成。通过磁场计算机的控制，负载端逆变器输出三相正弦脉宽调制（SPWM）电压，使电动机获得所需的转矩电流和励磁电流。输出的三相 SPWM 电压幅值控制范围为 0～430V，频率控制范围为 0～300Hz。在回馈制动时，电动机能量通过变流器的 6 只续流二极管向电容器 C 充电，当电容器 C 上的电压超过 600V 时，控制调节器和电网端逆变器将电容器 C 上的电能回馈给电网。6 只功率晶体管有 6 个互相独立的驱动级，通过对各功率晶体管的监控，可以防止电动机超载，并对电动机绕组匝间短路进行保护。

电动机的实际转速是通过电动机轴上的编码器测量的。闭环转速、转矩控制以及磁场计算，是由两片 16 位处理器（80186）组成的控制电路完成的。

6SC650 系列交流主轴驱动系统结构组成如图 5-47 所示。

6SC650 系列交流主轴驱动变频器主要组件基本相同，只是功率部件的安装方式有所区别。较小功率的 6SC6502/3 变频器（输出电流 20A/30A），其功率部件是安装在印制电路板 A1 上的，如图 5-47b 所示；大功率的 6SC6504～6SC6520 变频器（输出电流 40A/200A），其功率部件是安装在散热器上的。

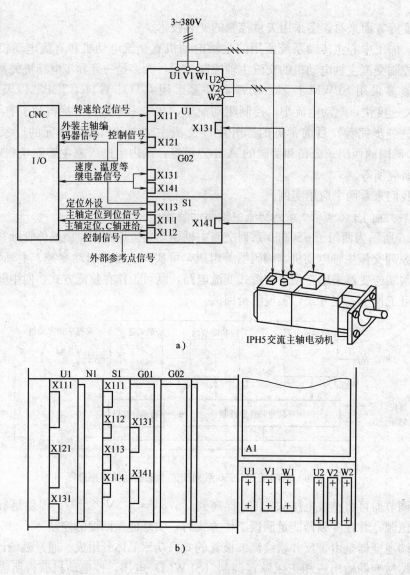

图 5-47 6SC650 系列交流主轴驱动系统结构组成

a) 交流主轴驱动系统结构 b) 主轴驱动变频器主要组件

6SC650 系列交流主轴驱动变频器主要组件介绍如下。

1) 控制模块（N1）主要是两片 80186 及扩展电路，完成矢量变换计算、电网端逆变器触发脉冲控制以及变频器的 PWM 调制。

2) I/O 模块（UI）主要由 U/F 转换器、A/D、D/A 电路组成，为 N1 组件处理各种 I/O 信号。

3) 电源模块（G01）和中央控制模块（G02）除供给控制电路所需的各种电源外，在 G02 上还输出各种继电器信号至数控系统。

4) 选件（S10）选配的主轴定位电路板或 C 轴进给控制电路板，通过内装轴端编码器（18000P/r）或外装轴端编码器（1024P/r 或 9000P/r），实现主轴的定位和 C 轴控制。

实例 2 AC-200 交流位置伺服驱动系统。

AC-200 系列交流伺服驱动系统是上海机床研究所（SMTRI）引进美国通用电气（GE）公司技术生产的 20 世纪 80 年代的新产品，用于 MTC-2M 数控系统中。MTC-2M 数控系统适用于控制铣床，也可用于加工中心控制。它具有高精度、高响应和高开关频率的特性，还具有转矩脉动小、低速运转平稳和噪声低等特点。

图 5-48 所示为 AC-200 系列交流伺服驱动系统的原理框图。

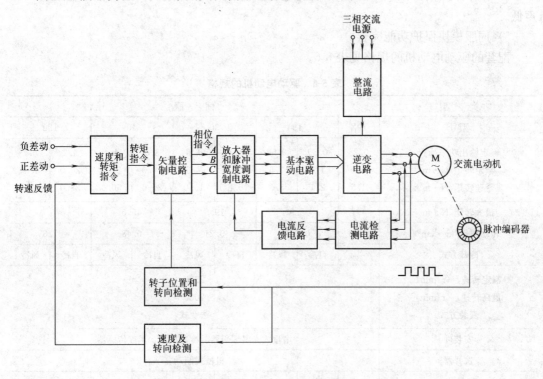

图 5-48　AC-200 系列交流伺服驱动系统原理框图

AC-200 交流伺服驱动系统的技术数据如表 5-5 所示。

表 5-5　AC-200 交流伺服驱动系统的技术数据

项　目		技 术 数 据
控制方式		矢量控制晶体管
反馈信号		增量式光电编码器
位置输出信号		增量编码器 A、A/、B、B/、Z、Z/
速度控制范围		1∶10000
最低转数/（r/min）		0.2
速度变化	负载变化（0~100%）	±0.1%以下（2000r/min 时）
	电源电压变化（±10%）	±0.1%以下（2000r/min 时）
	温度变化（15℃±15℃）	±0.5%以下（2000r/min 时）
转矩控制		可设定 0~150%的转矩限制
转矩检测		可连接 DC1mA 的转矩检测仪表

该伺服驱动系统的主要控制性能如下:

1) 具有快速响应的加减速特性和频率特性（200～600rad/s）。

2) 在进给驱动1:10000的调速范围内，有额定的输出转矩。

3) 采用了矢量发生器和大规模集成电路，可靠性较好。

4) 由于采用高开关频率的PWM正弦波控制技术，从低速到高速都能平稳运转，噪声低。

5) 伺服模块保护功能完善。

配套的驱动电动机的规格见表5-6。

表5-6　驱动电动机的规格

类　　　型	伺　　　服							
型号	19X	19		30		40		180
额定输出功率/kW	0.28	0.39	0.53	1.1	1.6	3.0	4.4	4.2	6.7
额定转矩/N·m	1.3	1.8	2.6	5.3	7.6	14.3	21.0	20.0	32.0
零速转矩/N·m	1.5	2.1	3.3	6.8	10.0	21.0	30.0	28.0	42.0
最大转矩/N·m	4.7	5.9		19.6		45.0		70.0	
转动惯量/kg·cm²	0.03	0.042		0.21		0.48		1.6	
冷却方式		自冷	风冷	自冷	风冷	自冷	风冷	自冷	风冷
额定转速/（r/min）	2000								
最高转速/（r/min） 安装方式	2000 法兰式								
安装件	增量式光电编码器、冷却风扇、温度传感器								
选择器	机械式制动器								
重量/kg	4.5	6.1	8.0	15.0	16.5	27.0	30.0	44.0	48.0

5.3.3　交流同步电动机伺服驱动装置

交流伺服系统中采用的电动机分为两大类:同步型交流伺服电动机（SM）和异步型交流伺服电动机（IM）。用于数控机床进给驱动控制场合的大多是同步型交流伺服电动机。这种伺服电动机通常有永磁的转子，故又称为永磁交流伺服电动机。

交流伺服系统由伺服电动机和伺服驱动器两部分组成。电动机主体是交流同步电动机，伺服驱动器通常采用电流型脉宽调制（PWM）二相逆变器和具有电流环为内环、速度环为外环的多环闭环控制系统，其外特性与直流伺服系统相似，以足够宽的调速范围（1:1000～1:10000）和四象限工作能力来保证它在伺服系统中的应用。

交流同步电动机只能通过改变加在同步交流电动机定子绕组上的交流电频率，才能实现同步交流电动机的速度控制。频率控制的方法有两种，即他控变频和自控变频。用独立的变频装置给同步电动机提供变压变频电源，称为他控变频调速系统;用电动机上所配置的转子位置检测器来控制变频装置的称为自控变频调速系统。

他控式同步电动机变频调速系统所用的变频装置是独立的，变频装置的输出频率是由速度信号决定的。这种系统一般是开环控制系统;自控式同步电动机变频调速系统所用的变频装置是非独立的，变频装置的输出频率是由电动机轴上所带的转子位置检测器控制的，组成电源频率自动跟踪转子位置的闭环控制系统。他控同步电动机变频调速系统尽管解决了起动问题，但转子的振荡和失步问题并没有很好解决，因此这种控制方式用途有限。同步电动机自控变频调速与他控式变频调速相比，最大的特点就是能从根本上消除同步电动机转子振荡和失步的隐患。

永磁式励磁的同步电动机（PMSM）主要用于千瓦级以下的伺服传动中。伺服系统常用于快速、准确、精密的位置控制场合，这就要求电动机有大的过载能力、小的转动惯量、小的转矩脉动、线性的转矩-电流特性；控制系统有尽可能高的通频带和放大系数以使整个伺服系统具有良好的动、静态性能。

永磁同步电动机体积小、重量轻、效率高，转子没有发热问题，控制系统较异步电动机简单。因此，同步电动机组成的伺服系统已经受到普遍重视，广泛应用于柔性制造系统、机器人、数控机床等领域。

配合同步电动机调速的变频装置可以是电压型变频器、电流型变频器、SPWM 变频器等。同步电动机变频调速的基本原理和办法及所用的变频装置，和异步电动机变频调速大体相同。

1. 永磁同步电动机的自控变频控制

同步电动机的自控式变频调控系统，就是利用电动机轴上所设的转子位置检测器来控制变频装置的脉冲。按照所使用的变频器、电动机类型的不同分为 3 类：①交-直-交电压型同步电动机调速系统。②交-直-交电流型同步电动机调速系统。③交-交变频同步电动机调速系统。其中，交-直-交电压型调速系统由于调速范围宽（300：1）、控制灵活、结构简单等特点得到了广泛的应用。

永磁同步伺服电动机，又称电子式换向电动机（ECM）或无换向器电动机。具有和直流伺服电动机类似的调速特性。采用变频调速时，能方便地获得与频率 f 成正比的转速 n，即 $n=60f/p$。

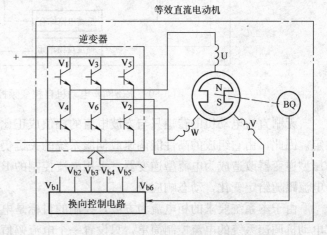

图 5-49　同步电动机控制框图

永磁同步电动机，按照气隙磁场空间分布，有正弦波永磁同步电动机和矩形波永磁同步电动机两种。前者气隙磁场的空间分布是正弦波，产生的反电动势也为正弦波；而后者的气隙磁场空间分布是接近于方波的梯形波（顶宽120°），反电动势也为顶宽为120°电角度的梯形波。在自控永磁同步电动机变频控制系统中，一般采用的是矩形波永磁同步电动机。

同步电动机的自控变频控制是通过电动机轴端子上的位置检测器 BQ（如霍尔开关），发出的信号来控制逆变器的换流，从而改变同步电动机的供电频率。调速时，由外部控制逆变器的电压。其组成如图 5-49 所示。

从电动机学理论可知，转子位置检测器相当于直流电动机的 3 个电刷，转子每转过 60°，通过换向控制电路，顺序依次使功率晶体管 V6 和 V1 导通，然后是 V1 和 V2、V2 和 V3、……。当 V6 和 V1 导通时，电流从电源正极→V 相绕组→V6→电源负极，其余依次类推，从而产生的电磁力矩使得电动机转子连续转动。

图 5-50 所示为永磁同步电动机自控变频控制系统框图。给电动机供电采用交-直-交电压型 PWM 变频器。逆变器的开关器件可根据需要采用 GTR、功率 MOSFET 或 IGBT。变频器的任务是在 PWM 作用下产生需要的三相互差 120° 电角度的方波电流。为确保定子电流与反电动势波顶具有相同和相反的相位，转子上装有磁极位置传感器，用它的信号去控制相应的相电流，便可获得要求的驱动或制动转矩。

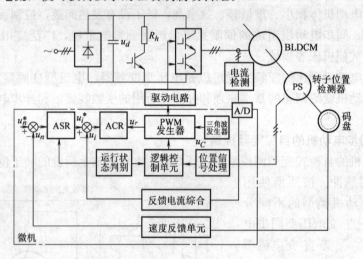

图 5-50　永磁同步电动机自控变频控制系统框图

无刷直流电动机的转矩只与方波电流的幅值成正比，电流的频率和相位由转子位置决定。因此，由它组成的高性能调速或伺服系统的关键仍是控制电流的大小，所以需要把电压型逆变器改造成为电流型逆变器。采用电流控制的 PWM 逆变器，可直接控制三相输出电流跟随给定变化，动态响应快。

由于本系统要求的相电流为方波，控制的目标是电流幅值，因此，要比正弦永磁同步电动机调速系统的电流控制简单，只设置一个电流幅值调节器即可，其作用相当于直流双闭环系统中的电流调节器。逆变器的控制采用三角波与直流信号相比较的 PWM 方法，即电流调节器输出的电压信号 u_r 与载频三角波 u_c 信号相比较，产生等幅、等宽、等矩的 PWM 信号，控制逆变器中的各功率开关。PWM 信号的宽度由 u_r 控制，u_r 幅值高，PWM 波的占空比越大，逆变器输出的电流幅值就高，流过定子绕组的电流就大；反之则小。电流幅值闭环调节后，逆变器输出的电流幅值就能跟随给定电流变化，如用 PI 调节器则稳态运行无静差。采用这种 PWM 控制方法，逆变器功率开关器件的开关频率只与三角波的频率有关，三角波频率确定之后，开关频率也就确定了。另外，这种 PWM 方法能使逆变器中的 6 个功率开关器件进行同步开关动作，不会造成 3 个桥臂之间的互相干扰。

无刷直流电动机的方波电流应与转子位置保持严格的对应关系，受转子磁极位置检测信号的控制。转子位置检测器一般都做成无接触式，常用的有电磁式、磁敏式、光电式、间接式等几种检测方法，用于不同的同步电动机控制系统中。

无刷电动机的控制可以是模拟元件和集成电路组成的模拟控制系统，也可以是由单片机等组成的全数字控制系统或数模混合控制系统。由于转子位置信号、速度信号、逻辑单元及 PWM 控制更适合于计算机控制，使得控制硬件简化，抑制策略具有更大的柔性。因此，目前的无刷直流电动机多采用全数字控制，广泛应用于数控机床、机器人等机电一体化设备的驱动装置上。

2. 永磁同步电动机矢量变频控制

高性能的永磁同步电动机调速系统采用磁场定向的矢量控制技术，其基本原理和异步电动机的矢量控制相似，也是通过电流（代表磁动势）空间矢量的坐标变换，等效成直流电动机，然后模仿直流电动机的控制方法进行控制的。

永磁同步电动机具有附装在转子表面的稀土材料磁性条，这种稀土磁性材料有单位磁导率，沿着圆周有效的气隙宽度是恒定的。经过简化可以建立电动机的模型如图 5-51a 所示。R_1、X_1 为定子组的电阻和电抗；R_2、X_2 为折算过的转子绕组的电抗和电阻；R_m 代表与定子铁心和对应的等效电阻，X_m 为与主磁通相对应的铁心电路的电抗；s 为转差率。其电流矢量图如图 5-51b 所示。

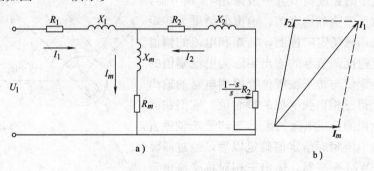

图 5-51　电动机的等效电路

a）等效电路　b）电流矢量

从电流矢量图可知：$I_1 = \sqrt{I_m^2 + I_2^2}$

其中，I_m（励磁电流）可以认为在整个负载范围内保持不变，而电磁转矩 T 与 I_2 是成正比的，要求转矩加大为原来的两倍时，则要求 I_2 也为原来的两倍。为此，只需将输入电流 I_1 进行改变即可。

图 5-52 所示为一种永磁同步电动机矢量变频控制系统结构框图。

系统主回路由脉宽调制（PWM）逆变器、永磁同步电动机、转子位置检测器、电流传感器以及速度传感器组成。控制回路由速度调节器、矢量控制单元（途中虚线所框部分）、电流调节器、PWM 生成器以及驱动电路、三相正弦信号发生器、转速反馈变换回路组成。

根据电动机的控制理论我们知道，高性能的调速系统的关键是控制电动机的电流矢量，也就是按磁场定向控制的要求控制电流矢量的幅值与相位。由于正弦型永磁同步电动机采用转子磁场定向控制，电流矢量的相位由转子位置检测器和矢量变换器保证，所以其电磁转矩只与定子电流的幅值成正比。

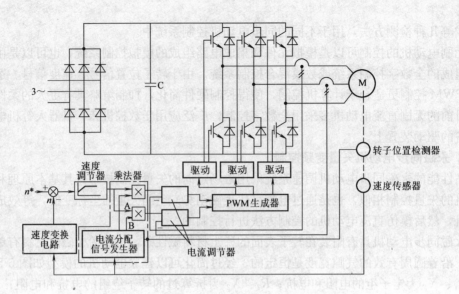

图 5-52 永磁同步电动机矢量变频控制系统结构框图

控制系统中的速度调节器一般采用 PI 调节器，其输入为速度反馈值和给定值，输出的结果为转矩给定。由于采用磁场定向控制，转矩和电流的幅值成正比，因此速度调节器的输出实际为电流幅值的给定值。此给定值与转子磁极位置检测电路的输出信号相乘，获得三相正弦电流的瞬时值。它们在同步电动机中生成的合成电流矢量 i_s 与转子 d 轴垂直且超前。三相电流瞬时给定值确定以后，经过滞环电流跟踪型 PWM 逆变器，输出三相对称交流电到永磁同步电动机的三相绕组中，永磁同步电动机就会产生与电流幅值成正比的电磁转矩，使电动机正向（逆时针）旋转，电动机开始起动并作正向运行，如图 5-53 所示。

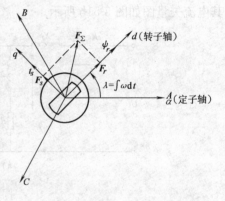

图 5-53 永磁同步电动机矢量图

系统制动可以采用再生发电实现，而要对主回路进行部分改造，增加可控的耗能环节，否则回馈的电能将为滤波电容充电，造成直流侧过电压或击穿等事故。为了实现永磁同步电动机反向运行，只需要改变调节器中速度给定值的极性和大小即可。

思考与练习题

5.1 简述数控机床对伺服系统的要求。

5.2 感应同步器正余弦励磁绕组为什么相差 1/4 节距？

5.3 如何理解莫尔条纹的三大特点？

5.4 简述直流电动机的 3 种调速方法。

5.5 常用的晶闸管直流调速系统有哪几种？各有什么特点？

5.6 简述 PWM 的工作原理与特点。

5.7 简述 SPWM 脉宽调制的原理和特点。

5.8 矢量变换 SPWM 调速系统的工作原理是什么？

第6章

主轴驱动系统

6.1 主轴驱动系统概述

随着数控技术的不断发展，现代数控机床对主轴驱动提出了更高的要求。

1. 数控机床主轴传动要有宽的调速范围

数控加工时切削用量的选择，特别是切削速度的选择，关系到表面加工质量和机床生产率。对于自动换刀数控机床，为适应各种工序和不同材料加工的要求，更需要主轴传动有宽的自动变速范围。

2. 尽可能实现无级变速

数控机床的主轴变速依指令自动进行的，要求能在较宽转速范围内进行无级变速，并减少中间传递环节，以简化主轴箱。目前数控机床的主驱动系统要求在 1∶100～1∶1000 范围内进行恒转矩和 1∶10 范围内的恒功率调速。由于主轴电动机与驱动的限制，为满足数控机床低速强力切削的需要，数控机床常采用分段无级变速的方法，即在低速段采用机械减速装置，以提高输出转矩。

3. 数控机床主轴转动要求有四象限的驱动能力

数控机床要求主轴在正、反向转动时均可进行自动加减速控制，即要求主轴有四象限驱动能力，并尽可能使加减速时间缩短。

4. 车削中心上，要求主轴具有 C 轴的控制功能

在车削中心上，为了使之具有螺纹车削功能，要求主轴能与进给驱动实行同步控制，即主轴具有旋转进给轴（C轴）的控制功能。

5. 加工中心上，要求主轴具有高精度的准停控制

在加工中心上自动换刀时，主轴须停在一个固定不变的方位上，以保证换刀位置的准确。某些加工工艺要求主轴具有高精度的准停控制。

此外，为了保证表面质量，要求主轴具有恒线速度表面切削功能；有的数控机床还要求具有角度分度控制功能。

为满足上述要求，数控机床常采用直流主轴驱动系统。但由于直流电动机受机械换向的影响，其使用和维护都较麻烦，并且其恒功率调速范围较小。进入 20 世纪 80 年代后，随着微电子技术、交流调速理论和大功率半导体技术的发展，交流驱动进入实用阶段，现在绝大多数数控机床均采用笼型异步电动机配置矢量变换变频调速的主轴驱动系统。这是因为一方面笼型交流电动机不像直流电动机有机械换向带来的麻烦和在高速、大功率方面受到的限制，另一方面交流驱动的性能已达到直流驱动的水平，加上交流电动机体积小，重量轻，采用全封闭罩壳，防灰尘和油污。

6.2 主轴驱动系统的工作原理

为满足数控机床对主轴驱动的要求，主轴电动机须具备下述性能：

1）电动机功率大，且在大的调速范围内速度稳定，恒功率调速范围宽。

2）在断续负载下电动机转速波动小。

3）加速、减速时间短。

4）温升低，振动小，噪声小，可靠性高，寿命长，易维护，体积小，重量轻。

5）电动机过载能力强。

1. 直流主轴驱动装置及其工作特征

直流主轴电动机的结构与永磁式直流伺服电动机不同，主轴电动机要能输出大的功率，所以一般是他励式。为缩小体积，改善冷却效果，以免电动机过热，常采用轴向强迫风冷或采用热管冷却技术。

直流驱动装置有晶闸管调速和脉冲调宽调速（PWM）两种形式。由于 PWM 调速具有很好的调速性能，因而在数控机床特别是对精度、速度要求较高的数控机床的进给驱动装置上广泛使用。而三相全控晶闸管调速驱动装置则在大功率应用方面具有优势，因而常用于直流主轴驱动装置。

直流主轴电动机的性能主要表现在转矩-速度特性曲线上，如图 6-1 所示。在基本转速 n_j 以下时属于恒转矩调速范围，用改变电枢电压来调速；在基本转速以上属于恒功率调速范围，采用控制激磁的高调速方法调速。一般来说，恒转矩速度范围与恒功率速度范围之比为 1：2。

另外，直流主轴电动机一般都有过载能力，且大都以能过载 150%（即连续额定电流的 1.5 倍）为指标。至于过载时间，则根据生产厂的不同有较大差别，一般为 1～30min。

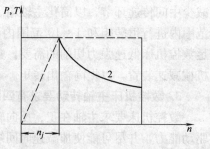

图 6-1 直流主轴电动机特性曲线
1—功率特性曲线 2—转速特性曲线

2. 交流主轴驱动装置及其工作特性

大多数进给交流伺服电动机采用永磁式同步电动机，但主轴交流电动机则多采用笼型异步电动机，这是因为数控机床主轴驱动系统不必像进给系统那样，需要如此高的动态性能和调速范围。笼型异步电动机结构简单、便宜、可靠，配上矢量变换控制的主轴驱动装置完全可以满足数控机床主轴的要求。

交流主轴电动机的性能可由图 6-2 所示的功率-速度关系曲线反应出来。从图中曲线可见，交流主轴电动机的特性曲线与直流电动机类似，即在基本速度以下为恒转矩区域，而在基本速度以上为恒功率区域。但有些电动机，如图中所示那样，当电动机速度超过某一定值之后，其功率-速度曲线又往下倾斜，不能保持恒功率。对于一般主轴电动机，这个恒功率的速度范围只有 1∶3 的速度比。另外，交流主轴电动机也有一定的过载能力，一般为额定值的 1.2～1.5 倍，过载时间则从几分钟到半个小时不等。

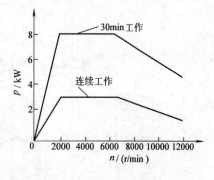

图 6-2　交流主轴电动机特征曲线

3. 主轴传动方式

（1）变速齿轮传动方式　这是目前大、中型数控机床中使用较多的一种主传动配置方式。一般采用无级调速主电动机，通过带传动和主轴箱内 2～3 级变速齿轮带动主轴运转，这样可使主轴箱的结构大大简化。由于主轴的变速是通过主电动机无级变速与齿轮有级变速相配合来实现的，因此既可扩大主轴的调速范围，又可扩大主轴的输出转矩。图 6-3 所示为带轮和变速齿轮主传动系统图，图 6-4 所示为该主传动系统的主轴转速图。

传动方式的特点：

1）可扩大恒功率的调速范围。如图 6-3 所示的主电动机采用直流复励式电动机，额定转速以下用调节电枢电压（调压）的

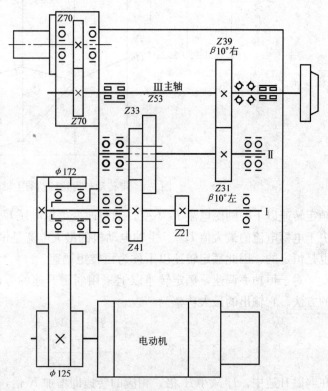

图 6-3　带传动与齿轮传动的主传动系统图

方法来调节速度，并输出；额定转速以上是用调节磁场电流（调磁）的方法来调速，输出恒功率。

对于恒转矩调速，其调速的基本公式为

$$n = \frac{U - I_a R}{C_e \Phi}$$

$$\Phi = K I_f$$

最大转矩的计算公式为

$$M_{max} = C_T \Phi I_{max}$$

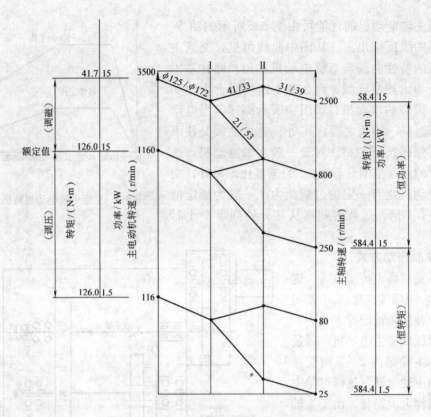

图 6-4　带传动与齿轮传动的主轴转速图

额定转速以下的励磁电流 I_f 不变，通过改变电枢电压 U 调速，其输出的最大转矩 M_{max} 取决于电枢电流的最大值 I_{max}。主轴电动机的最大电流是恒定的，因此所能输出的最大转矩也是恒定的，因此额定转速以下称为恒转矩调速。

对于恒功率调速，额定转速以上采用弱磁升速的方法调速，即采用调节励磁电流 I_f 的方法。它输出的最大功率为

$$P_{max} = M_{max} n$$

$$n = \frac{U - I_a R}{C_e \varPhi}$$

在弱磁升速中，I_f 减小 K 倍，相应的转速即增加 K 倍，电动机所输出最大转矩则因为磁通 $\varPhi$ 的减小而减小 K 倍，所能输出的最大功率不变，因此称为恒功率调速。从图 6-4 可以看出：

主轴恒功率的调速范围：$\dfrac{2500\text{r/min}}{250\text{r/min}} = 10$

主电动机恒功率的调速范围：$\dfrac{3500\text{r/min}}{1160\text{r/min}} = 3.017$

由此可见恒功率的调速范围从 3.017 扩大到 10，而恒转矩的调速范围则不变。这样，进一步拓宽了调速范围，适应更广泛的加工工艺要求。

2）扩大了主轴输出转矩。通过两对齿轮降速，使主轴的最高输出转矩从 126N·m 提高到 584.4N·m。由此可见，通过带轮与齿轮的降速可以进一步扩大输出转矩，以获

得强力切削时所需的转矩。

3）具有齿轮传动的缺点。由于采用齿轮传动，容易引起主轴发热、振动和噪声，给切削加工带来许多不利影响。近来随着主电动机特性的改善，出现了主电动机直接带动主轴的形式。

（2）带传动方式　这是一种由无级变速主电动机经带传动直接带动主轴运转的主传动形式。图 6-5 所示为这种形式的传动系统图。

这种变速方式一般适用于中小型数控机床，用于调速范围不太大、转矩也不太高的场合。它可以避免齿轮传动时引起的振动与噪声，从而大大提高主轴的旋转精度。

另外，随着现代主轴伺服电动机的发展，出现了能实现宽范围无级调速的宽域主电动机。其输出特性得到了很好的改善，扩大了恒功率的调速范围，并提高了输出转矩。在避免齿轮传动不足的情况下，又能保持齿轮传动的优点，使数控机床在机械结构上朝着优化的方向前进了一大步。为保证带传动的平稳，一般用多楔带。

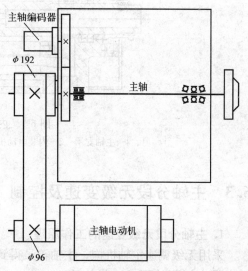

图 6-5　带传动的主传动系统图

（3）调速电动机直接驱动主轴传动方式　这种传动方式是将主电动机直接与主轴连接，带动主轴转动，如图 6-6 所示。这种传动方式大大简化了主轴箱体与主轴结构，有效地提高了主轴的刚度。

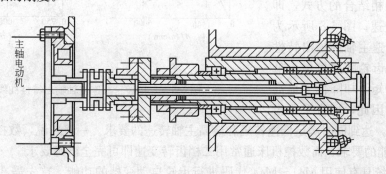

图 6-6　直接驱动主轴图

近年来，出现了一种内装式电动机主轴，即主轴与电动机的转子合为一体，而电动机的定子则与主轴箱体固定在一起，如图 6-7 所示。这种形式使主轴部件的结构紧凑、重量轻、惯量小，可提高主轴起动、停止响应特性，有利于控制振动和噪声，主轴的最高转速可达 20000r/min 以上。但是，这种传动方式最大的缺点是主电动机运转时产生的热量易使主轴产生热变形。因此，采用内装式主电动机方式时，温度的控制与冷却是一个关键的问题。通常，这种数控机床自带冷却系统，如风冷、水冷、空调降温等装置。

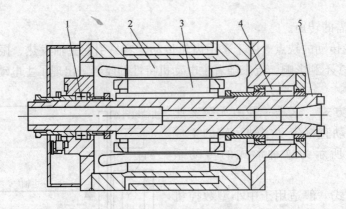

图 6-7　内装电动机主轴

1、4—主轴支承　2—内装电动机定子　3—内装电动机转子　5—主轴

6.3　主轴分段无级变速及控制

1. 主轴分段无级变速的工作原理

采用无级调速主轴机构，主轴箱虽得到大大简化，但其低速段输出转矩常常无法满足机床强力切削的要求。若单纯追求无级调速，势必要增大主轴电动机的功率，从而使主轴电动机与驱动装置的体积、重量及成本大大增加。因此，数控机床常采用1～4档齿轮变档与无级调速相结合的方式，即分段无级变速。图 6-8 所示为二档齿轮减速主轴的输出特性曲线，采用齿轮减速虽增大低速的输出转矩，却降低了最高主轴转速。因此，通常采用齿轮自动变档，达到同时满足低速转矩和最高主轴转速的要求。一般来说，数控系统均提供4档变速功能的要求，而数控机床通常用二档齿转变速即可完全满足要求。

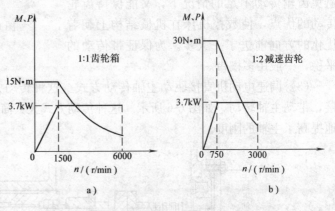

图 6-8　二档齿轮减速主轴输出特性曲线

数控系统具有使用 M41～M44 代码进行齿轮自动变档的功能。首先需在数控系统参数区设置 M41～M44 四档对应的最高主轴转速。这样，数控系统会根据当前指令的 S 指令值，自动判断所应处的档，并自动输出相应的 M41～M44 指令给可编程序控制器（PLC）更换相应的齿轮档，数控系统输出相应的模拟电压。例如，M41 对应的主轴转速为 1000r/min；M42 对应的主轴转速为 3500r/min，如图 6-9 所示。

当 S 指令在 0～1000r/min 范围时，M41 对应的齿轮应啮合；S 指令在 1001～3500r/min 范围时，M42 对应的齿轮啮合。不同机床主轴变档所用的方式不同。目前常采用液压拨叉或电磁离合器来带动齿轮的啮合。

为避免换档时出现的顶齿现象，在换档时，数控系统控制主轴电动机低速转动或振动来实现齿轮的顺利啮合。而换档时主轴电动机低速转动的速度或振动可在数控系统参数区中设定。

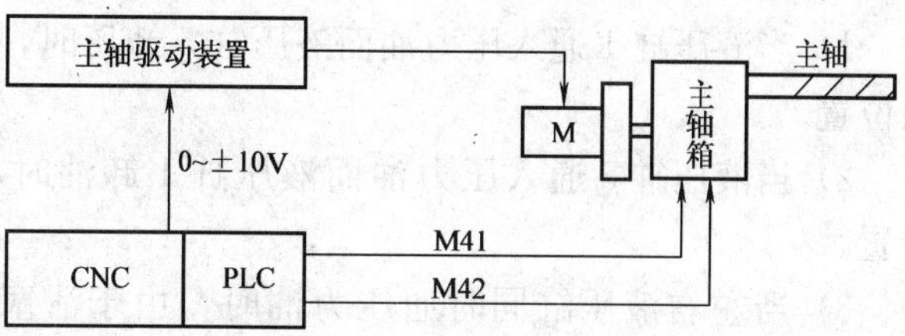

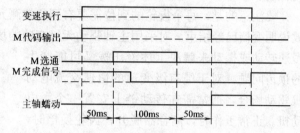

图 6-9　主轴分段无级变速

2. 主轴分段无级变速自动变档控制

图 6-10 所示为某系统自动变档动作的时序图。

1）当数控系统读到有档变化的 S 指令时，输出相应的 M 代码（M41～M44），代码由 BCD 码或二进制输出（由数控系统的参数确定），输出信号送至可编程序控制器。

图 6-10　自动变档动作的时序图

2）50ms 后，CNC 发出 M 选通信号 M Strobe，指示可编程序控制器读取并执行 M 代码，选通信号持续 100ms。保证 50ms 后再读取是为了使 M 代码稳定，保证读取的数据正确。

3）可编程序控制器接收到 M Strobe 信号后，通知数控系统 M 代码正在执行。

4）可编程序控制器开始对 M 代码进行译码，并执行相应的变档控制。

5）M 代码输出 200ms 后，数控系统根据参数设置输出一定的主轴蠕动量，使主轴慢速转动或振动，以解决齿轮顶齿问题。

6）可编程序控制器完成变速后，置 M 完成信号有效，通知数控系统变档工作已经完成。

7）数控系统根据参数设置的每档主轴最高转速，自动输出新的模拟电压，使主轴转速为设定的 S 值。

3. 主轴分段无级变速的实现方法

现代数控机床通常采用主轴电动机→变档齿轮传递→主轴的结构。变档齿轮箱比传统机床主轴箱简单得多。液压拨叉和电磁离合器是两种常用的变档方法。

（1）液压拨叉变档　液压拨叉是一种用一只或几只液压缸带动齿轮移动的变速机构。最简单的二位液压缸实现双联齿轮变速。对于三联或三联以上的齿轮换档则必须使用差动液压缸，图 6-11 为三位液压拨叉的工作原理图，其具有液压缸 1 与 5、活塞杆 2、拨叉 3 和套筒 4，通过电磁阀改变不同的调油方式可获得 3 个位置。

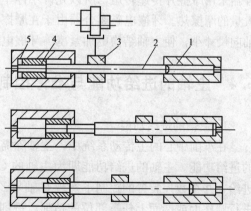

图 6-11　三位液压拨叉的工作原理
1、5—液压缸　2—活塞杆　3—拨叉　4—套筒

1）当液压缸 1 通入压力油而液压缸 5 卸压时，活塞杆 2 便带动拨叉 3 向左移动至极限位置。

2）当液压缸 5 通入压力油而液压缸 1 卸油时，活塞杆 2 和套筒 4 一起移至右极限位置。

3）当左右液压缸同时通压力油时，由于活塞杆 2 两端直径不同而使其向左移动。套筒 4 和活塞杆 2 的截面直径不同，使套筒 4 向右的推力大于活塞杆 2 向左的推力，因此套筒 4 压向液压缸 5 的右端，而活塞杆 2 则紧靠套筒 4 的右面，拨叉处于中间位置。

要注意的是，每个齿轮的到位需要有到位检测元件（如感应开关）检测，该信号若有效说明变档已经结束。对采用主轴驱动无级变速的场合，可采用数控系统控制主轴电动机慢速转动或振动来解决上述液压拨叉可能产生的顶齿问题。对于纯有级变速的恒速交流电动机驱动场合，通常需在传动链上安置一个微电动机。正常工作时，离合器脱开；齿轮换档时，主轴 M1 停止工作而离合器吸合，微电动机 M2 工作，带动主轴慢速转动。同时液压缸移动齿轮，从而顺利啮合，如图 6-12 所示。

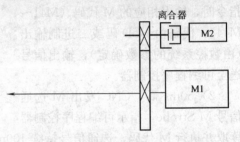

图 6-12　微电动机工作齿轮变档原理

液压拨叉需附加一套液压装置，将电信号转换为电磁阀动作，再将液压油分至相应液压缸，因而结构较复杂。

（2）电磁离合器变档　电磁离合器是应用电磁效应接通或切断运行的元件。它便于实现自动化操作。它的缺点是体积大，磁通易使机械零件磁化。在数控机床的传动中，使用电磁离合器能简化变速机构，通过安装在各传动轴上离合器的吸合与分离，形成不同的运动组合传动路线，以实现主轴变速。

在数控机床中常使用无滑环摩擦片电磁离合器和牙嵌电磁离合器。由于摩擦片电磁离合器采用摩擦片传递转矩，所以允许不停车变速。但如果速度过高，会由于滑差运动产生大量的摩擦热。牙嵌电磁离合器由于在摩擦面上有一定的齿形，提高了传递转矩。其径向轴向尺寸小，使主轴结构更加紧凑。牙嵌电磁离合器必须在低速时变速。

6.4　主轴的进给功能与准停控制

1. 主轴的进给功能

在车削中心的主传动系统中，主轴除需具备数控车床主传动的功能外，还增加了主轴的进给功能。主轴的进给功能即为主轴的 C 轴坐标功能，以实现主轴的定向停车和圆周进给，并在数控装置的控制下实现 C 轴与 Z 轴插补或 C 轴与 X 轴插补，以配合动力刀具进行圆柱面或端面上任意部位的钻削、铣削、攻螺纹及曲面铣加工。图 6-13 为主轴 C 轴功能的示意图。

C 轴传动有多种结构形式。图 6-14 为 CH6144 车削中心的 C 轴传动系统简图，该部件由主轴箱和 C 轴控制箱两部分组成。

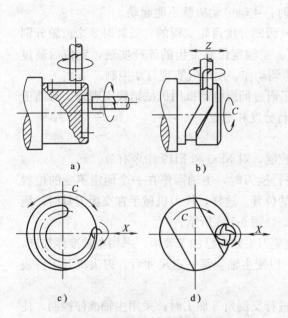

图 6-13　主轴 C 轴功能示意图

a) C 轴定向时，在圆柱面或端面上铣槽

b) C 轴、Z 轴进给插补，在圆柱面上铣螺旋槽

c) C 轴、X 轴进给插补，在端面上铣螺旋槽

d) C 轴、X 轴进给插补，铣直线和平面

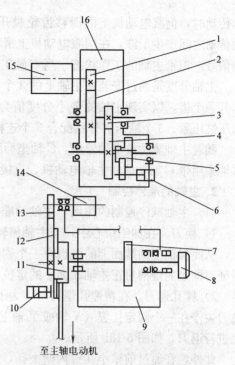

至主轴电动机

图 6-14　CH6144C 轴传动系统简图

1～4—传动齿轮　5—滑移齿轮　6—换位液压缸　7—主轴齿轮　8—主轴　9—主轴箱　10—制动液压缸　11—V带轮　12—主轴制动盘　13—同步齿形带　14—脉冲编码器　15—C 轴电动机　16—C 轴控制箱

当主轴在一般工作状态时，换位液压缸 6 使滑移齿轮 5 与主轴齿轮脱离，制动液压缸 10 脱离制动，主轴电动机通过 V 带传动使主轴 8 旋转。

当主轴需要由 C 轴控制作分度或回转时，主轴电动机处于停止工作状态，滑移齿轮 5 与主轴齿轮 7 啮合。在制动液压缸 10 未制动状态下，C 轴电动机 15 根据指令脉冲值旋转，通过 C 轴变速箱变速，经齿轮 5、7 使主轴分度，然后制动液压缸工作，制动主轴。进行铣削时，除制动液压缸不制动主轴外，其他动作与上述相同，此时主轴按指令作缓慢地连续旋转进给运动。

图 6-15 为 S3-317 型车削中心的 C 轴传动系统图。C 轴传动通过安装在伺服电动机轴上的滑移齿轮带动主轴旋转，可实现主轴的旋转进给和分度。当不用 C

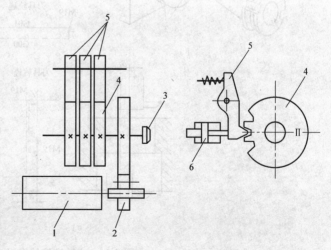

图 6-15　S3-317 型车削中心 C 轴传动图

1—C 轴伺服电动机　2—滑移齿轮　3—主轴　4—分度齿轮　5—插销杆　6—压紧液压缸

轴传动时，伺服电动机上的滑移齿轮脱开，主轴由主电动机带动。为了防止主传动和 C 轴传动之间产生干涉，在伺服电动机上滑移齿轮的啮合位置装有检测开关，利用开关的检测信号，识别主轴的工作状态。当 C 轴工作时，主轴电动机就不能起动。

主轴分度是通过安装在主轴上的 3 个 120 齿的分度齿轮实现的。安装时 3 个齿轮分别错开一个齿，以实现主轴的最小分度值为 1°。主轴定位靠带齿的连杆实现，定位后通过液压缸压紧。3 个液压缸分别配合 3 个连杆协调动作，用电气实现自动控制。

随着主轴驱动技术的发展，C 轴坐标除了通过伺服电动机用机械结构实现外，目前更多地采用带 C 轴功能的主轴电动机，直接进行分度和定位。

2. 主轴的准停控制

（1）主轴准停控制的作用　主轴的准停控制，对 M06 和 M19 指令有效。

1）换刀。在加工中心中，当主轴停转进行换刀时，主轴需停在一个固定不变的位置上，从而保证主轴端面上的键也在一个固定的位置。这样，换刀机械手在交换刀具时，能保证刀柄上的键槽对正主轴端面上的定位键，如图 6-16a 所示。

2）镗孔退刀。在精镗孔退刀时，为了避免刀尖划伤已加工表面，采用主轴准停控制，使刀尖停在一个固定位置（X 轴或 Y 轴上），以便主轴偏移一定尺寸后，刀尖离开工件表面进行退刀，如图 6-16b 所示。

此外，在通过前壁小孔镗内壁大孔，或进行反倒角等加工时，采用主轴准停控制，使刀尖停在一个固定位置（X 轴或 Y 轴上），以便主轴偏移一定尺寸后，使刀尖能通过前壁小孔进入箱体内对大孔进行镗削，如图 6-16c 所示。

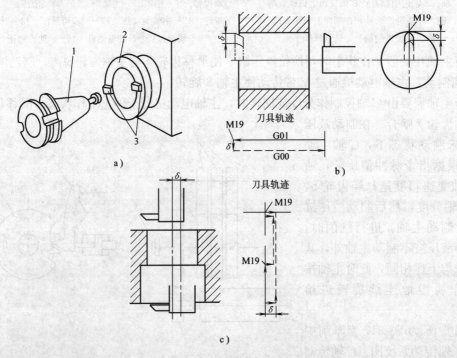

图 6-16　主轴准停的作用

a）换刀　b）精镗孔退刀　c）通过小孔镗大孔

1—刀柄　2—主轴　3—定位键

（2）主轴准停控制的实现方式　主轴准停控制有机械和电气两种方式。

1）V形槽定位盘准停装置。V形槽定位准停装置是机械定向控制方式。在主轴上固定一个V形槽定位盘，使V形槽与主轴上的端面保持一定的相对位置，如图6-17所示。

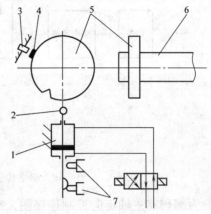

准停指令发出后，主轴减速，无触点开关发出信号，使主轴电动机停转并断开主传动链，主轴及与之相连的传动件由于惯性继续空转。同时，无触点开关信号使定位活塞伸出，活塞上的滚轮开始接触定位盘。当定位盘上的V形槽与滚轮对正时，滚轮插入V形槽使主轴准停，同时，定位行程开关发出定向完成应答信号。无

图 6-17　V形槽定位盘准停装置
1—定位液压缸　2—滚轮　3—无触点开关　4—感应块
5—V形槽定位盘　6—主轴　7—定位行程开关

触点开关的感应块能在圆周上进行调整，从而保证定位活塞件出滚轮接触定位盘后，在主轴停转之前，恰好落入定位盘上的V形槽内。

2）磁性传感器和编码器准停装置。磁性传感器和编码器准停是主轴电气定向控制方式，现代数控机床大都采用此控制方式。电气方式的主轴定向控制，就是利用装在主轴上的磁性传感器或编码器作为检测元件，通过它们输出的信号，使主轴正确地停在规定的位置上。

图 6-18 所示为磁性传感器及安装示意图，图 6-19 为磁性传感器主轴定向控制连接图。主轴上安装一个发磁体与主轴一起旋转，在距离发磁体旋转轨迹外 1~2mm 处固定一个磁性传感器，磁性传感器与主轴控制单元连接。当主轴需要定向时，发出主轴定向指令。主轴立即处于定向状态，当发磁体的判别基准孔转到对准磁性传感器上的基准槽时，主轴便停在规定的位置上。

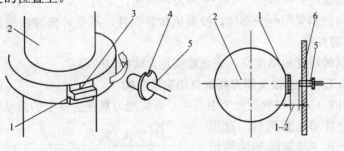

a）　　　　　　　　　　b）

图 6-18　磁性传感器及安装示意图
a）组成　b）安装
1—发磁体　2—主轴　3—判别基准孔　4—基准槽
5—磁性传感器　6—主轴箱

采用编码器主轴定向控制，实际上是在主轴转速控制的基础上增加一个位置控制环。

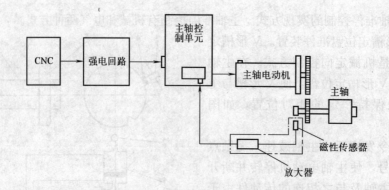

图 6-19 磁性传感器主轴定向控制连接图

图 6-20 为编码器主轴定向控制连接图。编码器主轴定向控制可在 $0°\sim360°$ 间任意定向。例如，执行 M19 S180 指令，主轴就停在 $180°$ 位置上。

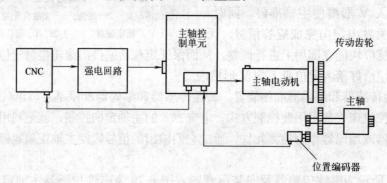

图 6-20 编码器主轴定向控制连接图

电气方式主轴定向控制具有以下特点：

1）不需要机械部件，只需简单地连接编码器或磁性传感器，即可实现主轴定向控制。

2）主轴在高速时直接定向，不必采用齿轮减速，定向时间大为缩短。

3）由于定向控制采用电子部件，没有机械易损件，不受外部冲击的影响，因此，主轴定向控制的可靠性高。

4）定向控制的精度和刚性高，完全能满足自动换刀的要求。

3. 铣床、加工中心主轴头部刀具的自动夹紧机构

在带有刀库的自动换刀数控加工中心中，为实现刀具在主轴上的自动装卸，其主轴必须设计有刀具的自动夹紧机构。这里简单地介绍一下其主轴前端的结构形式，如图 6-21 所示。

当数控系统发出装刀信号后，刀具则由机械手或其他方法装插入主轴孔，其刀柄及后部的拉钉 1 便被送到与主轴固定的前端套筒 5 内。随即数控系统发出刀具夹紧信号，此时拉杆 3 在后端碟形弹簧（图中略）的弹力作

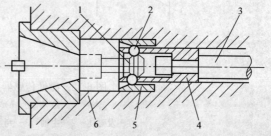

图 6-21 主轴头部刀具夹紧示意图

1—刀柄拉钉 2—钢球 3—主轴拉杆 4、5—套筒 6—主轴

用下，呈紧紧拉伸（图 6-21 中往右方向）的状态。与拉杆固定连接的套筒 4 内的一组钢球 2，在套筒 5 的锥孔逼迫下，收缩分布直径，随即将刀柄拉钉 1 紧紧拉住，从而完成了刀具定位工作；反之，如需要松开刀具，数控系统发出松刀信号后，在主轴拉杆 3 后端的液压缸（图中略）作用下，便可克服碟形弹簧的弹力，放松对拉杆 3 的拉伸，即拉杆 3 往左移而呈压缩状态。这时套筒 5 前端的喇叭口使钢球 2 的分布直径变大，随即松开刀柄后部的拉钉 1，即可卸下用过的刀具，为进一步换新刀做好准备。

另外，自动清除主轴孔中的切屑和灰尘是换刀时一个不容忽视的问题。通常采用在换刀的同时，从主轴内孔喷射压缩空气的方法来解决，以保证刀具准确的定位。

思考与练习题

6.1　数控机床对主轴驱动有哪些要求？

6.2　数控机床如何实现主轴分段无级变速及控制？

6.3　如何实现数控机床主轴的低速恒转矩、高速恒功率？

6.4　什么是数控机床的主轴进给？

6.5　主轴准停控制的作用是什么？具体的实现方式有哪几种？

第7章

可编程序机床控制器

7.1 可编程序控制器概述

可编程序控制器是一种数字运算电子系统，专为工业环境下运用而设计，它采用可编程序的存储器，用于存储执行逻辑运算、顺序控制、定时、计数和算术运算等特定功能的用户指令，并通过数字式或模拟式的输入和输出，控制各种类型的机械或生产过程。

数控机床作为自动控制设备，是在自动控制下进行工作的。数控机床按控制的方式可分为两类：一类是最终实现对各坐标轴运动进行的"数字控制"，即控制机床各坐标轴的移动距离、各轴运行的插补、补偿等；另一类是"顺序控制"，即在数控机床运行过程中，以 CNC 内部和机床各行程开关、传感器、按钮、继电器等的开关量信号状态为条件，并按照预先规定的逻辑顺序对诸如主轴的起停、换向，刀具的更换，工件的夹紧、松开，液压、冷却、润滑系统的运行等进行控制。与"数字控制"相比，"顺序控制"的信息主要是开关量信号。

在 PLC 出现以前，机床的顺序控制即是以机械设备的运行状态和时间为依据，使其按预先规定好的动作次序顺序地进行工作的一种控制方式。这种控制方式是由传统的继电器逻辑电路（Relay Logic Circuit，简称 RLC）实现的。这种电路是继电器、接触器、开关、按钮等分立元件用导线连接而成的电路。在实际应用中，RLC 存在一些难以克服的缺点，如只能实现定时、计数等有限几种功能控制，难以实现数控机床所需要的许多特殊的控制功能；修改控制逻辑需增减元件重新布线；继电器、接触器等器件体积较大，工作触点数有限，当机床受控对象较多时，RLC 体积庞大、功耗高、可靠性差。可编程序控制器（Program Logic Controller，简称 PLC）具有面向用户的指令和专用于存储用户程序的存储器。用户程序多采用图形符号和逻辑顺序关系与继电器电路十分近似的"梯形图"，形象直观，易于理解和掌握。PLC 没有接触不良、触点熔焊、线圈烧断等故障。PLC 还可以和个人计算机等设备连接，方便地实现程序的显示、编辑、存储和传送等操作。现在 PLC 已经成为数控机床不可缺少的控制装置。针对于机床设计的可编程序控制器也称为可编程序机床控制器（Program Machine Controller，简称 PMC）。PMC 与传统的 PLC 相比较非常相似，但它更适合机床。PMC 的优点是时间响应快、控制精度高、可靠性好、控制程序可随应用场合的不同而改变，与计算机的连接及维修方便。

1. 数控机床 PMC 的功能

（1）机床操作面板控制　将机床操作面板上的控制信号直接送入 PMC，以控制数控系统的运行。

（2）机床外部开关输入信号控制　将机床侧的开关信号送入 PMC，经逻辑运算后，输出给控制对象。这些控制开关包括行程开关、接近开关、压力开关和温控开关等。

（3）输出信号控制　PMC 输出的信号经强电柜中的继电器、接触器，通过机床侧的液压或气动电磁阀，对刀库、机械手和回转工作台等装置进行控制，另外还对冷却泵电动机、润滑泵电动机及电磁制动器等进行控制。

（4）伺服控制　控制主轴和伺服进给驱动装置的使能信号，以满足伺服驱动的条件，通过驱动装置驱动主轴电动机、进给伺服电动机和刀库电动机等。

（5）报警处理控制　PMC 收集强电柜、机床侧和伺服驱动装置的故障信号，将报警标志区中的相应报警标志置位，数控系统便显示报警号及报警提示信息以方便故障诊断。

（6）软盘驱动装置控制　有些数控机床用计算机软盘取代了传统的光电阅读机。通过控制软盘驱动装置，实现与数控系统进行零件程序、机床参数、零点偏置和刀具补偿等数据的传输。

（7）转换控制　有些加工中心可以实现主轴立/卧转换，PMC 完成的主要工作包括：切换主轴控制接触器；通过 PMC 的内部功能，在线自动修改有关机床数据位；切换伺服系统进给模块，并切换用于坐标轴控制的各种开关、按键等。

2. 数控机床 PMC 的分类

数控机床用 PMC 可分为两类：一类是专为实现数控机床顺序控制而设计制造的"内置式"（Built-in Type）PMC；另一类是输入/输出信号接口技术规范、输入/输出点数、程序存储容量以及运算和控制功能都符合数控机床控制要求的"独立式"（Stand-alone Type）PMC。

内置式 PMC 与 CNC 间的信息传送在 CNC 内部实现，PMC 与机床（Machine Tools 简称 MT）间的信息传送则通过 CNC 的输入/输出接口电路来实现。一般这种类型的 PMC 不能独立工作，只是 CNC 向 PMC 功能的扩展，两者是不能分离的。在硬件上，内置式 PMC 可以和 CNC 共用一个 CPU，也可以单独使用一个 CPU。CNC 的功能和 PMC 的功能在设计时就一同考虑、CNC 和 PMC 之间没有多余的连线，于是使得 PMC 信息可以通过 CNC 显示器显示，PMC 编程更为方便，故障诊断功能和系统的可靠性也有提高。FANUC-0IB 系统采用了内置式 PMC。

独立式 PMC 和 CNC 是通过输入/输出接口电路连接的。目前有许多厂家生产独立式 PMC，选用独立式 PMC，功能益于扩展和变更，当用户在向柔性制造系统（FMS）、计算机集成制造系统（CIMS）发展时，不至于对原系统作很大的变动。

7.2 FANUC-0IB 系统内置式 PMC 的工作原理

PMC 的工作过程基本上就是用户程序的执行过程，是在系统软件的控制下顺次扫描各输入点的状态，按用户逻辑计算控制逻辑，然后顺序向各输出点发出相应的控制信号。此外，为提高工作的可靠性和及时接收外来的控制命令，在每个扫描周期还要进行故障自诊断和处理与编程器、计算机的通信请求等。

所谓扫描就是依次对各种规定的操作项目全部进行访问和处理。PMC 运行时，用户程序中有众多的操作需要去执行。但一个 CPU 每一时刻只能执行一个操作而不能同时执行多个操作，因此 CPU 按程序规定的顺序依次执行各个操作。这种依次顺序处理多个作业的工作方式称为扫描工作方式。由于扫描是周而复始无限循环的，每扫描一个循环所用的时间称为扫描周期。

顺序扫描的工作方式是 PMC 的基本工作方式。这种方式简单直观、方便用户程序设计，为 PMC 的可靠运行提供了有力的保证。所扫描到的指令被执行后，其结果立刻就被后面将要扫描到的指令所利用。可以通过 CPU 设置定时器来监视每次扫描时间是否超过规定时间，避免由于 CPU 内部故障使程序执行进入死循环。

1. PMC 程序执行过程

对用户程序的循环扫描执行过程，可分为输入采样、程序执行、输出刷新三个阶段，如图 7-1 所示。

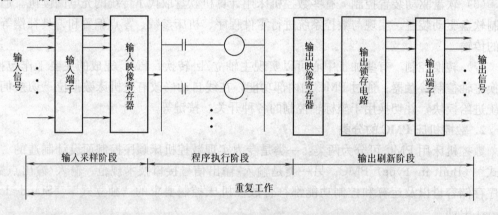

图 7-1 PMC 程序执行的过程

（1）输入采样阶段 在输入采样阶段，PMC 以扫描方式将所有输入端的输入信号状态（ON/OFF 状态）读入到输入映像寄存器中寄存起来，称为对输入信号的采样。接着转入程序执行阶段，在程序执行期间，即使输入状态变化，输入映像寄存器的内容也不会改变。输入状态的变化只能在下一个工作周期的输入采样阶段才被重新读入。

（2）程序执行阶段 在程序执行阶段，PMC 对程序按顺序进行扫描。如果程序用梯形图表示，则总是按先上后下、先左后右地顺序扫描。每扫描到一条指令时所需要的输入状态或其他元素的状态，分别由输入映像寄存器或输出映像寄存器中读入，然后进行相应的逻辑或算术运算，运算结果再存入专用寄存器。若执行程序输出指令时，则将相应的运算结果存入输出映像寄存器。

（3）输出刷新阶段　在所有指令执行完毕后，输出映像寄存器中的状态就是欲输出的状态。在输出刷新阶段将其转存到输出锁存电路，再经输出端子输出信号去驱动用户输出设备，这就是 PMC 的实际输出。PMC 重复地执行上述三个阶段，每重复一次就是一个工作周期（或称扫描周期）。工作周期的长短主要与用户程序的长短有关。

由于输入/输出模块滤波器的时间常数、输出继电器的机械滞后以及执行程序时按工作周期进行等原因，会使输入/输出响应出现滞后现象。对一般工业控制设备来说，这种滞后现象是允许的，但一些设备的某些信号要求做出快速响应，因此，有些 PMC 采用高速响应的输入/输出模块，也有的将顺序程序分为快速响应的高级程序（第一级程序）和一般响应速度的低级程序（第二级程序）两类。

2. 顺序程序的构成及顺序程序的执行

顺序程序的结构如图 7-2 所示。顺序程序从梯形图的开头执行，直至梯形图结束，程序执行完再次从梯形图的开头执行，即循环执行。从梯形图的开头直至结束的执行时间称为循环处理周期。该时间取决于控制的步数和第一级程序的大小。处理周期越短，信号的相应能力也越强。

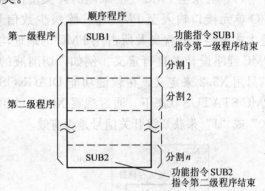

图 7-2　顺序程序的结构

一般数控机床的 PMC 程序的处理时间为几十至上百毫秒，对于绝大多数信号，这个速度已足够了，但有些信号（如脉冲信号）要求的响应时间较短。为适应不同控制信号对响应速度的不同要求，顺序程序由第一级程序和第二级程序两部分组成。第一级程序仅处理短脉冲信号，比如急停、各进给坐标轴超程、机床互锁信号、返回参考点减速、跳步、进给暂停信号等。例如，FANUC-0IB 系统规定第一级程序每 8ms 扫描一次，而把第二级程序自动划分成分割段，当开始执行程序时，首先执行第一级程序，然后执行第二级程序的分割段 1，然后又去执行第一级程序，再执行第二级程序的分割段 2，这样每执行完第二级程序的一个分割段，都要重新扫描执行一次第一级程序，以保证第一级程序中信号响应的快速性。

第一级程序的执行将决定如何分割第二级程序，若第二级程序的分割数为 n，则顺序程序的执行顺序如图 7-3 所示。可见，当第二级程序的分割数为 n 时，一个循环的执行时间为 $8n$ms，第一级程序每 8ms 执行一次，第二级程序每 $8n$ ms 执行一次。如果第一级程序的步数增加，那么在 8ms 内第二级程序动作的步数就相应减少。因此，分割数变多，整个程序的执行时间变长。第一级程序应编得尽可能短。

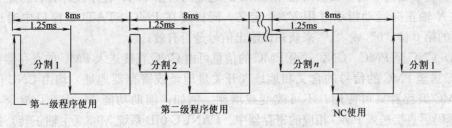

图 7-3　顺序程序的执行周期

使用子程序时，子程序应在第二级程序后指定。顺序程序结构如图 7-4 所示。

3. PMC 接口信号

接口是连接 CNC 系统、PMC 和机床本体的节点，节点是信息传递和控制的通道。CNC 系统、PMC、机床本体间的接口信号示意图如图 7-5 所示。

PMC、CNC、机床（MT）之间的信息交换包括四部分：

（1）机床至 PMC　机床侧的开关量信号通过 I/O 单元接口输入至 PMC 中。除极少数信号外，绝大多数信号的含义及所占用 PMC 的地址均可由 PMC 程序设计者自行定义。例如，切削液的开关信号用 X3.2 来定义，在软键功能 DIAGNOSIS 的 PMC STATUS 状态下，通过观察 X0003 的第二位 "0" 或 "1" 来获知该开关信号是否有效。

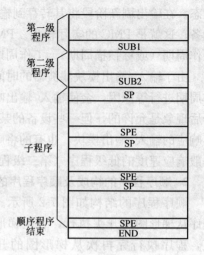

图 7-4　具有子程序的顺序程序的结构

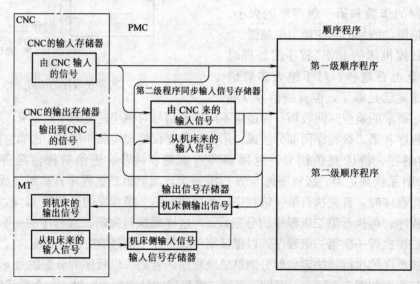

图 7-5　接口信号图

（2）PMC 至机床　PMC 控制机床的信号通过 PMC 的开关量输出接口送到机床侧。所有开关量输出信号的含义及所占用 PMC 的地址均可由 PMC 程序设计者自行定义。例如，向 X 轴正向运动指示灯用 Y2.0 定义，同样可在 PMC STATUS 窗口中通过观察 Y0002 的第 0 位 "0" 或 "1" 来获知该输出信号是否有效。

（3）CNC 至 PMC　CNC 送至 PMC 的信息可由 CNC 直接送入 PMC 的寄存器中。所有 CNC 送至 PMC 的信号的含义和地址（开关量地址或寄存器地址）均由 CNC 厂家确定，PMC 编程者只可使用，不可改变或增删。例如，辅助功能 M、S、T 指令，通过 CNC 译码后直接送入 PMC 相应的寄存器中。FANUC-0IB 系统 M03（主轴正转）指令经译码后，送入 R215.0 寄存器中。

（4）PMC 至 CNC　PMC 送至 CNC 的信息也由开关量信号或寄存器完成，所有 PMC 送至 CNC 的信号的含义和地址均由 CNC 厂家确定，PMC 编程者只可使用，不可改变或增删。FANUC-0IB 系统 G5.0 表示辅助功能完成信号。

4. 输入信号的同步处理

第一级程序在执行时，输入信号接通或断开的确切时间是不确定的，于是在输入信号切换和程序执行之间就存在一个时间关系问题。如图 7-6 所示，设在程序执行过程中信号 A 和 B 始终为"1"，信号 C 在执行到使输出 D 动作前是"1"，随后变为"0"，则 D＝1 同时 E＝1。但在顺序程序的一次扫描循环中，输入到梯形图的 C 的状态不应变化，也就是说 D 和 E 不应该出现同时为"1"的状态，为解决这个问题，在 PMC 内部设置了"同步信号存储器"。从 CNC 或机床侧来的输入信号先被送到"同步输入信号存储器"（即前面介绍的"输入映像寄存器"）中，在程序执行时，从开始至结束的一次循环中"同步输入信号存储器"中的输入信号状态将保持不变，这些信号称为"同步输入信号"。

输入第二级程序的信号经过同步处理，滞后了处理时间。而在第一级程序中，由 NC 和机床输入的信号不能滞后，是经"异步输入信号存储器"输入到第一级程序的，即所谓"异步输入信号"。在第一级程序和第二级程序间，也存在相同信号如何保持同步的问题。如图 7-7a 所示的程序，第一级程序和第二级程序共用信号 M，若在执行第一级程序时 M、C 是"1"，B 是"0"，则 R1＝1，R2＝1；当执行到第二级程序时，如果 M 变为"0"，则 R1＝1，R2＝0，也就是说，在一次循环中，出现了 R1 和 R2 不一致的情况。解决方法可采用如图 7-7b 所示程序，在第二级程序中用 R1 触点代替 M，则结果为 R1＝1，R2＝1，从而解决了第一级程序与第二级程序的输入信号在一次循环周期中的保持同步问题。

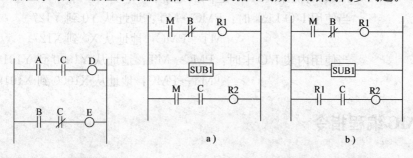

图 7-6　电路实例　　　　　图 7-7　程序实例

5. 地址

地址用来区分信号。不同的地址分别对应机床侧的输入、输出信号、CNC 侧的输入输出信号、内部继电器、计数器、保持型继电器和数据表。在编制 PMC 程序时所需的四种类型的地址如图 7-8 所示。图 7-8 中 MT 与 PMC 相关的输入/输出信号经由 I/O 板的接收电路和驱动电路传送。其余几种信号传送

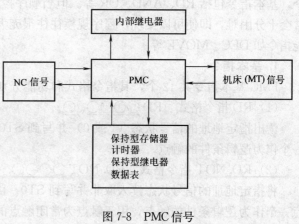

图 7-8　PMC 信号

仅在存储器（如 RAM）中传送。

地址的格式用地址号和位号表示，如图 7-9 所示。地址号的开头必须指定一个字母表示信号的类型，字母与信号类型的对应关系见表 7-1。在功能指令中指定的字节单位的地址位号可以省略。

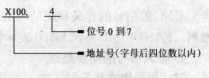

图 7-9　地址的格式

表 7-1　地址字母与信号类型的对应关系

字母	信号的种类
X	由机床向 PMC 的输入信号（MT→PMC）
Y	由 PMC 向机床的输出信号（PMC→MT）
F	由 NC 向 PMC 的输入信号（NC→PMC）
G	由 PMC 向 NC 的输出信号（PMC→NC）
R	内部继电器
D	保持型存储器的数据
C	计数器
K	保持型继电器
T	可变定时器

接口地址分配：CNC→PMC 相关信号：地址为 F0 到 F255。

PMC→CNC 相关信号：地址为 G0 到 G255。

PMC 与机床（MT）之间的地址：

当使用 I/O Link 时：PMC→MT：地址从 Y0 到 Y127。

MT→PMC：地址从 X0 到 X127。

当使用内装 I/O 卡时：PMC→MT：地址从 Y1000 到 Y1014。

MT→PMC：地址从 X1000 到 X1019。

7.3　PMC 编程指令

PMC 有两种指令：基本指令和功能指令。在设计顺序程序时，使用最多的是基本指令，基本指令包括 RD、AND、OR 等。但当顺序控制逻辑较为复杂时仅用基本指令编程常会十分困难，即使可以实现，程序规模往往很庞大，必须借助功能指令以简化编程，功能指令如 DEC、MOVE 等。

1. 基本指令：

PMC 基本指令共 12 个，其指令格式和功能分别为：

（1）RD 指令格式　RD ○○○○. ○。

读出指定地址的信号状态（1 或 0）并写到 ST0。由 RD 指令读入的信号可以是任意一个作为逻辑条件的触点。

（2）RD. NOT 指令格式　RD. NOT ○○○○. ○。

将指定地址的信号状态读入取非并写到 ST0。由 RD. NOT 指令读入的信号可以是任意一个作为逻辑条件的触点，用于触点为常闭触点的场合。

（3）WRT 指令格式　WRT ○○○○. ○。

将逻辑运算的结果输出到指定地址，即 ST0 的状态输出到指定的地址。可以把一个逻辑运算结果输出到二个以上的地址。

（4）WRT. NOT 指令格式　WRT. NOT ○○○○. ○。

将逻辑运算的结果（即 ST0 的状态）取反后输出到指定的地址。可以把一个逻辑运算结果输出到二个以上的地址。

（5）AND 指令格式　AND ○○○○. ○。

逻辑与

（6）AND. NOT 指令格式　AND. NOT ○○○○. ○。

将指定地址的信号状态取反后进行逻辑与。

（7）OR 指令格式　OR ○○○○. ○。

逻辑或

（8）OR. NOT 指令格式　OR. NOT ○○○○. ○。

将指定地址的信号状态取反后进行逻辑或。

（9）RD. STK 指令格式　RD. STK ○○○○. ○。

将逻辑运算的中间结果压入堆栈，把寄存器的内容向左移一位后，将指定地址的信号状态设置到 ST0 中。

（10）RD. NOT. STK 指令格式　RD. NOT. STK ○○○○. ○。

将逻辑运算的中间结果压入堆栈，将堆栈寄存器的内容左移一位，而后将给定地址的信号取反置于 ST0。

（11）AND. STK 指令格式　AND. STK ○○○○. ○。

将 ST0 和 ST1 中的操作结果进行逻辑乘运算，结果送至 ST0，将堆栈寄存器右移一位。

（12）OR. STK 指令格式　OR. STK ○○○○. ○。

将 ST0 和 ST1 中的操作结果进行逻辑和运算，结果送至 ST0，将堆栈寄存器右移一位。

2. 功能指令

功能指令用以实现数控机床信息处理和动作控制的特殊要求，功能指令可以处理的控制包括译码、定时（机械部件运动状态或液压系统动作状态的延时确认）、计数（加工零件计数）、最短路径选择（使刀库沿最短路径旋转）、比较、检索、转移、代码转换、数据四则运算、信息显示等。

常用功能指令的处理内容见表 7-2。

表 7-2　常用 PMC 功能指令

序号	格式1 梯形图	格式2 纸带穿孔程序显示	格式3 程序输入	处 理 内 容
1	END1	SUB1	S1	第一级程序结束
2	END2	SUB2	S2	第二级程序结束
3	TMR	TMR	T	定时器

序号	格式1 梯形图	格式2 纸带穿孔程序显示	格式3 程序输入	处 理 内 容
4	TMRB	SUB24	S24	固定定时器
5	DEC	DEC	DEC	译码
6	DECB	SUB25	S25	二进制译码
7	CTR	SUB5	S5	计数器
8	ROT	SUB6	S6	旋转控制
9	ROTB	SUB26	S26	二进制旋转控制
10	COD	SUB7	S7	代码转换
11	CODB	SUB27	S27	二进制代码转换
12	MOVE	SUB8	S8	逻辑乘后的数据传送
13	COM	SUB9	S9	公共线控制
14	COME	SUB29	S29	公共线控制结束
15	JMP	SUB10	S10	跳转
16	JMPE	SUB30	S30	跳转结束
17	PARI	SUB11	S11	奇偶校验
18	DCNV	SUB14	S14	数据转换
19	DCNVB	SUB31	S31	扩展数据传送
20	COMP	SUB15	S15	比较
21	COMPB	SUB32	S32	二进制比较
22	COIN	SUB16	S16	判断一致性
23	DSCH	SUB17	S17	数据检索
24	DSCHB	SUB34	S34	二进制数据检索
25	XMOV	SUB18	S18	数据变址传送
26	XMOVB	SUB35	S35	二进制数据变址传送
27	ADD	SUB19	S19	加法
28	SUB	SUB20	S20	减法
29	MUL	SUB21	S21	乘法
30	DIV	SUB22	S22	除法
31	ADDB	SUB36	S36	二进制加法
32	SUBB	SUB37	S37	二进制减法
33	MULB	SUB38	S38	二进制乘法
34	DIVB	SUB39	S39	二进制除法
35	NUME	SUB23	S23	常数定义
36	NUMEB	SUB40	S40	二进制常数定义
37	DISPB	SUB41	S41	扩展信息显示
38	DIFU	SUB57	S57	上升沿检测

序号	格式 1 梯形图	格式 2 纸带穿孔程序显示	格式 3 程序输入	处 理 内 容
39	DIFD	SUB58	S58	下降沿检测
40	EOR	SUB59	S59	异或
41	AND	SUB60	S60	逻辑乘
42	OR	SUB61	S61	逻辑或
43	NOT	SUB62	S62	逻辑非
44	SP	SUB71	S71	子程序
45	SPE	SUB72	S72	子程序结束

对于指令的应用，鉴于读者已进行"电气控制与 PLC"课程及相关课程的学习，这里不再展开讨论，针对 FANUC-0IB 系统的指令的应用可参考相关文献。

思考与练习题

7.1　在机床数控系统中可编程序控制器有哪些作用？可编程序控制器有哪些类型？

7.2　简述 FANUC-0IB 系统顺序程序的构成及其执行过程。

7.3　PMC 接口信号分为哪些类型？列举 FANUC-0IB 系统对各种类型的接口信号地址命名原则。

第 *8* 章

典型数控系统

8.1 经济型数控系统

数控机床的核心部分是数控系统，其发展过程经历了硬件数控系统（NC）和计算机数控系统（CNC）阶段。目前数控机床所采用的数控系统均为 CNC 系统。根据 CNC 功能水平的不同，往往将数控系统分为高、中、低三档；而从价格、功能、使用等综合指标考虑，又将 CNC 分为经济型数控系统与标准型数控系统。标准型数控系统又称为全功能数控系统，在第 1 章中已经讨论论过，本节主要阐述经济型数控系统。

经济型数控系统功能适当，价格低廉，特别适合中小企业对原有机床进行数控化、自动化技术改造，以提高生产效率。目前，我国经济型数控系统发展迅速，已研制了数十种经济型数控系统。经济型数控系统从控制方法来看，一般指开环数控系统。由于其具有结构简单，造价低，维修调试方便，运行维护费用低等优点，所以常用于数控线切割机床及一些速度和精度要求不高的经济型数控车床、铣床等，同时在普通机床的数控化改造中也得到了较广泛的应用。

8.1.1 经济型数控系统的特点

1）价格便宜，性能价格比适中。与进口数控系统相比，我国经济型数控系统价格仅为进口系统的 1/10 或几十分之一。因此，它特别适合于改造在设备中占较大比重的卧式车床、铣床。

2）适用于多品种、中小批量产品的自动化生产，对品种的适应性强。在卧式车床上加工的产品，大都可在经济型数控车床上加工。加工不同的零件，只要改变加工程序，即可达到批量生产的要求。

3）提高产品质量，降低废品损失。数控装置有较高的加工精度，消除了人为误差，加工出的产品尺寸一致性好，合格率高，质量稳定。而且，加工精度可以利用软件进行校正和补偿。对于一些普通机床加工废品率很高的产品，用经济型数控机床加工废品率大大降低。

4）能加工复杂零件，提高工效。在卧式车床、铣床上加工一个复杂零件，往往需要高级操作工人用双手摇动两个进给方向的手柄，边加工边对模板，费时费力，且质量无法保证。有些复杂零件普通机床根本无法加工。而经济型数控机床一般具有 2~3 轴联动功能，在经济型数控机床上加工复杂零件只需编制相应的加工程序，就可实现自动加工，加工过程中基本上不需人工干预，可大大提高工效。

5）节约大量工装费用，降低生产成本。普通机床加工零件需要大量不同类型的专用夹具、靠模成形刀具等。用经济型数控机床加工可使工装简化或不用专用工装，不仅节约了工装费用，而且减轻了对工装制造部门和刀具制造部门的压力。

6）减轻工人的劳动强度。使用经济型数控机床，大大提高了加工的自动化程度，减轻了操作复杂程度，将工人从紧张和繁重的体力劳动中解脱出来。

7）增强企业的应变能力，提高企业的竞争能力。使用经济型数控系统对设备进行改造后，提高了加工精度和批量生产的能力，同时又保持"万能加工"和"专用高效"两种属性。提高了设备自身对产品更新换代的应变能力，增强了企业的竞争能力。

8.1.2　经济型数控系统的技术参数

1. 快速性能

经济型数控系统驱动速度的快慢直接影响到数控加工的效率。SIEMENS 公司的数控系统可达 10m/min，国内数控系统一般为 6m/min。

2. 分辨率

经济型数控系统通常无检测反馈装置，为提高数控机床的加工精度，其分辨率一般为 0.01mm，最小可达 0.001mm。

3. 插补功能

经济型数控系统具有直线插补 G01 和圆弧插补 G02、G03 功能，有的系统还具有螺旋插补功能等。插补方式一般为逐点比较插补法或数字积分插补法。

4. 刀具补偿功能

为保证数控机床的精度和工件的加工精度，经济型数控机床必须具有数控补偿功能。刀具半径补偿（G41、G42），刀具半径补偿可自动补偿刀具半径的大小，以控制加工精度和加工余量，并能使轮廓加工编程简化。刀具长度补偿（G43、G44）与刀具半径补偿功能相似。数控系统具有长度补偿功能。

5. 间隙补偿功能

经济型数控系统可通过软件对机床所固有的机械传动间隙（如丝杠传动间隙、齿轮传动间隙等）进行补偿。

6. 输入/输出功能

（1）手动输入（MDI）　通过键盘的手动输入方式将零件数控加工信息输入数控系统。

（2）LED 数码显示　数控系统用 LED 数码管可显示数字和简单字符、报警、电源指示等，但其可显示的信息量比较少，无法进行图形模拟。

（3）CRT/LCD 显示　这种显示不但可以显示字符，还可显示图形，模拟加工过程，而且还能进行人机对话。

7. 具有通信接口和断电保护

数控系统与阅读机、穿孔机、外存储器进行数据传送或与 PC 机进行通信，大多采用 RS-232C 标准串行接口。另外，系统还具有断电保护装置，以保证在断电时数控信息不会丢失。

8. 自诊断和监控功能

经济型数控系统开机时，应首先对系统硬件和 I/O 口进行检查。若发现异常，则报警并显示错误信息。在机床加工过程中，应实时监控，发现故障立即中断加工过程，显示报警，并显示错误信息，以便于维修人员维修。

8.1.3　经济型数控系统的一般结构

经济型数控系统根据其应用场合不同，功能有所区别，但就总体结构而言大致相同。

1. 结构组成

图 8-1 所示为经济型数控系统的一般结构，主要由以下几个部分构成：

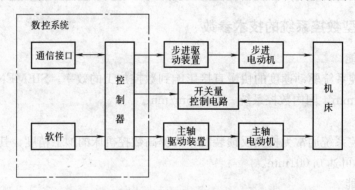

图 8-1　经济型数控系统结构

（1）控制器　主要包括 CPU、EPROM、RAM、I/O 接口等电路。

（2）驱动　由步进驱动装置与步进电动机构成。在经济型数控系统中，步进电动机一般为功率步进电动机。

（3）开关量控制电路　负责机床侧输入/输出开关及机床操作面板与控制器的连接，涉及到 M、T、S 指令的执行。

（4）主轴控制　由主轴电动机及主轴驱动装置组成。

（5）通信接口　一般指 RS-232C 接口，完成数控系统与控制器的通信。

（6）软件系统　由系统软件与应用软件构成。

2. 微机系统

微机是 CNC 系统的核心部件，可采用单微机系统或多微机系统，其主要职责是完成 CNC 的控制与计算。在硬件方面主要包含以下几方面内容：

（1）微机机型的选取　经济型数控系统常采用单片机为主控微机，如 Intel 的 8031、8098 等，当前情况来看经济型数控系统选择 8098 较为经济合理，因其运算速度是 8031 的 5～6 倍。但 8031 位处理功能很强，很适合开关量控制。

（2）存储器的扩充　存储器分为数据存储器与程序存储器。一般程序存储器主要存放系统的监控程序与控制程序，用户无需修改，常采用 EPROM 的存储器，如 2764 或 27256 等芯片。数据存储器用来存放用户程序、中间参数、运算结果等，常采用 6264 或 62256 等芯片。

（3）I/O 接口电路　常用并行接口芯片 8255A 来扩展系统 I/O 口的点数，用 8279 芯片来控制键盘/显示。定时/计数器与中断系统，一般由单片机本身的资源提供。

3. 外围电路

外围电路主要包括机床控制面板输入/输出通道、步进电动机驱动装置与主轴控制装置等。

（1）输入/输出通道　对于输入/输出通道要充分考虑电平匹配、缓冲/锁存及信号隔离等因素，以防止信号的丢失及干扰。对信号的隔离常采用光电隔离，该隔离方式设计简单，成本较低，也较为可靠。

（2）步进电动机的功率驱动　主要有单电压驱动、高低压恒流斩波驱动等形式，详见第 4 章。

（3）主轴驱动　主轴驱动有直流驱动和交流驱动。数控系统中的微机根据数控程序中的 S（主轴转速）指令，求出主轴转速给定值，并将给定值传送给主轴驱动装置。当采用交流变频方式时，频率给定主要有两种方式，一种为模拟量给定，另一种为数字量给定。当用模拟量给定转速时，可将微机输出的数字量经 D/A 转换、隔离及放大滤波后送到变频器；当用数字量给定转速时，可直接经 8255A 输出，经隔离后送至变频器。

4. 软件结构

经济型数控系统的软件主要完成系统的监控与控制功能，主要包括输入数据处理程序、插补运算程序、速度控制程序以及管理程序和诊断程序。

（1）输入数据处理程序

1）输入。主要是指由用户从操作面板上输入控制参数、补偿数据及加工程序，一般均采用键盘直接输入，故软件的作用主要是字符的读取与存放。

2）译码。在输入的加工程序中，含有零件的轮廓信息、要求的加工速度及一些辅助信息（如主轴正、反转、停，换刀，切削液开、关等）。这些信息在微机进行插补运算与控制操作之前必须编译成机器所能识别的代码，即译码。

3）数据处理。主要包括刀具补偿、速度计算及辅助功能的处理等。刀具补偿可以用 B 刀补或 C 刀补。从工艺角度来看 C 刀补较好。通过 C 刀补得出刀具中心轨迹，运行时就可以不再进行刀具补偿运算了。对于要求不高的场合，可略去刀补计算。速度计算主要是决定该加工数据段应采用什么样的速度来加工。

（2）插补运算程序　插补运算是实时性很强的程序，而且算法较多，应根据系统的需要选取合适的算法，力争达到最优化地实现各坐标轴脉冲的分配。经济型数控系统通常采用基准脉冲插补的方式。

（3）速度控制程序　速度控制是和插补运算紧密相关的。在输入指令中所给的速度，一般指各坐标轴的合成速度。速度处理首先要将合成速度分解成各运动坐标方向的分速度，然后再利用软件延时或定时器实现速度的控制，速度控制程序决定着插补运算的时间间隔，插补运算的输出结果控制着各坐标轴的进给。

（4）系统管理诊断程序

1）管理程序。系统管理程序，实质就是系统监护程序，它主要负责键盘/显示的监控、中断信号的处理、从各功能模块的协调调用。若能实现程序并行处理，则在插补运算与速度控制的空闲时刻完成数据的输入处理，从而大大提高了程序的实时性。

2）诊断程序。诊断程序主要包括系统的自诊断（如开机运行时检查系统上各种部件的功能正常与否）和运行诊断、并应能在故障发生后，给出相应的报警信息，以帮助维修人员较快地找出故障原因，以利于故障诊断和维修。

8.1.4 经济型数控系统举例

车削加工在金属切削加工中占有很大的比例，因此，经济型数控系统广泛应用于经济型数控车床或车床的数控化改造。当前，数控车床的改造大致有两条途径：一是用单片机自行开发设计数控机床的 CNC 系统；二是用现成的数控系统来改造普通机床。下面以单片机控制的数控系统为例来分析经济型数控系统主要性能。

利用微机改造现有的卧式车床，主要应解决的问题是，如何将机械传动的进给和手工控制的刀架转位改造成由微机控制的自动进给和刀架自动转位的自动加工车床。

1. 车床数控系统的性能指标

开环数控车床主要技术指标有：

1）两轴联动。

2）ISO 国际数控标准格式代码编程。

3）快速定位，直线、圆弧插补。

4）故障自诊断功能。

5）最大编程尺寸 999.99mm，最大进给速度 6m/min。

6）脉冲当量：Z 向 0.01mm/脉冲，X 向 0.005mm/脉冲。

7）具有串行通信功能，能与 PC 机进行通信。

2. 数控系统的组成

（1）硬件　系统选用目前最通用的 MCS-51 系列 8031 单片机，并扩展一片 EPROM2764、一片 RAM6264、一片 8255A 并行 I/O 和一片 74HC244 并行 I/O，数控系统的组成如图 8-2 所示。系统中，EPROM2764 用来存放系统软件；RAM6264 用来存放加工程序和数据，并具有掉电保护功能；8031 内的 RAM 作数据缓冲和堆栈等用途；74HC244 用于手工开关输入；8255A 用于开关命令、步进电动机控制、状态检测和刀架转位控制等；P1 口具有较强的位选功能，作为声光报警、中断扩展查询等辅助 I/O 功能。

（2）人机接口　采用 Intel8279 芯片作为键盘/显示器接口，8279 自动完成键盘与显示器控制。键盘由 35 个编辑键，4 个功能键组成；显示器采用一个"米"字管和 7 位 8 段数码管，用户可以通过键盘把 ISO 格式的零件加工程序输入单片机，同时在数码管上显示程序代码，在系统工作运行时，数码管还能动态地显示数据。

（3）系统中断处理　8031 只有两个外部中断入口即 INT0 与 INT1，将 INT1 用于 8279 键盘输入中断；INT0 用于实现实时处理紧急停车、暂停、限位报警功能。系统采用三输入端与非门 74HC10 的输出端作为一个共用的中断信号源接至 INT0。

（4）步进电动机的控制　步进电动机可按程序执行自动和手动两种方式工作。通过

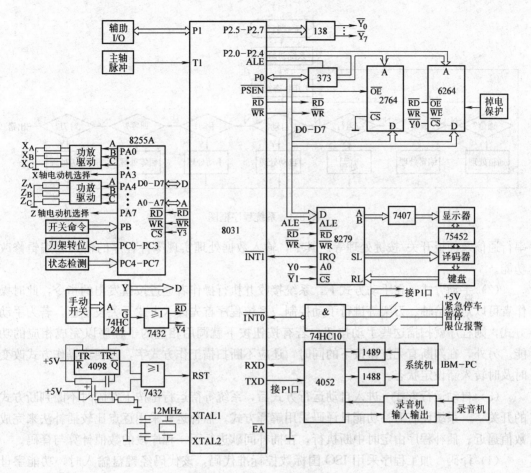

图 8-2 单片机数控系统的组成

74HC244 连接手动开关，可实现±X、±Z 两个方向的点动运行及手动回零，手动升降频等处理。8255A 的 PA 口输出信号至功放电路后，分别控制 X 轴、Z 轴的步进电动机。步进电动机的环形分配采用软件来实现，其控制方式采用三相六拍，当三相绕组按 A→AB→B→BC→C→CA 的顺序通电，就可实现电动机的正转；反之，若按 A→AC→C→CB→B→BA 的顺序通电，就可实现电动机的反转，利用 T0 进行频率控制，从而实现对电动机的转速控制。

（5）通信接口　系统应能实现与 PC 机的通信功能，它们之间采用 RS-232C 串行标准通信。单片机串行口上的 TTL 电平信号经 MC1488/1489 芯片转变为 RS-232C 后接至 PC 机。若编制较复杂的零件加工程序，手工编程的工作量大而且易出错，故可采用 PC 机进行自动编程，然后再通过串行口传送给单片机数控系统。

（6）复位电路　系统采用单稳态电路 4098 实现硬件"看门狗"功能，它的输出通过上电按钮/复位电路经 7432 与 8031 的复位端相连。

3. 数控系统的软件设计

系统软件主要由操作管理程序、步进电动机输出控制程序及诊断程序等部分组成，其程序框图如图 8-3 所示。

（1）操作管理程序　该程序主要包括系统初始化、键盘处理及显示、输入数据处理、

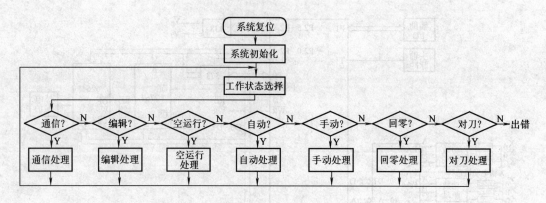

图 8-3　系统程序框图

串行通信及面板开关/按键处理等。其中，输入数据处理实现零件程序的输入和编辑修改功能。

（2）手动方式　在手动方式下，系统接收并执行操作者通过按钮发出的指令，此时操作者可以对进给轴、刀架等进行手动控制。系统程序首先读入方式开关设定值，若为手动方式，则程序就扫描这些手动按钮；若有按钮按下就调用相应的子程序以完成相应的功能。另外，在判断有无按钮按下的同时，还应不断扫描工作方式字，以便当操作方式改变时及时转入新设定状态。

（3）自动运行方式　进入自动运行方式后，系统等待运行键按下并同时不断判断方式的开关字。系统设有刀补功能且译码采用解释方式，插补运算采用逐点比较插补法来完成数值逼近。插补程序由定时中断执行，在插补间歇进行下一程序段的数值计算与译码。

（4）译码　加工程序采用 ISO 国标数控标准代码，该代码经键盘输入时，功能字母用"米"字 LED 显示，数字用 7 位 8 段 LED 显示，输入的十进制数均将它转化为十六进制存入用户零件程序区。译码时，根据程序指针从用户程序存储区读入一段程序，根据代码功能进行数据处理得到插补计算所需的坐标值。终点判断计数值及标志等信息存放在固定的内存单元中，以便调用。若在译码过程中发生出错，则调用错误处理，程序保存出错信息，恢复程序指针和缓冲区，报警显示等待处理。

8.2　典型数控系统简介

8.2.1　FANUC 数控系统

日本 FANUC 公司创建于 1956 年，是生产数控系统和工业机器人的厂家。该公司自 20 世纪 60 年代生产数控系统以来，已经成功开发出 40 种左右的系列产品。

20 世纪 60 年代，FANUC 公司开发了以硬件为主的开环数控系统。20 世纪 70 年代，与德国 SIEMENS 公司联合研制了数控系统 7，使其成为世界上最大的专业数控系统生产厂家。20 世纪 80 年代，FANUC 公司先后推出系列产品数控系统 10/11/12 系列和系统 0 系列。数控系统 0 系列在硬件上采用了最新型高速高集成度的微处理器，其运算速度、控制能力都有了较大的提高。

FANUC 公司目前生产的数控系统装置有 F0、F10、F11、F15、F16、F18 等系列。F00/F100/F110/F120/F150 系列是在 F0、F10、F11、F12、F15 的基础上增加了 MMC 功能，即 CNC、PMC（Program Machine Control 可编程序机床控制器）、MMC（Man-Machine Controller 人机控制器）三位一体的数控系统。FANUC 数控系统以其高质量、低成本、高性能，较安全的功能，适用于各种机床和生产机械等特点，在市场的占有率远远超过其他数控系统。

1. FANUC 数控系统的特点

1）系统在设计上采用模块化结构。这种结构易拆装，各个控制板高度集中，便于维修和更换。

2）采用专用 LSI（大规模集成电路）技术。以此提高芯片集成度、系统的可靠性，减少体积和降低成本。

3）产品应用范围广。每一种 CNC 装置可配多种控制软件，适用于多种机床。

4）不断采用新工艺、新技术。SMT（高密度表面安装技术）、多层印制电路板、光导纤维电缆等。

5）CNC 装置体积减小，采用面板装配式，内装式 PMC 以及多种形式结构和尺寸规范的控制器，以适应机电一体化的需求。

6）在插补、进给加减速、补偿、自动编程、图形显示、通信、控制和诊断方面不断增加新的功能。

① 插补功能：除了直线、圆弧、螺旋线插补外，还有假想轴插补、极坐标插补、圆锥面插补、指数函数插补、渐开线插补、样条插补等。

② 切削进给的自动加减速功能：除插补后直线加减速，还有插补前加减速。

③ 补偿功能：除了螺距误差补偿，丝杠反向间隙补偿之外，还有坡度补偿、线性度补偿以及各种新的刀具补偿功能。

④ 故障诊断功能：系统采用推理软件，具有人工智能，能以知识库为依据查找故障原因。

7）以用户特定宏程序、MMC 等功能来推进 CNC 装置面向用户开放的功能。

8）支持多种语言显示：日语、英语、德语、汉语、意语、法语、丹麦语等。

9）备有多种外设：FANUC PPR（Printer/Punch/Reader，打孔/穿孔/阅读机）、FANUC FA（Factory Automation，自动化工厂）、CARD、FANUC FLOPPY CASSETE（卡式录音带）、FANUC PROGGAME FILE Mate 等。

10）推出 MAP（Manufactory Automation Protocol，制造自动化协议）接口，使 CNC 通过该接口实现与上一级计算机通信。

11）根据用户需要，不断地更新 CNC 产品的功能，现已形成多种版本。

2. FANUC 0 系列数控系统

（1）主要产品　F0 系列是结构紧凑、面板可装配式的 CNC 装置，易于组成机电一体化系统。FANUC 公司先后开发出 F0-MA/MB/MC 等系列，应用于数控机床。F0 系列有多个品种，它适应于各种中、小型机床，例如：

F0-MA/MB/MEA/MC 用于加工中心、镗床和铣床。

F0-MF 用于加工中心、镗床和铣床的对话式 CNC 装置。

F0-TA/TB/TEA/TC 用于车床。

F0-TF 用于车床的对话式 CNC 装置。

F0-TTA/TTB/TTC 用于单主轴双刀架或双主轴双刀架的 4 轴控制车床。

F0-GA/GB 用于磨床。

F0-PB 用于回转头压力机。

(2) FANUC 0 系统的基本配置　FANUC 0 系统由数控单元本体、主轴和进给伺服单元以及相应的主轴电动机、进给电动机、CRT 显示器、系统操作面板、机床操作面板、附加的输入/输出接口器（B2）、电池盒、手摇脉冲发生器等组成。

1）数控单元的基本配置。FANUC 0 系统的 CNC 单元由主印制电路板（PCB）、存储器板、图形显示板、可编程序机床控制器板（PMC-M）、伺服轴控制板、输入/输出接口板、子 CPU（中央处理器）板、扩展的轴控制器、数控单元电源和 DNC 控制板等组成。主板采用大板结构，其他为小板，插在主板上面，如图 8-4 所示。

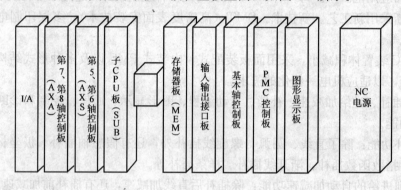

图 8-4　FANUC 0 系统数控单元结构

① 主印制电路板（PCB）。它用于连接各功能小板，进行故障报警。主 CPU 在该板上，用于系统主控。

② 数控单元电源为各板提供 +5V、±15V、±24V 直流电源。其中，24V 直流用于单元内继电器控制。

③ 图形显示板提供图形显示功能，便于人机交互，并且还提供第 2、3 手摇脉冲发生器接口。

④ PC 板（PMC-M）。PMC-M 为内装型可编程序机床控制器，提供输入/输出板扩展接口。

⑤ 基本轴控制板（AXE）。提供 X、Y、Z 和第 4 轴的进给指令，接受从 X、Y、Z 和 4 轴位置编码器反馈的位置信号。

⑥ 输入/输出接口通过插座 M1、M18、M20 提供输入点，通过插座 M2、M19 和 M20 提供输出点，为 PMC-M 提供输入/输出信号。

⑦ 存储器板接受系统操作面板的键盘输入信号，提供串行数据传送接口、第 1 手摇脉冲发生器接口、主轴模拟量和位置编码器接口、存储系统参数、刀具参数和零件加工程序等。

⑧ 子 CPU 板用于管理第 5 轴、第 6 轴、第 7 轴的数据分配，提供 RS-232C 和 RS-422 串行数据接口等。

⑨ 扩展轴控制板（AXS）。它是用于提供第 5 轴、第 6 轴的进给指令，接受从第 5 轴、第 6 轴位置编码器反馈的位置信号。

⑩ 扩展轴控制板（AXA）。它是用于提供第 7 轴、第 8 轴的进给指令，接受从第 7 轴、第 8 轴位置编码器反馈的位置信号。

⑪ 扩展的输入/输出接口通过插座 M61、M78 和 M80 提供输入点，通过插座 M62、M78 和 M80 提供输出点，为 PMC-M 提供输入/输出信号。

⑫ 通信板（DNC2）。提供数据通信接口。

2）控制单元的连接。图 8-5 所示为 FANUC 0 系统连接配置图。在电源单元中，

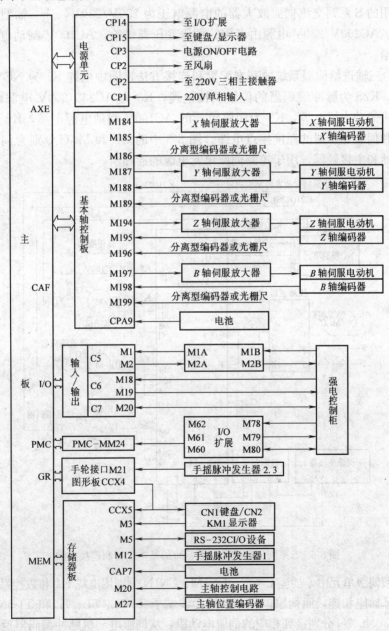

图 8-5　FANUC 0 系统连接配置图

CP14、CP15 为 DC24V 输出端，分别供 I/O 扩展单元、显示单元使用；CP1 为单相220V 输入端；CP2 为 220V 输出端，接冷却风扇或其他需求 AC220V 的设备；CP3 接电器开关电路。基本轴控制板中的 M184～M199 为轴控制板上的插座编号，其中 M184、M187、M194、M197 为控制器指令输出端；M185、M188、M195、M198 为内装型脉冲编码器输入端，在半闭环伺服系统中作为速度/位置反馈输入，在全闭环系统中作为速度反馈输入；M186、M189、M196、M199 只作为全闭环系统中的位置反馈输入；CPA 在选用绝对编码器时接相应电池盒。

（3）FANUC 0 系统 S 系列进给伺服系统的基本配置　FANUC 系统配用 S 系列交流电动机。常用的 S 系列交流伺服放大器的电源电压为 200V/230V，分一轴型、二轴型和三轴型三种。AC200V/230V 电源由专用的伺服变压器供给，AC100V 制动电源由 NC 电源变压器供给。

图 8-6 为三轴进给伺服系统的基本配置和连接方法，图中电缆 K1 为 NC 到伺服单元的指令电缆，K2S 为脉冲编码器的位置反馈电缆，K3 为 AC230/200V 电源输入线，K4 为伺服电动机的动力线电缆，K5 为伺服单元的 AC100V 制动电源电缆，K6 为伺服单元到放电单元和伺服变压器的温度接点电缆。图 8-6 中的 QF 和 MCC 分别为伺服单元的电源输入断路器和主接触器，用于控制伺服单元电源的通和断。

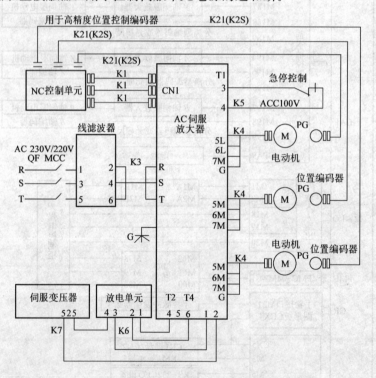

图 8-6　S 系列三轴进给伺服系统的基本配置和连接方法

在三轴型伺服单元中，插座 CN1L、CN1M、CN1N 分别用电缆 K1 和数控系统的控制板上的指令信号插座相连，而伺服单元中的动力线端子 T1-5L、6L、7L 和 T1-5M、6M、7M 以及 T1-5N、6N、7N 分别接到相应的伺服电动机，从伺服电动机脉冲编码器返回的电缆一一对应的接到数控系统轴控制板上的反馈信号插座（即 L、M、N 分别表示同一个轴）。

（4）FANUC 0 系统 S 系列主轴伺服系统的基本配置　主轴电动机的控制有两种接口：模拟（0～10V）和数字（串行传送）输出。图 8-7 是 S 系列主轴伺服系统的示意图。其中，K1 为从伺服变压器二次侧输出的 AC220V 三相电源电缆，应接到主轴伺服单元的 R、S、T 和 G 端，输出到主轴电动机的动力线，应与接线盒盖内面的指示相符。K2 为接到主轴电动机端口 U、V、M 和 G 的动力线。K3 为从主轴伺服单元的端子 T1 上的 R0、S0 和 T0 输出到主轴风扇电动机的动力线。K4 为主轴电动机的编码器反馈电缆，其中 PA、PB、RA 和 RB 用做速度反馈信号，01H 和 02H 为电动机温度接点，SS 为屏蔽线。K5 为从 NC 和 PMC 输出到主轴伺服单元的控制信号电缆，接到主轴伺服单元的 50 芯插座 CN1。图中 K6 为从主轴伺服单元的 20 芯插座 CN3 输出的主轴故障识别信号，改组信号由 AL8、AL4、AL2 和 AL1 以及公共线 COM 组成，由它们产生的 16 种二进制状态表示相应的故障类型，这些信号进入 PMC 的输入点后，由相应的程序译码并显示在 CRT 上。K7 为控制功率转速信号，由强电柜输出端子连接到交流主轴伺服单元的 0M、SM1、LM1。

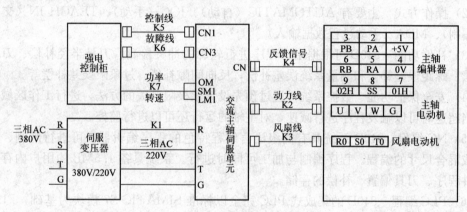

图 8-7　S 系列主轴伺服系统

8.2.2　SIEMENS 数控系统

SIEMENS 数控系统具有较好的稳定性和较优的性能价格比，在我国数控机床行业被广泛应用。图 8-8 所示为 SIEMENS 数控系统的产品类型，主要包括 802、810、840 等系列。本节以 SIEMENS 840D 数控系统为例，介绍其组成及功能。

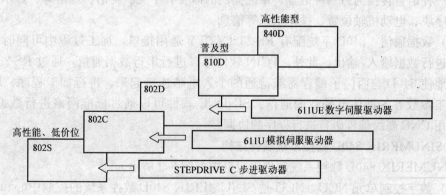

图 8-8　SIEMENS 数控系统的产品类型

1. 840D 系统的主要功能与特点

SINUMERIK 840D 是 20 世纪 90 年代中期设计的全数字化数控系统，具有高度模块化及规范化的结构，它将 CNC 和驱动控制集中在一块板子上，将闭环控制的全部硬件和软件集成在 $1cm^2$ 的空间中，便于操作、编程和监控。

SINUMERIK 840D 与西门子 611D 伺服驱动模块及西门子 S7-300PLC 模块构成的全数字化数控系统，能实现钻削、车削、铣削、磨削等数控功能，也能应用于剪切、冲压、激光加工等数控加工领域。840D 系统的主要功能及应用有以下几个方面。

（1）控制类型 840D 系统采用 32 位微处理器实现 CNC 控制，可用于车床、钻床、铣床、磨床等系列机床，可完成 CNC 连续轨迹控制以及内部集成式 PLC 控制，具有全数字化的 SINODRIVE611 数字驱动模块，最多可控制 31 个进给轴和主轴。其插补功能有样条插补、三阶多项式插补、控制值互联和曲线表插补，这些功能为加工各类曲线和面类零件提供了便利条件。此外，还具备进给轴和主轴同步操作的功能。

（2）操作方式 主要有 AUTOMATIC（自动）、JOG（手动）、TEACH IN（交互式程序编制）、MDA（手动过程数据输入）。

（3）补偿功能 840D 可根据用户程序进行轮廓的冲突检测、刀具半径补偿、刀具长度补偿、螺距误差补偿和测量系统误差补偿，反向间隙补偿、过象限误差补偿等。

（4）安全保护功能 数控系统可通过预先设置软极限开关的方法，进行工作区域的限制。当超速时可以触发程序进行减速，对主轴的运行还可以进行监控。

（5）NC 编程 840D 系统具有高级语言编程特色的程序编辑器，可进行米制、英制尺寸或混合尺寸的编程。程序编制与加工可同时进行。系统具备 1.5MB 的用户内存，用于零件程序、刀具偏置、补偿的存储。

（6）PLC 编程 840D 的集成式 PLC 完全以标准 SIMATIC S7 模块为基础，PLC 程序和数据内存可扩展到 288KB，I/O 模块可扩展到 2048 个输入/输出点，PLC 可以极高的采样速率监视数字输入，向数控机床发送运动、停止、起动等命令。

（7）操作部分硬件 840D 提供有标准的 PC 软件、硬盘、奔腾处理器，用户可在 Windows98/2000 下开发自定义的界面。此外，2 个通用接口 RS-232 可使主机与外设进行通信，用户还可以通过磁盘驱动器接口和打印机并行接口完成程序储存、读入及打印工作。

（8）显示功能 840D 提供了多语种的显示功能，用户只需按一下按钮，即可将用户界面从一种语言转换为另一种语言，系统提供的语言有中文、英语、德语等。显示屏上可显示程序块、电动机轴位置、操作状态等信息。

（9）数据通信 840D 系统配有 RS-232C/TTY 通用接口，加工过程中可同时通过通用接口进行数据输入/输出。此外，PCIN 软件可以进行串行数据通信，通过 RS-232 接口可方便地使 840D 与西门子编程器或普通的个人电脑连接起来，进行加工程序、PLC 程序、加工参数等各种信息的双向通信。SINDNC 软件可以通过标准网络进行数据传送，还可以用 CNC 高级编程语言进行程序的协调。

2. SINUMERIK 840D 数控系统硬件结构

SINUMERIK 840D 数控系统硬件组成框图如图 8-9 所示。

（1）数字控制单元 NCU NCU 是 SINUMERIK 840D 数控系统的控制中心和信息处理中心。数控系统的直线插补、圆弧插补等轨迹运算和控制，PLC 系统的算术运算和逻

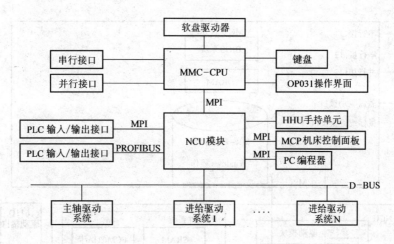

图 8-9　SINUMERIK 840D 数控系统硬件组成框图

辑运算都是由 NCU 完成的。在 SINUMERIK 840D 中，NC-CPU 和 PLC-CPU 采用硬件一体化结构合成在 NCU 中。

（2）人机通信中央处理单元 MMC-CPU　MMC-CPU 的主要作用是完成机床与外界及与 PLC-CPU、NC-CPU 之间的通信，内置硬盘用以存储系统程序、参数等。

（3）操作员面板 OP031 作用　显示数据及图形；提供人机显示界面；编辑、修改程序及参数；实现软功能操作。在 SINUMERIK 840D 中有 OP030、OP031、OP032、OP032S 以及 PHG 等五种操作员面板，其中 OP031 是经常使用的操作员面板。

（4）机床操作面板 MCP　MCP 的主要作用是完成数控机床的各类硬功能键的操作。主要有下列六个硬功能键操作：

1）操作模式键区。可选择的操作模式有 JOG、MD、TEACH IN 和 AUTO 等四种操作模式。

2）轴选择键区。实现轴选择，完成轴的点动进给、回参考点和增量进给。

3）自定义键区。供用户使用，通过 PLC 的数据块实现与系统的联系，完成机床生产厂所要求的特殊功能。

4）主轴操作区。主轴倍率开关，实现主轴转速 0～150％倍率修调。主轴起停按钮，实现主轴驱动系统的起停，一般控制主轴驱动系统的脉冲使能和驱动使能。

5）进给轴操作区。进给轴倍率开关，实现主轴转速 0～200％倍率修调。进给轴起停按钮，实现进给轴驱动系统的起停，一般控制进给轴驱动系统的脉冲使能和驱动使能。

6）急停按钮。实现机床的紧急停车，切断进给轴和主轴的脉冲使能和驱动使能。

（5）I/RF 主电源模块。主电源模块主要功能是实现整流和电压提升功能。

（6）驱动系统。它包括主轴驱动系统和进给驱动系统两部分。

3. SINUMERIK 840D 数控系统软件结构

SINUMERIK 840D 系统软件结构如图 8-10 所示，包括四大类软件：MMC 软件系统、NC 软件系统、PLC 软件系统和通信及驱动接口软件。

（1）MMC 软件系统　在 MMC102/103 以上系统中均带有 5GB 或 10GB 的硬盘，内装有基本输入/输出系统（BIOS），DR-DOS 内核操作系统，Windows95 操作系统，以及串口、并口、鼠标和键盘接口等驱动程序，支撑 SINUMERIK 与外界 MMC-CPU、PLC-

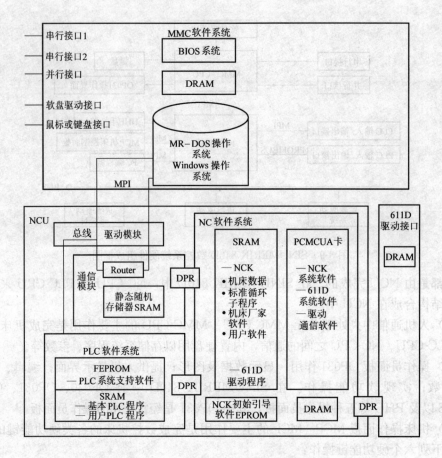

图 8-10　SINUMERIK 840D 数控系统软件结构图

CPU、NC-CPU 之间的相互通信及任务协调。

（2）NC 软件系统　NC 软件系统包括下列内容：

1）数控核（NCK）初始引导软件。该软件固化在 EPROM 中。

2）NCK 数控核数字控制软件系统。它包括机床数据和标准的循环子系统，是西门子公司为提高系统的使用效能而开发的一些常用的车削、铣削、钻削和镗削等功能软件。用户必须理解每个循环程序的参数含义才能进行调用。

3）SINUMERIK 611D 驱动数据。它是指 SINUMERIK 840D 数控系统配套使用的 SIMODRIVE 611D 数字式驱动系统的相关参数。

4）个人计算机存储卡国际协会（PCMCIA）软件系统。在数控装置（NCU）上设置有一个 PCMCIA 插槽，用于安装 PCMCIA 个人计算机存储卡，卡内预装有 NCK 驱动软件和驱动通信软件等。

（3）PLC 软件系统　主要包括 PLC 系统支持软件和 PLC 程序。

1）PLC 系统支持软件。它支持 SINUMERIK 840D 数控系统内装的 CPU315-2DP 型可编程序控制器的正常工作，该程序固化在 NCU 内。

2）PLC 程序。它包含基本 PLC 程序和用户 PLC 程序两部分。

（4）通信及驱动接口软件　它主要用于协调 PLC-CPU、NC-CPU 和 MMC-CPU 三者之间的通信。

8.2.3　华中数控系统

　　1997年，华中数控系统有限公司以工业 PC 机为硬件平台，以 PC＋软件完成全部的 NC 功能，开发出"华中"数控系统，实现了国外高档系统的功能，具有优良的性能/价格比，具有国际先进水平。华中Ⅰ号数控系统被国家科技部列入 1997 年度"国家新产品计划"和"九五国家科技成果重点推广计划指南项目"。近几年来，武汉华中数控系统有限公司相继开发出华中-2000 型数控系统（HNC-2000）和华中"世纪星"系列数控系统（HNC-21T 车床系统、HNC-21/22M 铣床系统），以满足用户对低价格、高性能、实用、可靠系统的要求。

　　1. 华中数控系统的特点：

　　（1）以通用工控机为核心的开放式体系结构　系统采用基于通用 32 位工业控制机和 DOS 平台的开放式体系结构，可充分利用 PC 的软硬件资源进行二次开发，易于系统维护和更新换代，可靠性好。

　　（2）独创的曲面直接插补算法和先进的数控软件技术　处于国际领先水平的曲面直接插补技术将目前 CNC 上的简单直线、圆弧插补功能提高到曲面轮廓的直接控制，可实现高速、高效和高精度的复杂曲面加工。采用汉字用户界面，提供完善的在线帮助功能，具有三维仿真校验和加工过程图形动态跟踪功能，图形显示形象直观。

　　（3）系统配套能力强　华中数控具备了全套数控系统配套能力。系统可选配华中数控生产的 HSV-11D 交流永磁同步伺服驱动与伺服电动机、HC5801/5802 系列步进电动机驱动单元与电动机、HGBQ3-5B 三相正弦波混合式驱动器与步进电动机和国内外各类模拟式、数字式伺服驱动单元。

　　2. 华中数控系统典型系列

　　（1）"华中Ⅰ型"数控系统　该系统采用了以工业 PC 机为硬件平台，以 DOS、Windows 及其丰富的支持软件为软件平台的技术路线，使主控制系统具有质量好、性能价格比高、新产品开发周期短、维护方便、更新换代和升级快、配套能力强、开发性好以及便于用户二次开发和集成等许多优点。华中Ⅰ型数控系统硬件结构如图 8-11 所示。

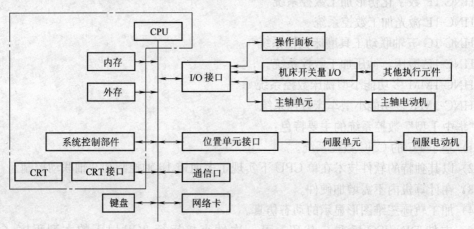

图 8-11　华中Ⅰ型数控系统硬件结构

华中Ⅰ型数控系统在软件系统上实现了开放化和模块化，形成了开放式的软件平台，如图 8-12 所示。华中Ⅰ型数控系统开放式软件平台将 CNC 中的共性部分进行了模块化和系统化集成，作为 NC 开发环境中的标准函数可以公用，它分为上下两层：

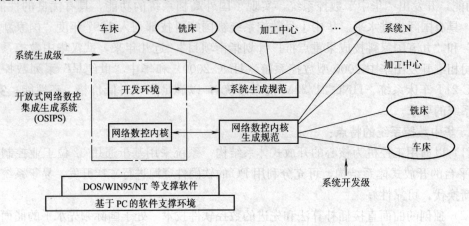

图 8-12　华中Ⅰ型数控系统的软件环境与结构

1）低层网络数控内核。它包括数控系统中所有的共性问题，如多任务高速度、插补运算、设备驱动、PLC 控制等。用户可以根据网络数控内核使用规范直接进行二次开发。网络内核的各模块功能都具有自诊断功能，并与网络模块继承在一起，便于向网络环境传送数控系统的各种状态信息。

2）上层网络数控集成开发环境。它集成了数控系统的标准过程和特殊控制过程。用户可根据系统生成规范所提供的生成方法，方便地生成各类专用数控系统。

华中Ⅰ型数控系统有多个品种，它适应各种类型的机床：

HNC-1M 铣床、加工中心数控系统

HNC-1T 车床数控系统

HNC-1Y 齿轮加工数控系统

HNC-1P 数字化仿形加工数控系统

HNC-1L 激光加工数控系统

HNC-1G 五轴联动工具磨床数控系统

HNC-1P 锻压、冲压加工数控系统

HNC-1MM 多功能小型铣床数控系统

HNC-1MT 多功能小型车床数控系统

"华中Ⅰ型"数控系统的主要特色：

1）基于 PC 的 CNC 数控系统。

2）以其独特的软件技术在单 CPU 下实现了多通道 16 轴控制和 9 轴联动控制。

3）在计算机内不需增加硬件。

4）加工轨迹三维图形显示的动态仿真。

5）支持 DIN/ISO 标准 G 代码，可一次性直接运行 2GB 以下的大型程序（G 代码）。

6）双向螺距误差补偿功能。

7）内部二级电子齿轮。

8）具有加工断点保护和恢复功能。

9）具有参考点返回和多个工作坐标系设置与选择功能（G54～G59）。

10）具有刀具长度补偿功能和刀具半径补偿功能。

11）汉字操作界面和在线功能。

12）支持 NT、Novell、Internet 网络和软、硬盘数据交换。

13）具有 CAD/CAM/CNC 一体化集成化功能。

14）接触式或非接触式数字化仿形扩展功能。

15）运动控制开发工具包（C++运动插补函数库）。

16）提供 INTELCAM 自动编程软件。

17）可根据用户要求，配接步进电动机和交流伺服电动机。

（2）华中-2000 型高性能数控系统 该系统采用通用工业 PC 机、TFT 真彩色液晶显示器，具有多轴多通道控制能力和内装式 PLC，可与多种伺服驱动单元配套使用。它具有开放性好、结构紧凑、集成度高、可靠性好、性能价格比高、操作维护方便的优点，是适合中国国情的新一代高性能、高档数控系统。华中-2000 数控已开发和派生的数控系统产品如下：

HNC-2000M 铣床、加工中心数控系统

HNC-2000T 车床数控系统

HNC-2000Y 齿轮加工数控系统

HNC-2000P 数字化仿形加工数控系统

HNC-2000L 激光加工数控系统

HNC-2000G 五轴联动工具磨床数控系统

（3）华中"世纪星"系列数控系统 在华中高性能数控系统的基础上，为满足用户对低价格、高性能、实用、可靠的系统要求而开发的数控系统，其结构坚固，造型美观，体积小巧，具有极高的性能价格比。华中"世纪星"系列数控系统已开发和派生的数控系统产品主要有 HNC-21T 车床系统和 HNC-21/22M 铣床系统。下面以 HNC-21/22M 数控系统为例进行阐述。

1）HNC-21/22M 数控系统的功能。华中"世纪星"数控系统是在中高性能数控系统的基础上开发的数控系统，强调了可靠性、实用性、经济型，具有以下特点：

① 可配 4 个进给轴，具有数字量和模拟量接口，可自由选配各种数字式、模拟式交流伺服单元或步进电动机驱动单元，最大联动轴数为 4 轴。

② 内部已提供满足标准车、铣床控制的 PLC 程序，也可按要求自行编制 PLC 程序。

③ 除标准机床控制面板外，配置 40 位输入和 32 位输出开关量接口、手摇脉冲发生器接口、模拟主轴接口，还可扩展 RS-485 远程输入/输出接口。

④ 反向间隙和双向螺距误差补偿功能，螺距补偿数据最多可达 5000 点。

⑤ 采用国际标准 G 代码编程，与各种流行的 CAD/CAM 自动编程系统兼容，具有直线、圆弧、螺旋线、固定循环、旋转、缩放、刀具补偿、宏程序等功能。

⑥ 2MB Flash ROM（可扩至 72MB）程序断电存储，16MB RAM（可扩至 64MB）

加工缓冲区。

⑦ 可扩展数控仿型功能，实现仿型/加工一体化。

2）技术规格。世纪星 HNC-21/22 数控单元技术规格见表 8-1。

表 8-1　世纪星 HNC-21/22 数控单元技术规格

输入电源： AC24V 100W＋DC24V≥50W	方波差分接收
光电隔离开关量输入接口（40 位）	手摇脉冲发生器输入接口，TTL 电平输入
光电隔离开关量输出接口（32 位）	进给轴脉冲输出接口（4 个）差分输出，包括进给脉冲和方向信号
输出电流范围 0～100mA	最高脉冲频率：2MHz
输出电压范围 DC24V	进给轴 D/A 输出接口（4 个） 电流：−20mA～+20mA　电压：−10V～+10V
主轴模拟量输出接口 分辨率：12 位 输出电压：DC±10V 或 0～+10V	进给轴码盘反馈输入接口（4 个），RS-422 差分输入
主轴编码器输出接口	HSV-11 伺服接口（4 个），RS-232 接口

3）数控单元结构。HNC-21/22 数控单元外部接口如图 8-13 所示，数控设备之间的连接如图 8-14 所示。其中，进给单元接口采用 XS30～XS33 和 XS40～XS43 中的一组，也可以进行自由组合，同时控制不同类型的伺服单元或步进单元。

由于华中数控多年来一直坚持走 PC 数控的技术路线，在技术上已具有国内领先地位，在国际上也属起步较早企业。因此，华中Ⅰ型数控系统成为既具有国际先进水平又有我国技术特色的数控产品。

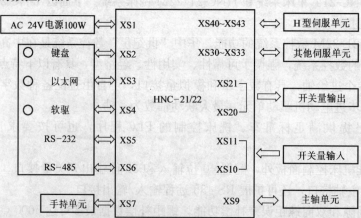

图 8-13　HNC-21/22 数控单元外部接口示意图

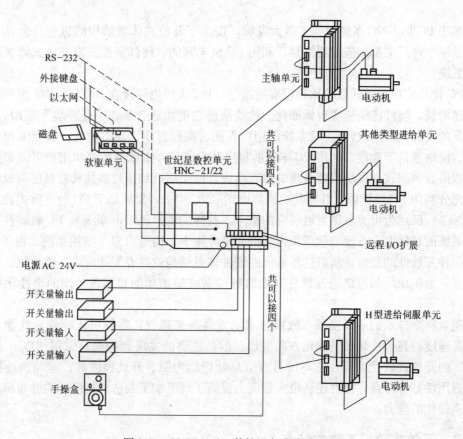

图 8-14　HNC-21/22 数控设备连接示意图

8.3　开放式数控系统

8.3.1　开放式数控系统的前景

制造业的发展对数控机床的柔性和通用性提出了更高的要求，希望市场能提供能满足不同加工要求，迅速高效、低成本的面向用户的控制系统，同时还要求新一代数控系统具有方便的网络功能，以适应未来车间面向任务和订单的生产组织和管理模式。但是，最初的 CNC 系统都是专用的封闭式系统，在结构上提供给用户有限的选择内容，用户无法对现有数控设备的功能进行修改以满足自己特殊需求。各种数控系统的操作方式各不相同，用户在培训人员、设备维护等方面要投入大量的时间与资金。当今的 CNC 处于 DNC 和 FMS 环境中，同时还与 CAD/CAM/CAPP 等系统实现通信，过去的封闭式 CNC 系统，没有共同的编程语言，缺乏标准的人机接口。上述这些问题都严重阻碍了 CNC 制造商、系统集成者和用户采用快速而有创造性地解决当今制造环境中数控加工和系统集成中的问题。CNC 制造商、系统集成者、用户都希望"开放化的控制器"能够自由地选择 CNC 装置、驱动装置、伺服电动机、应用软件等数控系统的各个构成要素，并能够采用规范的简便的方法将这些构成要素组合起来。

进入 20 世纪 90 年代以来，计算机技术的飞速发展推动着数控机床技术的迅速向前发展。基于 PC 的 CNC 系统得到了很大发展，提出了开放式体系结构的思想。世界上许多数控系统生产厂家都顺应发展需要，利用 PC 机丰富的软硬件资源开发开放式体系结构的数控系统。

PC 化是实现开放式数控比较现实的途径。PC 从产生到现在，PC 的可靠性和计算能力飞速增长，硬件已完全实现标准化。这些使得它更加适合于在工业环境下使用，PC 具有充足的支撑软件来改善 CNC 系统的用户界面、图形显示、动态仿真、数控编程、故障诊断、网络通信等功能。利用 PC 丰富的程序开发工具，机床制造商和用户可以采用通用的编程语言编制软件模块代替系统的原有模块，便于厂商和用户添加具有自己的模块。因此，充分利用 PC 机资源，并将其功能集成到 CNC 中去，发展基于 PC 的开放式数控系统（PC-NC），已成为世界各国发展研究的重点。具体的说，PC-NC 就是在 PC 机硬件平台和操作系统的基础上，方便地使用市售软件和硬件板卡，构造出整个数控系统。由于 PC 总线是一种开放性的总线，所以这种系统的硬件体系结构就具有了开放式、模块化、可嵌入的特点，为机床厂和用户通过软件开发给数控系统追加功能和实现功能的个性化提供了保证。

随着科学技术的不断发展，数控技术的发展越来越快，数控机床朝着高性能、高精度、高速度、高柔性化和模块化方向发展。但最主要的发展趋势就是采用"PC＋运动控制器"的开放式数控系统，它不仅具有信息处理能力强、开放程度高、运动轨迹控制精确、通用性好等特点，而且还从很大程度上提高了现有加工制造的精度、柔性和满足市场需求多样化的能力。

8.3.2 开放式数控系统的特点

开放式 CNC 就是在统一的运行平台上进行数控系统的开发，面向机床厂家和最终用户，通过改变、增加或剪裁结构对象（数控功能），形成系列化，并可方便地将用户的特殊应用和技术诀窍集成到控制系统中，快速实现不同品种、不同档次的开放式数控系统。目前开放式数控系统的体系结构规范、通信规范、配置规范、运行平台、数控系统功能库以及数控系统功能软件开发等是当前研究的核心。开放式数控系统应具有如下特点：

1) 良好的开放性和互操作性。要求在集成环境下，CNC 系统通过标准的接口能与不同的系统互连，实施正确有效的信息互通、互连，完成应用处理的协同工作。此外，构成 CNC 系统的多功能组件应通过标准化的定义、通信、交互机制；允许第三方软件进入，共同运行与同一平台上，协调工作。开放式数控系统能方便地安装第三方的应用软件，如各种 CAD/CAM 软件、测试软件或管理软件满足自己的需求。机床制造商可以在该开放式系统的平台上增加一定的硬件和软件构成自己的系统。

2) 可互换性。采用模块化的设计，各模块提供详细的接口定义，并能由系统自动识别，不需要过多的人工干预就能获得需要的系统资源，并正常工作，完成特定的任务。构成系统的各部件依据其功能、可靠性及性能要求可相互替代，在构成系统时可根据各部件的性能、价格等因素选择不同厂家的产品，无需受唯一供应商的控制。开放式数控系统中的各模块相互独立，可让用户在较大的范围内根据需求配置系统，如机床轴数、I/O 点数等，而当系统硬件改变时，只需简单修改数控系统软件，即可满足需求。因此，开放式数控系统具有更大的灵活性，更能适应市场的动态变化。

3）可移植性。各部件通过具有统一的数据格式、行为模式、通信方式和交互机制的标准接口，达到设备无关性。软件与使用的系统无关，仅做少量的修改，甚至不需要修改就能在多种环境下运行。因此，开放式数控系统比以往的专用数控系统能更好的支持多种操作系统平台。

4）友好的人机界面。机床制造商或者用户可以在一个开放式的平台环境下，使用合适的编程语言开发自己需要的人机界面，完善数控系统，而不用过多地考虑数控系统控制器的核心部分。这样，数控系统就能部分代替机床设计师和操作者的大脑，具有一定的智能，能把特殊的加工工艺、管理经验和操作技能体现在数控系统中，同时也使得系统具有图形交互、诊断功能等。

5）良好的系统柔性，性价比高。良好的开放性和模块化结构，使得开放式数控系统是可变的，既可以增加软件或硬件使系统功能更强大，也可以裁剪其功能来适应低端应用，还可以拓展构成不同类型的数控系统。

8.3.3 基于 PMAC 的开放式数控系统

1. 数控系统的电气结构总框架

基于开放式数控系统采用的是"NC 嵌入 PC"的硬件结构，以工业 PC 机为上位机，以 IPC 主板上的 ISA 扩展插槽上的 PMAC 多轴运动控制器作为下位机，以总线和 DPRAM 作为通信模式。这样，工控机上的 CPU 与 PMAC 卡上的 CPU 使整个数控系统形成双 CPU 控制结构。上位机利用丰富的现有软件和强大的编程工具来实现数控系统的管理功能和人机交互功能，如 CNC 系统的输入输出界面、图形显示、数据存储和分析、故障诊断、网络加工、网络通信等功能。而下位机则负责实时性很强的工作，如译码解释、插补、刀具补偿、机床进给轴和主轴的运动控制、反馈信号的处理、机

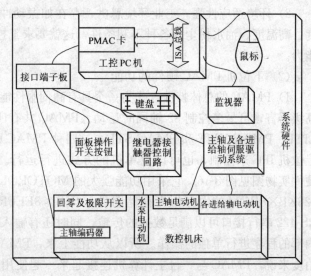

图 8-15 数控系统硬件结构总图

床运行信息的采集及处理、控制面板开关量的控制等功能。上位机和下位机在总线通信的基础上，通过双端口 RAM 的快速数据交换，从而实时、可靠的协调整个系统，共同完成加工任务。

在执行加工任务时，上位机根据数控代码给出数控指令信号，在相应软件模块的支持下，通过通信接口送入下位机的微处理系统，同时下位机通过 PMAC 的 A/D 数据采集接口采集系统在输出过程中所得到的反馈信号，经 PMAC 信号处理、插补运算等一系列过程，转换成正交译码方式下具有一定频率和方向的指令脉冲控制信号，由 PMAC 的频率/电压转换器（DAC）将该控制信号转换成 16 位的 DAC 模拟输出，其数值映射到与模拟

地相关的速度控制电压。该控制电压分别送入伺服控制单元和变频控制单元，从而分别控制进给轴电机和主轴电动机运动。在整个系统中，对进给轴的运动系统采用的是半闭环控制，其位置环由 PMAC 来闭合，电动机的转速和方向由速度控制电压的大小和相位决定，当速度控制电压为零时，电动机立即停转。对于主轴电动机，变频器单元接收到指令电压后，根据电压大小和预先设置的参数对主轴进行转速控制，当控制电压为零时，主轴将停止旋转。

2. 数控系统的硬件模块

该数控系统的硬件根据各自功能主要分为上位机（IPC）部分、下位机（PMAC）部分和伺服驱动系统部分。

（1）上位机（IPC） 工业控制计算机简称 IPC，是计算机技术与自动控制技术结合的产物，能在工业环境中可靠运行，并且能和工业对象的传感器执行机构直接接口完成测控，且能执行管理任务的微型计算机系统。它可以用于生产现场，完成生产过程的实时数据采集、实时处理及实时控制任务，也可以作为机械设备的一个有机组成部分完成机械设备的控制任务。与信息处理计算机相比，IPC 除具有 PC 机性能稳定运算速度快等优点外，还具有以下主要特点：

1）高可靠性。

2）环境适应性强。工业环境恶劣，存在如振动冲击、噪声高频信号、电磁波、高湿度、高温度、油水粉尘等各种不利条件，这就要求工控机有极强的抗干扰能力和环境适应能力。

（2）下位机 PMAC 硬件的功能

1）PMAC 的总体特性。作为一个具有高伺服性能的运动控制器，PMAC 通过灵活的高级语言，可最多控制 32 轴同时运动。PMAC 共有四种硬件形式：PMAC-PC、PMAC-LITE、PMAC-VME 和 PMAC-STD。这四种 PMAC 既可以通过串行接口或总线接口由上位机 IPC 来控制，也可以以单机的方式进行运行。系统采用的是 PMAC-LITE 型号，硬件实物图见图 8-16。它采用功能强大的 MOTOROLA 的 DSP56002 作为其 CPU，具有 128KB×8ROM 的内存作为存储固件，2KB×8EEPROM 内存则用于变量设置和备份。RS-422 串行接口可以满足数据的传输，同时还有输入输出端口，它可以通过存储在自己内部的程序进行单独的操作。所以从功能上来，PMAC 就是一台完整的计算机，从这个角度来说，PMAC 与一台主计算机连接起来一起使用时，它们之间的通信应被认为是一台计算机与另一台计算机之间通信，而不是主机与它们的外围设备之间的通信。作为一台完整的计算机，它可以减轻主机在处理时间和任务切换方面的负担，这样可以使系统在实时性和管理功能两个方面找到最佳的平衡点，从而使系统的总体性能得到较大的提高。

2）PMAC 内存地址分配。PMAC 处理器采用 MOTOROLA 的 DSP56000 系列数字信号处理器，本系统采用其中的 DSP56002。DSP56002 具有 24 位宽的双数据总线，所以某一数值在被运算的同时也可以被写入数据总线。每个总线存取的地址空间范围为 0000H～FFFFH，共 65536 个 24 位字。在 PMAC 中，双数据总线中的一条总线及其对应的地址空间被定义为"X"，另一条则定义为"Y"。PMAC 的结构是开放式的，其内部的寄存器可以使用户根据自己的需要通过 DSP 中的内存与 I/O 空间的 M 变量之间的定义，就可以方便的使用。PMAC 的输入和输出使用的地址空间和它的内存使用的地址空间是

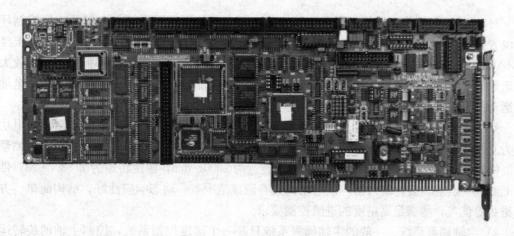

图 8-16　PMAC-LITE PMAC 硬件实物图

相同的。

PMAC 内存地址具体分配如下：

$0000～$00FF	DSP 内部存储器，作为固定用途寄存器
$0100～$BFFF	外部静态 RAM 地址空间，又分为三个空间
其中$0100～$17FF	为固定用途寄存器
$1800～$BBFF	为用户缓存空间
$BC00～$BFFF	用户伺服数据空间，M 变量定义空间
$C000～$C03F	DSP 门阵列寄存器空间
$D000～$DFFF	双端口 RAM 地址空间
$E000～$F000	VME 总线寄存器空间
$F000～$FFFF	I/O 端口寄存器空间

对于上述内存寄存器空间的具体使用，是通过对 M 变量的定义来实现的。M 变量是通过内存字的地址、偏置、宽度和格式（与位数不关）来定义的。PMAC 中提供了 1024个 M 变量，从 M0 到 M1023。一旦 M 变量被定义指向某个内存地址，它就像其他任何变量一样可被读取和写入，当读取时，M 变量的编号必须由常数或表达式指定；在写入时，编号必须由常数指定。在定义 M 变量时，一般根据具体需要指定地址前缀，如果不加前缀，PMAC 会将该字以一种特殊的内部格式来保存数据。在实际运用中，常用到的地址前缀有：

X：X 内存中 1～24 位的定点值。

Y：Y 内存中 1～24 位的定点值。

D：同时占用 X 和 Y 内存的 48 位定点值。

L：同时占用 X 和 Y 内存的 48 位浮点值。

DP：32 位定点值，DPRAM 使用，X、Y 内存为低 16 位。

在系统的开发中，将所用到的 M 变量定做成单个文件，在系统的初始化中调入 PMAC 内存中，作为 24 位代码，存在 Y：$BL00 （M0) 到 Y：$BLFF (M1023) 内。

（3）伺服驱动单元　铣床数控系统中的伺服系统单元可分为进给伺服系统和主轴伺服系统。

1）进给伺服系统。进给伺服系统是指一般概念的位置伺服系统。它包括速度控制环和位置控制环。由前面论述可知，进给伺服系统采用的是速度控制模式。模拟电压经PMAC 的 J11 口 DAC 引脚输出到伺服电动机的伺服控制驱动器上，经伺服控制器的放大器运算后，分配给电动机 U、V、W 三相的频率、电压及得电次序，从而控制进给轴电动机运动。

系统采用的是松下交流伺服系统，伺服驱动器为 MHDA053A1A 型，其额定输出功率为 0.5kW，具有较高的可靠性。伺服电动机选用的是 MHMA052A1G 型的 A 系列大惯量交流伺服电动机，输出功率为 0.5kW，额定转速为 2000r/min，额定转矩为 2.88N·M，带有 2500p/r 增量式旋转编码器。该电动机具有调速范围宽、动态响应性好、结构简单、方便维护等优点，能满足高精度的进给控制要求。

2）主轴伺服系统。一般的主轴伺服系统只是一个速度控制系统，控制主轴的旋转运动，提供切削过程所需要的转矩和功率，完成在转速范围内的无级变速。这部分主要包括交流主轴电动机和变频器两部分。交流主轴电动机与交流进给伺服电动机不同，交流主轴电动机需要提供很大的功率，如果用永久磁铁，当所需容量很大时，电动机成本相当高。所以，根据主轴电动机需要具有低速恒转矩、高速恒功率的要求，系统选用国产的清江牌三相异步电动机。该笼型交流异步伺服电动机，额定功率为 1.5kW，具有体积小，重量轻，运行可靠，起动性能好，具有较高的效率水平。在交流异步电动机的诸多调速方法中，使用变频器对其进行变频调速，不仅调速范围大，静态稳定性好，运行效率高。而且使用方便，可靠性高，经济效益也高。系统选用的变频器为士林电机产的变频器，型号为SL-E044-1.5K，该变频器具有出色的低噪声设计，较高的速度精度，可靠性高，可以应对剧烈的负载变动。

3. 数控系统的电气电路

(1) PMAC 与 IPC 的连接　PMAC 提供了总线连接和串行口连接两种方式，本系统采用的是前者。总线连接方式具体是：在确保计算机关机的情况下，将 PMAC 卡插入ISA 总线插槽，并用螺钉固定好，IPC 将为 PMAC 提供＋5V 电源。所以无需另外加＋5V的外部电源，否则会形成干扰。

(2) PMAC 与电动机的连接　PMAC 与电动机连接是通过 ACC-8P 来实现的。ACC-8P 是一块信号中转板，其作用是将 60 针的扁平电缆接口转化为 60 针的端子信号。PMAC 与电动机的连接，分为与三台松下交流伺服电动机和一台主轴电动机（三相异步电动机）的连接。PMAC-LITE J11 共有四个通道 I/O，分别分配给上述四个电动机。

与伺服电动机连接的实质是与伺服驱动器的连接。在与伺服驱动器连接之前，先关掉所有电源，同时确保三台伺服电动机没有负载。对于伺服驱动系统，主要涉及到的是DAC 模拟输出和编码器信号的输入。

1）模拟输出。由于系统采用的伺服电动机本身具有换向功能，无需 PMAC 为电动机进行换向，所以仅需一个模拟通道来控制电动机（若是需要 PMAC 进行换向，则要两个通道）。系统采用的是单端信号控制，对于通道 1 的单端控制是把针 43（DAC1）接在驱动器的控制输入上，把 PMAC 的针 58（AGND）接在伺服驱动器的 GND 上，并且将针45（DAC1/）悬空。

2）编码器信号的输入。系统采用的编码器是正交增量编码器。PMAC 编码器提供了两个＋5V 输出和两个逻辑地，＋5V 输出在 1、2 针上，两个逻辑地分别在 3、4 针上。每个逻辑编码器有 A、B、C 三个通道 6 根信号线：CHA、CHA/、CHB、CHB/、CHC、CHC/。

与主轴电动机连接的实质是与变频器的连接。由于系统对主轴的控制是采用开环控制，所以只涉及到 PMAC 第四通道的模拟输出。本系统变频器以无级调速方式对主轴进行控制，因而只需将 DAC4 与 AGND 与变频器的电压输出端连接即可。

(3) PMAC 与机床的连接 PMAC 与机床的连接主要是行程开关的连接。PMAC 为每个轴提供了两个输入作为行程开关控制，在电动机运动时，它们必须为低电平，才允许电动机转动，这就需要常态下输出电平为零的行程开关。在该连接中，正方向的行程开关应接在－LIM 上，而负方向的行程开关应接在＋LIM 上。

(4) PMAC 与控制面板的连接 PMAC 与控制面板的连接主要是 PMAC-J11 和 PMAC-J2 与控制面板连接。前者是与手摇脉冲发生器相连，后者与面板上的控制按（旋）钮相连。

1) 由上节可以得知，系统对主轴的控制采用的是开环模式，即第四通道的编码器输入端口并没有被占用，为了充分利用资源，将该编码器端口分配手摇脉冲发生器。

2) PMAC 的 J2 口是控制面板 I/O 接口，通过信号转接板与控制柜中的控制面板相连。连接的面板按（旋）钮有点动增量 JOG＋、JOG－、电动机选择输入按钮、回零按钮、单段/连续选择旋钮、自动运行按钮、程序暂停按钮、紧急停止按钮等。

4. 开放式铣床数控系统面板控制功能

在硬件模块软件化的基础上，为提高数控系统的可操作性和数控系统的开放程度，系统将一些必要的功能置于控制柜的面板上，主要包括进给轴选择功能、手摇脉冲跟踪功能、点动功能、主轴正转功能、主轴反转功能、主轴停止功能、数控系统紧急停止功能、手动/自动选择功能、返回原点功能、单段/连续选择功能、程序运行功能、程序暂停功能能等。

(1) 进给轴选择功能 数控系统是三轴立式铣床系统，在使用手摇脉冲跟踪功能和点动增量功能前必须对 X、Y、Z 轴先进行轴选择。当前轴的选择位由 FPDn（n 为 0、1、2、3）的组合确定。控制面板各输入点原始状态位都为 1，通过轴选择开关将相应 FPDn 置 0，就可以完成轴选择功能。

(2) 手摇脉冲跟踪功能 手摇脉冲跟踪功能主要用于机床在需要手动进给的情况下，通过手摇脉冲发生器产生的脉冲当量，驱动伺服电动机运动，带动丝杠的旋转运动，从而驱动工作台的直线运动，发生器采用增量式光电编码器原理，通过光电转换，输出两路相位差为 90°的方波。PMAC 的 J2 口在设计中为用户预留了手摇脉冲器接入端口，但是在这种情况下 PMAC 的 J11 的一个码盘输入口将被占用，因而将手摇脉冲发生器接入第四通道，既实现了手摇脉冲跟踪功能，又充分利用了现有资源，避免了硬件的扩展。手摇脉冲发生器的位置跟踪参数示意图见图 8-17。

(3) 主轴控制功能 由于系统采用的是无级调速，输入到变频器的电压是由 PMAC 的第四通道的 DAC4 控制的，通过不断调整电压的变化，从而实现主轴的无级调速。主轴的起动及旋动方向是由面板按钮通过继电器直接控制变频器的相应端口来实现的，具体为：

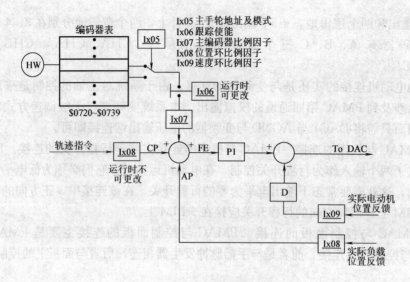

图 8-17　位置跟踪参数示意图

主轴正转按钮控制 STF-SD，短接时主轴正转，断开时停止。

主轴反转按钮控制 STR-SD，短接时主轴反转，断开时停止。

主轴停止按钮控制 SD 信号的通断，断开则使主轴停止。

（4）连续点动功能　连续点动功能，即按下面板按钮 J＋、J－，当前被选择电动机向正方向或负方向连续运动，直至按钮松开。在设计这部分功能时，可以通过 PLC 程序扫描相应端口变化进行程序控制，也可以通过 JPAN 口中的 JOG＋、JOG－端口控制。PLC 程序在系统运行时，应不断地执行，相对而言，会占用较多的系统资源，所以本系统是通过 JPAN 口来控制。JOG＋、JOG－的原始状态为 1，触发后状态为 0，则可以起动连续点动功能。

（5）回零功能　回坐标零点方式有两种，第一种是系统软件回零，电动机不执行回零运动；第二种是通过电动机执行回零运动，从而使编码器计数为零。本系统中面板控制回零功能采用的是第二种，通过将 JPAN 口的 Home 的状态位由原始位 1 触发变为 0 后，被选定的电动机将执行回零运动。

（6）其他控制功能　在面板控制功能中还有其他一些功能，如返回原点功能、程序运行功能、程序暂停功能等。这些功能均是利用 PMAC 不断扫描 J2 相应端口的状态位的变化来实现控制的。这些端口的原始状态位为 1，当面板按钮按下后，状态位变为 0，这种状态的变化被 PMAC 捕获后经过内部运算处理，再通过 DAC 端口对伺服系统完成相应控制。

5. 数控系统软件整体构架

数控系统是一种实时的计算机控制系统，其组织结构主要分为中断式数控结构和前后台式数控结构两种。在采用中断式结构的数控系统中，机床的插补、进给、数据的输入和输出显示、磁盘数据的读取、控制台开关的改变等任何一个动作和功能都由相关的中断服务程序来实现。所有这些功能子程序均安排在级别不同的中断程序中，所以整个软件就是一个大的中断系统，其管理软件主要通过各级中断软件之间的相互通信来实现的。在采用前后台软件结构的数控系统中，整个软件分为前台程序和后台程序，前台程序主要处理一

数控原理与系统

些实时性任务，后台程序处理人机对话，数据管理等非实时性任务。

传统的在 PC 机上开发的数控系统一般是基于 DOS 操作系统的。基于 DOS 操作系统的数控系统操作起来较为复杂，操作界面不是很友好，且很多现有的软件资源基本是基于 Windows 平台上开发的，无法移植到 DOS 系统中，而且 DOS 是单任务系统，运行在实模式下，程序长度受限于 640KB 内存。Windows 本身既是一种操作系统，又是一种开发平台，易于在数控系统中实现开放的特性。因此，在 Windows 操作系统平台上开发的数控软件，可以充分利用 PC 机丰富的软硬件资源来提高数控系统的开放性，缩短其开发周期，并在此基础上提高系统硬件的实时性、可靠性和通用性。同时开发出不依赖于硬件系统的独立的软件平台，使各个功能模块实现统一调度并相互独立，开发出具有良好的互换性、可移植性和可扩展性的高度柔性的数控系统。

铣床数控系统采用的是前后台式的软件结构，前台程序由下位机 PMAC 完成，主要完成数控代码的解析，直线、圆弧的插补，PLC 运行数据采集等实时性任务。后台软件则由上位机 IPC 完成，主要完成参数初始化，人机对话，上位机和下位机的通信，以及网络功能等非实时性任务。整个铣床的数控软件构架及功能模块如图 8-18 所示。

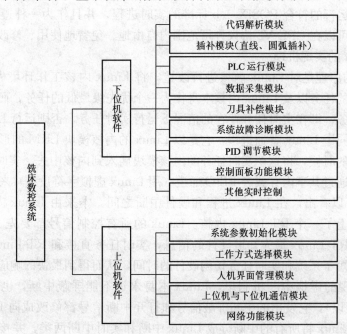

图 8-18　数控系统软件构架及功能模块

8.3.4　基于 RT-Linux 的数控系统简介

1. 基于 RT-Linux 的数控系统硬件结构的选择

基于 PC 的开放式数控系统的硬件结构大致可分为 4 种类型：PC 连接 CNC 型、CNC 内嵌入 PC 型、PC 内嵌入 CNC 型、通用 PC＋I/O 接口卡型。考虑到控制系统的开放性、开发难度、性能价格比等多方面的因素，基于 RT-Linux 的数控采用了通用 PC＋I/O 接口卡，是一种比较理想的硬件结构。

2. 通用操作系统在基于 PC 数控系统中的应用

操作系统的选择是基于通用 PC＋I/O 接口卡硬件结构数控系统开发的关键环节。它直接关系到数控的开发难度、开发进度以及系统的性能，只有采用实时多任务操作系统才能真正保证数控系统的实时性能。Linux 操作系统是一套类似于 UNIX、源代码开放的、免费的、支持多种硬件平台、多个 CPU、支持 32 位和 64 位的多任务、多用户的网络操作系统。但是，Linux 本身并不是一个实时的操作系统，它的核心的不可抢占性、采用基于固定时间片的可变优先级调度算法、支持虚拟内存、10ms 的任务调度时间精度以及在使用临界资源时关中断时间比较长的特性在很大程度上限制了其在实时控制领域的应用。目前已经有 RT-Linux、KURT、RTAI 等多种同样免费、代码开放的实时 Linux 操作系统。这些系统都以稳定，高效的 Linux 内核为基础，通过扩展而建立开放、标准、高效、便宜的多任务实时操作系统；系统还充分使用了 Linux 的网络、X 窗口和开发环境等资源，极大的方便了用户在网络、界面等方面的非实时应用软件的开发。

RT-Linux（Real-Time Linux）是一种基于 Linux 的实时操作系统，是由 FSMLabs（Finite State Machine Labs Inc.）公司推出的与 Linux 操作系统共存的硬实时操作系统。它能够创建精确运行的符合 POSIX. 1 b 标准的实时进程，并且作为一种遵循 GPL V2 协议的开放软件，可以在 GPL V2 协议许可范围内自由地、免费地使用、修改和再发行。

3. RT-Linux 的实现机理

RT-Linux 的原理是对 Linux 内核进行改造，将 Linux 内核工作环境做了一些变化，将 Linux 系统上的任务以及 Linux 内核本身作为一个优先级最低的任务，而实时任务作为优先级最高的任务，即在实时任务存在的情况下运行实时任务，否则运行 Linux 本身的任务。实时任务不同于 Linux 普通进程，它是以 Linux 的内核模块 LKM 的形式存在的，需要运行实时任务的时候，将这个实时任务的内核模块插入到内核中去。实时任务和 Linux 进程之间的通信通过共享内存或者 FIFO 通道（用 Linux 虚拟字符设备）来实现。

从图 8-19 可以看出，在 Linux 进程和硬件中断之间，本来由 Linux 内核完全控制，现在两者之间加上了一个 RT-Linux 内核。Linux 的所有控制信号都要先交给 RT-Linux 内核进行处理，RT-Linux 最先知道硬件的信息，实时任务直接和 RT-Linux 内核进行交互，这样大大缩短了系统和实时任务访问硬件的时间，从而得到最快的响应速度。在 RT-Linux 内核中实现的虚拟中断机制里，Linux 本身永远不能屏蔽中断，也不能中断自己（而 RT-Linux 可以），它发出的中断屏蔽信号和打开中断信号都修改成向 RT-Linux 发送一个信号。RT-Linux 将所有的中断分成 Linux 中断和实时中断两类，并接收所有的中断信号，如果收到的中断信号是普通 Linux 中断，那就设置一个标志位；如果是实时中断，则立即响应中断。因此当 Linux 内核屏蔽中断时，不影响 RT-Linux 的中断处理。RT-Linux 系统提供了若干个时间控制函数，可以让中断管理器用来精确控制中断处理，从而确保关键性的中断可以在需要的时间得到执行。据测试，在 Pentium120 的 PC 上，Linux 中断延迟是 $20\mu s$ 左右。

RT-Linux 的设计原则是：在实时内核模块中的工作尽量少，如果能在 Linux 中完成而不影响实时性能的话，就尽量在 Linux 中完成。因此，RT-Linux 内核尽量做的简单，在 RT-Linux 内核中不应该等待任何资源，也不使用共享旋转锁（SpinLock），实时任务和 Linux 进程间的通信也是非阻塞的，从而不用等待进队列和出队列的数据。RT-Linux

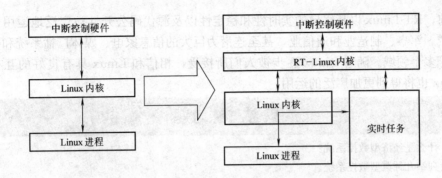

图 8-19　RT-Linux 对 Linux 内核工作环境的变化

使用静态的内存分配机制，以杜绝由于系统内存缺页所带来的访问延迟。

4. RT-Linux 的实时性能

RT-Linux 是一个硬实时模块，它可以满足控制单元所需要的严格的实时性要求，同时又可以和通用 Linux 平台上的非实时控制单元相互配合，实现实际的应用系统。RT-Linux 的定时精度最小可以达到 $100\mu s$ 左右，分辨率为 $1\mu s$。在一台普通配置的 X86 PC 上，RT-Linux 最大中断延迟时间不会超过 $15\mu s$，最大任务切换延迟不会超过 $35\mu s$，这些性能参数与系统负载无关，只取决于计算机硬件。比如在 PII350、64MB 内存的普通 PC 机上，系统最大中断延迟不超过 $1\mu s$，这些数据已接近于硬件极限。由此可见，RT-Linux 的实时性能还是比较理想的，完全能够运用于控制系统的开发。

5. 基于 RT-Linux 的数控系统的结构（图 8-20）

基于 RT-Linux 的数控系统采用的是通用 PC＋I/O 接口卡的硬件结构，系统的所有的硬件只是一台通用 PC 和一块通用的 I/O 接口卡，I/O 接口卡采用的是通用的 ISA、PCI 或其他的 PC 总线。控制系统的实时和非实时功能都由软件系统实现，充分体现了工业控制系统全软件化的思想。基于 RT-Linux 的数控系统通常通过一个或多个运行在 RT-Linux 的实时模块来实现系统的实时功能（如坐标的线性插补、控制信号的发送）。系统在运行前必须先装载上该 Module. o 模块，随后非实时模块就可以向实时模块发送控制指令让实时模块来实现各种实时功能。

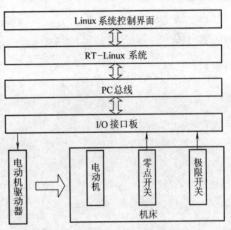

图 8-20　基于 RT-Linux 数控系统的结构

基于 RT-Linux 的数控系统运用软件可以完成以往只能由单片机、DSP 或其他专用控制器等硬件来实现的实时控制任务。这样，既简化了控制系统的结构，也提高了实时任务和非实时任务之间的通信速度。此外，RT-Linux 和 Linux 的免费、源码开放的特性也为开发人员了解实时操作系统的内部机理，并开发出适合自己控制领域的个性化的实时控制系统提供了可能。以 RT-Linux 系统作为实时操作平台开发控制系统，具有与硬件兼容性好、实时性强、操作系统内核精炼并且可以定制的诸多优点。

目前，RT-Linux 以其优异的实时性和稳定性以及源代码公开性被广泛地运用于包括数控领域、军事、制造业和通信业，甚至连潜力巨大的信息家电、媒体广播系统和数字影像设备等多个领域。随着 Linux 逐步被人们所接受，相信和 Linux 具有良好的互补性的 RT-Linux 也将得到更加广泛的运用。

思考与练习题

8.1　什么是经济型数控系统?

8.2　列举几种典型数控系统。

8.3　试述开放式数控系统产生的必然性。

8.4　列举几种开放式数控系统。

参 考 文 献

[1] 林其俊. 机床数控系统 [M]. 北京：中国科学技术出版社，1991. 3.

[2] 赵松年，戴志义. 机电一体化数控系统设计 [M]. 北京：机械工业出版社，1994. 5.

[3] 张新义. 经济型数控机床系统设计 [M]. 北京：机械工业出版社，1994. 7.

[4] 严爱珍. 机床数控原理与系统 [M]. 北京：机械工业出版社，1998. 8.

[5] 李宏胜. 机床数控技术及应用 [M]. 北京：高等教育出版社，2001. 7.

[6] 王永章，杜君文，程国全. 数控技术 [M]. 北京：高等教育出版社，2001. 12.

[7] 张柱银. 数控原理与数控机床 [M]. 北京：化学工业出版社，2003. 7.

[8] 王凤蕴，张超英. 数控原理与典型数控系统 [M]. 北京：高等教育出版社，2003. 9.

[9] 罗学科，谢富春. 数控原理与数控机床 [M]. 北京：化学工业出版社，2004. 1.

[10] 郑晓峰. 数控原理与系统 [M]. 北京：机械工业出版社，2004. 5.

[11] 赵玉刚，宋现春. 数控技术 [M]. 北京：机械工业出版社，2004. 5.

[12] 王爱玲，张吉堂，吴雁. 现代数控原理及控制系统 [M]. 北京：国防工业出版社，2005. 1.

[13] 陈蔚芳，王宏涛. 机床数控技术及应用 [M]. 北京：科学出版社，2005. 4.

[14] 杨继昌，李金伴. 数控技术基础 [M]. 北京：化学工业出版社，2005. 8.

[15] 朱自勤. 数控机床电气控制技术 [M]. 北京：中国林业出版社，2006. 1.

[16] 姚永刚. 数控机床电气控制 [M]. 西安：西安电子科技大学出版社，2006. 2.

[17] 王爱玲. 数控原理及数控系统 [M]. 北京：机械工业出版社，2006. 4.

[18] 岳秋琴. 现代数控原理及系统 [M]. 北京：中国林业出版社，2006. 5.

[19] 吴晓苏. 逐点比较圆弧轨迹插补在过象限时用符号判别法的分析 [J]. 机电工程，2002（5）：6-8.

[20] 吴晓苏，张素颖. 进给运动传动间隙的补偿 [J]. 襄樊职业技术学院学报，2004（6）：17-18.

[21] 白建华，等. 一种基于 Windows 的全软件数控系统 [J]. 机电工程，2004（9）：39-43.

[22] 吴功才，吴功兴，梅志千. RT-Linux 环境下的雕刻控制系统 [J]. 河海大学常州分校学报，2005
     （1）：31-34.

[23] 吴功才. 基于 RT-Linux 的雕刻控制系统研究 [D]. 南京：河海大学研究生院，2005.

[24] 吴晓苏，丁学恭，裘旭东. 等幅电流矢量思想的微步距控制技术及其应用 [J]. 工程设计学报，
     2005（4）：240-251.

[25] 吴晓苏，吴伟. 计算机数据采样插补算法及其在现代数控系统中的应用 [J]. 机械设计与制造，
     2005（8）：103-105.

[26] 白建华，等. 基于双端口 RAM 通信模式的开放式数控系统 [J]. 组合机床与自动化加工技术，
     2005（9）：68-70.

[27] 潘建峰. 开放式 CNC 的研制及网络制造系统的构建 [D]. 杭州：杭州电子科技大学研究生
     院，2005.

[28] 白建华，等. 在 Web 环境下构筑网络化制造系统 [J]. 组合机床与自动化加工技术，2006（9）：18-20.

[29] 吴晓苏，潘建峰，朱健. 基于 PC 的实时开放数控系统应用研究 [J]. 煤矿机械，2006（11）：160-163.

[30] 潘建峰，范剑，白建华. 基于 DSP 核心控制器的开放式数控系统 [J]. 机械制造，2006（11）：36-38.

[31] 吴晓苏，张中明，丁学恭. 基于 Chebyshev 插值的等幅合成电流矢量匀速微步旋转控制研究 [J].
     煤矿机械，2007（2）：178-180.

[32] 金湖庭，吴晓苏，汪秉权. 数据采样圆弧插补算法及其应用研究 [J]. 造船技术，2007（2）：12-15.

[33] 范剑，潘建峰，白建华. 全软件数控系统实时控制研究 [J]. 制造技术与机床，2007（5）：45-48.